颐和园畫中遊建筑群修缮工程大修实录

北京市颐和园管理处◎编

文物出版社

图书在版编目（CIP）数据

颐和园画中游建筑群修缮工程大修实录 / 北京市颐和园管理处编 . -- 北京 : 文物出版社 , 2023.2
ISBN 978-7-5010-7846-2

Ⅰ . ①颐… Ⅱ . ①北… Ⅲ . ①颐和园—古建筑—修缮加固 Ⅳ . ① TU-87

中国版本图书馆 CIP 数据核字 (2022) 第 206934 号

颐和园画中游建筑群修缮工程大修实录

编　　者：北京市颐和园管理处

责任编辑：孙漪娜
封面设计：孙　鹏
责任印制：王　芳

出版发行：文物出版社
地　　址：北京市东城区东直门内北小街 2 号楼
网　　址：https://www.wenwu.com
经　　销：新华书店
印　　刷：宝蕾元仁浩（天津）印刷有限公司
开　　本：787mm × 1092mm　1/8
印　　张：25.5
版　　次：2023 年 2 月第 1 版
印　　次：2023 年 2 月第 1 次印刷
书　　号：ISBN 978-7-5010-7846-2
定　　价：500.00 元

编辑委员会

前　言

画中游建筑群位于颐和园万寿山前山西南部，占地面积约 2800 平方米，南侧与听鹂馆组群相对，北侧由湖山真意向东达智慧海。此处山体陡峭，南北高差约 20 米。园林依山就势，向南可俯瞰昆明湖，向西可远眺玉泉山，成景、得景极佳。画中游建筑群中的主要建筑包括澄辉阁、爱山楼、借秋楼、画中游正殿及石牌楼，另有八方亭、游廊等附属建筑串联其间。建筑群整体呈对称式布局，空间层次丰富。此外，紧邻画中游的位于其东北角垂花门外的湖山真意亭与画中游也常被视为一组建筑，因此本研究中亦将其纳入，统称为画中游建筑群。

画中游建筑群盛于清代乾隆年间。尽管始建时间未见于档案记载，但根据乾隆皇帝御制诗《晓春万寿山即景八首》推测，乾隆十九年（1754 年）正月，其主体建筑爱山楼或借秋楼应已基本建成，属于清漪园建设早期设计规划的一批园中园。画中游建筑群建成之后，乾隆皇帝写下的相关御制诗达 17 首之多。乾隆朝之后，画中游建筑群虽基本延续初创时的格局，但由于国力式微、疏于管理，它逐渐从鼎盛走向衰落。咸丰十年（1860 年），北京西郊的皇家园林遭英法联军焚掠，画中游建筑群中仅爱山楼、借秋楼、石牌楼以及湖山真意等部分建筑幸存。

清代，画中游建筑群有案可循的大修工程主要有三次，分别在乾隆、嘉庆和光绪年间。乾隆五十三年至五十六年（1788~1791 年），陆续开展了爱山楼，借秋楼，画中游东山游廊，湖山真意敞厅的屋面整修工程以及澄辉阁，东、西八方亭，游廊的挑换大木，整修屋面等修缮工程，是画中游建筑群营修的高峰期。嘉庆年间进行了澄辉阁，东、西八方亭和游廊的粘修工程，对糟朽的大木进行了拆盖。自嘉庆十六年（1811 年）直至光绪时期，再未有档案文献记载画中游建筑群相关工程活动及皇帝的巡幸活动，其衰落可见一斑。光绪十四年（1888 年）重修颐和园，其中涉及画中游建筑群的工程始于光绪十九年（1893 年）正月，主要对当时已不存的澄辉阁，垂花门，东、西八方亭等进行了重建，大致恢复了清漪园时期的基本格局；整修了画中游正殿、爱山楼、借秋楼、湖山真意，并重新设计了内檐装修；添修了画中游建筑群三层叠落平台及南部的泊岸宇墙，在湖山真意周围摆砌了点景山石。这次重修也使画中游建筑群迎来了短暂复兴。

自 1950 年开始，画中游建筑群完成了数次一般性修缮，包括爱山楼小修、画中游主亭整修、游廊挑顶翻修、屋面维修、部分地面整修、油饰整修、山石加固以及安装避雷设备等。建筑群组内各单体及叠石保存状况总体较好，基本保持了光绪时期重修之后的格局。

此次颐和园画中游建筑群修缮工程是画中游建筑群自 1986 年以来的首次大规模整修。自 2013 年 3 月开始对画中游建筑群的基本勘察设计工作，到 2018 年 9 月组织施工单位进场，各方进行了长达五年的精心筹备。本次修缮先后开展了画中游建筑群修缮工程和画中游建筑群彩画保护两项工程，为期三年零三个月。其中，画中游建筑群修缮工程主要涵盖土建及油饰部分，对澄辉阁、借秋楼、爱山楼、石牌坊、画中游正殿、值房、湖山真意、北游廊（东侧）等建筑进行了一般性修缮；对借秋亭、爱山亭、垂花门、北游廊（西侧）、南游廊等残损严重以及木构架、屋面等部位出现糟朽、歪闪等影响建筑安全情况的建筑进行了重点修缮；对院落地面、排水、扶手墙、院墙、山石等进行了全面修缮。修缮工程始于 2018 年 9 月，于 2020 年 10 月竣工、11 月通过总验收，历时 27 个月。彩画保护项目主要针对地仗层的剥离、空鼓，颜料层的脱落、粉化，彩画图案模糊或完全脱落等病害，完成了对画中游建筑群 11 座建筑彩画的修缮保护。彩画保护项目始于 2020 年 10 月，于 2021 年 11 月竣工并通过总验收，历时 14 个月。

值此画中游建筑群工程告竣、重新开放之际，北京市颐和园管理处联合天津大学建筑学院，将本次工程的相关资料、画中游建筑群历史文化与科学研究的初步成果集结成册并出版，请各位专家、同行不吝赐教！

北京市颐和园管理处

天津大学建筑学院

2022 年 11 月

目录

第一章 研究篇

第一节 营修史与复原研究

一、画中游建筑群概况

画中游建筑群位于颐和园万寿山前山西南部，南侧与听鹂馆组群相对，北侧由湖山真意向东可达智慧海。此处山体陡峭，园林依山就势，向南可俯瞰昆明湖，向西可远眺玉泉山，成景、得景极佳。画中游占地面积约为2800平方米，南北高差约20米，主要建筑包括澄辉阁、爱山楼、借秋楼、画中游正殿以及石牌楼，有八方亭、游廊等附属建筑串联其间。画中游整体呈对称式布局，空间层次丰富，由北至南可划分为三个院落。北侧为第一进院落，是自垂花门进入，由荷叶墙围合而成，院落的主体是画中游正殿；画中游正殿以南是由东、西游廊环抱的第二进院落；穿过第二进院落南端的石牌楼，叠石错落，山洞幽邃，主体建筑澄辉阁赫然眼前，又有东、西八方亭和游廊连接爱山楼和借秋楼，共同形成第三进院落。

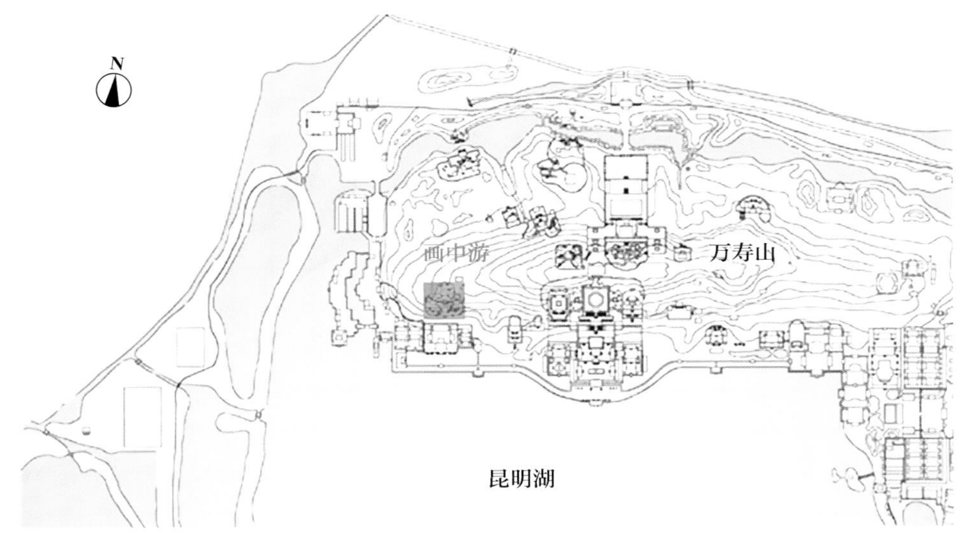

画中游建筑群区位图

湖山真意紧邻画中游，位于其东北角垂花门外，高居万寿山山脊西端，是中御路向西与玉泉山对景的重要节点，也是画中游空间序列的延续和补充。这种山地园林的园亭组合，是清代皇家园林园中园群体常用的外部空间组织手法[1]，湖山真意与画中游也常被视为一组建筑，因此本研究中统称其为画中游建筑群。

为厘清画中游建筑群的营缮历史，调查分析相关档案后，发现关于画中游的直接档案较少，但通过清漪园万寿山工程相关档案和之后的颐和园重修工程档案，可以抽丝剥茧，梳理其大致的营缮历程。

1 何捷:《石秀松苍别一区——清代御苑园中园设计分析》，天津大学硕士学位论文，1996年。

二、画中游建筑群营修史

（一）清代乾隆时期——始建与鼎盛

画中游建筑群的始建时间未见于档案记载，乾隆皇帝的《晓春万寿山即景八首》是最早提到画中游建筑群的御制诗："倚岩构筑得层楼，面势昆明万景收。我意独欣云外赏，人来群拟画中游。"[1] 诗中描述了乾隆皇帝第一次游览画中游时登楼赏景的情形，并点明画中游建筑群依山面湖的地势特征和巧于因借的景观特色，以及众人为新建景点点景题名的场景。可知乾隆十九年（1754 年）正月画中游主体建筑爱山楼或借秋楼可能已基本建成，属于清漪园建设早期设计规划的一批园中园。乾隆十九年闰四月初九日的奏折《清漪园总领、副总领、园丁、园户、园隶、匠役、闸军等分派各处数目清册》[2] 中记载了截至当时完工的建筑群名称，前山西段的画中游就在其中。同月二十七日的内务府奏案中记录有："再添设园户八十名，各行匠役十名，分派在新建画中游、水周堂等看守应差……谕旨：园户著添六十名，匠役不必添。余依议。"这是画中游竣工后安排人员看守管理的记录。乾隆二十年（1755 年）四月二十五日，乾隆皇帝御笔题写了匾文"爱山楼""借秋楼""澄辉阁"。

在画中游建筑群建成之后，乾隆皇帝写下了 17 首相关御制诗。按照御制诗集编写顺序和《乾隆帝起居注》[3] 记载，可推测其大致游览及作诗时间。

▼ 画中游建筑群相关御制诗写作时间表

御制诗题目	时间
《晓春万寿山即景八首》	乾隆十九年正月十九日后
《初夏万寿山杂咏》	乾隆二十一年四月初十日前
《题澄辉阁》	乾隆二十九年四月十二日
《借秋楼》	乾隆二十九年六月初六日
《借秋楼口号》	乾隆三十一年六月十七日后
《借秋楼》	乾隆三十三年六月初二日后
《借秋楼》	乾隆三十三年六月二十五日后
《借秋楼口号》	乾隆三十四年五月二十一日后
《爱山楼》	乾隆三十七年正月初一至十五日
《爱山楼》	乾隆三十八年正月十三日后
《爱山楼》	乾隆四十年正月初一至十五日
《澄辉阁口号》	乾隆四十年正月初五日
《爱山楼》	乾隆四十二年正月初一日后
《澄辉阁》	乾隆五十二年正月二十四日
《爱山楼口号》	乾隆五十四年初九日
《澄辉阁》	乾隆五十六年正月二十三日后
《题爱山楼》	乾隆五十八年正月二十五日

1 《清高宗御制诗二集》卷四十五，文渊阁《四库全书》内联网版。

2 中国第一历史档案馆藏。

3 中国第一历史档案馆编:《乾隆帝起居注》，广西师范大学出版社，2002 年。

关于乾隆时期的画中游修缮工程，在内务府奏案中有零星记载，乾隆五十五年（1790年）十月二十七日《修理清漪园等处工程用过工料银两数目》[1]中记载了乾隆五十三年（1788年）完工的爱山楼、借秋楼、画中游东山游廊以及湖山真意敞厅的屋面整修工程，工程实施的时间可能为乾隆五十三年八月至乾隆五十五年十月之间，奏折中提到“销算银两事乾隆五十三年三月二十九日至八月初七日经奴才等节次估奏清漪园内外粘修两案内”，因此应是乾隆五十三年八月初七日做出了工程预算，此份奏折相当于工程完竣后的工程决算。同样的，乾隆五十六年（1791年）十二月十七日《清漪园等处工程用过银两数目》[2]记载了澄辉阁和东、西八方亭及游廊挑换大木、整修屋面等修缮工程，此次工程的实施时间可能为乾隆五十四年（1789年）五月至乾隆五十六年十二月。

（二）清代嘉庆至咸丰时期——延续与衰落

乾隆朝之后，画中游建筑群虽基本延续了初创时的格局，但逐渐从鼎盛走向衰落。梳理档案未见嘉庆皇帝游览画中游的记录，也没有相关御制诗留存。

嘉庆时期的画中游相关陈设清册共有八份，记录格式完全相同，内容上的差别主要体现在陈设数量的变化。现存最早的是嘉庆十二年（1807年）的《画中游等处陈设清册》[3]，其中登记的陈设数量最多。到嘉庆十六年（1811年），御笔字画全部撤去，其他名家字画从9件减至4件。此后除嘉庆十八年（1813年）更换了棕竹股黑面扇外，其他陈设完全保持原状，但陈设物品多有虫蛀等破损现象，可见画中游已不复新建时的繁盛。

这一时期关于画中游建筑群工程活动的档案也仅有嘉庆十六年之前的《清漪园澄辉阁等座粘修销算银两总册》[4]，其中记载了澄辉阁和东、西八方亭及游廊的粘修工程，对糟朽的大木进行了拆盖，应未改变其整体格局和形式。此后一直到光绪时期均未有档案文献记载画中游相关工程活动及皇帝的巡幸活动。

中国国家博物馆和故宫博物院各藏有一幅道光时期的清漪园总图[5]，可以直观地了解当时画中游建筑群的格局和各单体建筑的开间数量、柱网形式。通过二图对比可以看出，相较于乾隆时期，道光时期的画中

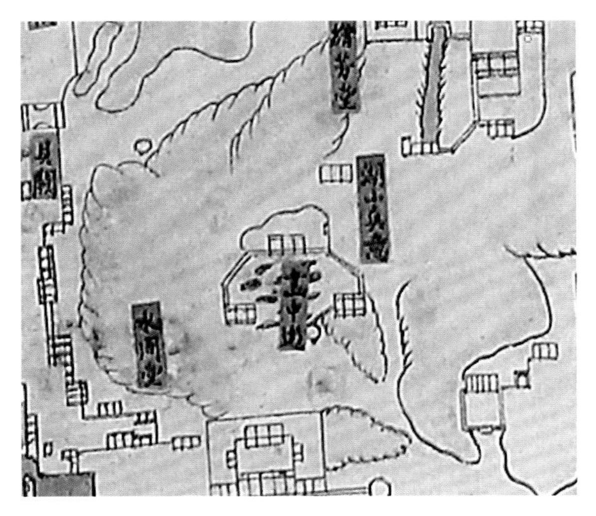

国343-0666《清漪园地盘画样》中的画中游建筑群

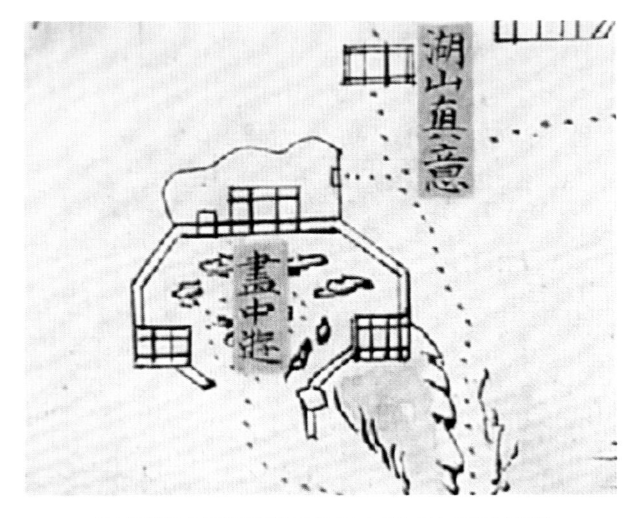

故宫博物院藏清漪园总图中的画中游建筑群

1 中国第一历史档案馆藏。

2 中国第一历史档案馆藏。

3 中国第一历史档案馆藏。

4 此销算黄册中记载的“惠山园”在嘉庆十六年更名为“谐趣园”，因此档案记录时间应为嘉庆十六年之前。

5 中国国家博物馆藏《清漪园地盘画样》绘制于道光二十年至二十四年（1840~1844年）。张龙：《颐和园样式雷建筑图档综合研究》，天津大学博士学位论文，2009年。

游建筑群未有大的改动，基本保持了一致的格局，但是两份图档中澄辉阁的位置皆为空白。由于故宫博物院藏的清漪园总图中其余建筑的信息绘制较为准确，可信度较高，同时道光时期的陈设清册自道光十六年（1836 年）之后不再有澄辉阁的陈设记录，因此推测澄辉阁可能于这一时期就已不存。

从现存的道光时期至咸丰九年（1859 年）的陈设清册中可以窥见画中游日渐颓败的状况。澄辉阁自道光十七年（1837 年）以后不再有任何记载，画中游正殿陈设也从嘉庆时期的 20 件锐减为 2 件。虽然陈设数量减少，但是留存下来的陈设物品种类和放置位置完全与嘉庆十二年记载的一致，由此可知至少建筑的室内空间格局未有大的改动。

由此可以推测，画中游建筑群从嘉庆时期直至咸丰十年（1860 年）焚毁之前，基本延续了初创时的格局，但由于国力式微、疏于管理而逐渐衰落。

（三）清代光绪时期——重修与复兴

咸丰十年，北京西郊的皇家园林遭到英法联军焚掠，这场劫难后，画中游建筑群中仅幸存部分建筑。光绪十三年（1887 年）的建筑勘察记录《万寿山准底册》中详细记载了画中游正殿、借秋楼和湖山真意敞厅的平面及竖向尺寸，可以说明至少此三座建筑未毁于大火。结合英国人德贞（John Dudgeon）在 1870 年拍摄的一张万寿山昆明湖全景照片，可以发现爱山楼、借秋楼、石牌楼以及湖山真意均保存了下来。

1870 年德贞拍摄的颐和园远景

颐和园重修工程于光绪十四年（1888 年）公开进行，自光绪十六年起（1890 年）每五日一记的《工程清单》中记载了重修的内容和过程。其中涉及画中游建筑群的记录，最早是从光绪十九年（1893 年）正月开始的。画中游的此次修缮工程主要对当时已不存的澄辉阁、垂花门及东、西八方亭等进行了重建，大致恢复了清漪园时期的基本格局；整修了幸存的画中游正殿、爱山楼、借秋楼、湖山真意，并重新设计了内檐装修；添修了画中游建筑群三层叠落平台及南部的泊岸宇墙，在湖山真意周围摆砌了点景山石。

1. 重修工程时序

《工程清单》记载了画中游建筑群中爱山楼、借秋楼、澄辉阁、游廊、湖山真意、八方亭等建筑的重修工程及其附属的包括泊岸、宇墙、甬路、垂花门等在内的室外庭院的重修工程。各处工程的起止时间如下：

爱山楼：光绪十九年正月二十一日至光绪二十年（1894 年）十月初十日。

借秋楼：光绪十九年正月二十一日至光绪二十年九月廿五日。

画中游正殿：光绪十九年三月初六日至光绪二十年七月十五日。

澄辉阁：光绪十九年四月初一日至光绪二十一年（1895年）五月二十五。

游廊：光绪十九年二月初六日至十二月十一日。

东、西八方亭：光绪十九年七月十六日至光绪二十年二月十六日。

由上述统计可见，画中游各建筑于光绪十九年春、夏陆续开工，大多于光绪二十年先后告竣。光绪二十年九月以后，画中游的修缮工程主要针对八方亭的油饰彩画，这项工程于光绪二十一年五月二十五日告竣，也标志着本次画中游的整修工程全部完工。

2. 重修工程工序

依据《工程清单》的记载，可以较为清晰地还原在光绪朝重修工程中，画中游建筑群每座建筑的重修过程，以下仅以爱山楼与游廊为例进行说明。

（1）爱山楼的营建工序

① 前、后檐压面石均扁光见细：光绪十九年正月二十一至二十九日。

② 成作内、外檐装修及前、后檐压面柱顶等石扁光见细：光绪十九年二月初六至初十日。

③ 成作内檐装修压面等石扁光见细：光绪十九年二月十六至二十日。

④ 成作内、外檐装修枋梁大木油饰彩画压面筑打等石扁光见细：光绪十九年二月二十一至二十五日。

⑤ 接续油饰彩画前、后檐压面等石均扁光见细：光绪十九年二月二十六至二十九日。

⑥ 油饰彩画：光绪十九年三月初一日至七月二十九日。

⑦ 周围压面石扁光见细：光绪十九年八月初六至二十日。

⑧ 成作内檐装修：光绪十九年八月二十一日至十一月二十五日。

⑨ 前叠落泊岸安砌大料石：光绪十九年十二月二十一日至光绪二十年正月初十日。

⑩ 楼前泊岸安砌石料：光绪二十年正月十一日至三月初十日。

⑪ 楼前泊岸筑打背后灰土：光绪二十年三月十一日至四月初五日。

⑫ 楼前叠落泊岸摆砌山石：光绪二十年四月十一日至五月初十日。

⑬ 楼前泊岸接砌宇墙：光绪二十年五月初六至二十日。

⑭ 泊岸上接砌宇墙随墁地面砖：光绪二十年五月二十六至二十九日。

⑮ 泊岸以西筑打灰土：光绪二十年五月二十六日至六月十五日。

⑯ 前叠落泊岸成砌宇墙：光绪二十年六月二十一至六月二十五日。

⑰ 西至后山甬路成墁方砖：光绪二十年七月初一至初十日。

⑱ 前面泊岸接砌宇墙：光绪二十年七月十六日至十月二十日。

⑲ 接砌踏跺：光绪二十年九月十一日至十月初十日。

（2）游廊的营建工序

① 北游廊并八方亭叠落游廊安钉横楣坐凳：光绪十九年二月初六至二十五日。

② 油饰彩画前、后檐压面石扁光见细：光绪十九年二月十六日至三月三十日。

③ 油饰彩画周围压面石扁光见细及后面荷叶围墙：光绪十九年四月二十六至二十九日。

④ 油饰彩画周围压面等石占斧见细：光绪十九年五月初六至初十日。

⑤ 东、西游廊以北荷叶式围墙东面垂花门油饰彩画：光绪十九年五月十一至二十日。

⑥ 东、西游廊东面垂花门油饰彩画：光绪十九年五月二十一至二十九日。

⑦ 油饰彩画周围抹饰占斧见细：光绪十九年六月初六至初十日。

⑧ 东、西游廊油饰彩画，周围压面石占斧见细：光绪十九年六月十六日至七月十五日。

⑨ 东、西游廊以北荷叶式围墙东面垂花门油饰彩画及周围压面石占斧见细：光绪十九年七月十六至二十九日。

⑩ 调脊布瓦：光绪十九年十一月二十六至三十日。

⑪ 头停布瓦：光绪十九年十二月初一至二十日。

⑫ 叠落泊岸安砌石料：光绪十九年十二月十一至二十日。

从以上两组建筑的施工记录来看，光绪时期画中游建筑群的修缮工程主要针对油饰彩画和院落，整体施工工序都是从室内到室外。

单体建筑油饰彩画部分的施工工序大致是：前、后檐，内、外檐压面及柱顶等石扁光见细→内、外檐装修枋梁大木油饰彩画→油饰彩画→周围压面石扁光见细→成作内檐装修。

修葺泊岸的施工工序大致是：安砌大料石→安砌石料→筑打背后灰土→摆砌山石→砌宇墙→墁地面砖→筑打灰土→砌踏跺。

3. 重修工程考证

画中游正殿、爱山楼、借秋楼和湖山真意的“前、后檐压面石均扁光见细”，澄辉阁“均油饰彩画”，说明此时工程已经进展了大半，据此推测，画中游的修缮工程可能于光绪十八年（1892 年）业已开工 [1]。

除主体建筑外，《工程清单》中还提到垂花门和东、西八方亭“竖立大木”，可以推断其为完全重建。澄辉阁、爱山楼和借秋楼前泊岸的建设从“清理地基、地脚刨槽”开始，推测泊岸及其上宇墙为新添修的部分。湖山真意周围的点景山石从“石料搭运”开始，也应为新添建的部分。因此这些都不属于清漪园时期的遗构。以上均可以从国 343-0525《画中游添修点景山石并改踏跺准底》中朱笔描绘的添修内容得到印证。画中游建筑群的重修时序和工序在《工程清单》中，都有详细记载（参考附录一表格）。

绘制于光绪十八年底或光绪十九年初的国 344-0705《画中游内檐装修图样》是针对画中游正殿、爱

中国国家图书馆藏国 343-0525《画中游添修点景山石并改踏跺准底》局部

1 张龙：《济运疏名泉，延寿创刹宇——乾隆时期清漪园山水格局分析及建筑布局初探》，天津大学硕士学位论文，2006 年。

山楼和借秋楼内檐装修的重新设计，与之前陈设清册中反映的格局完全不同。在《工程清单》中也有此三处“成作内檐装修”的记载，但具体形式缺乏记录。在一份无纪年的《修理画中游各座殿宇房间楼房亭座游廊墙垣甬路泊岸等工丈尺做法清册》（以下简称《做法清册》）中，详细记录了画中游正殿、爱山楼和借秋楼的内檐装修形式，与样式雷图档中的设计方案完全一致，还记载了光绪年间重修之前早已不存的澄辉阁的详细尺寸信息，由此可推测《做法清册》记录于光绪年间重修之后的某次例行粘修工程，也可以证明这份内檐装修的设计图在重修的过程中真正实施过。

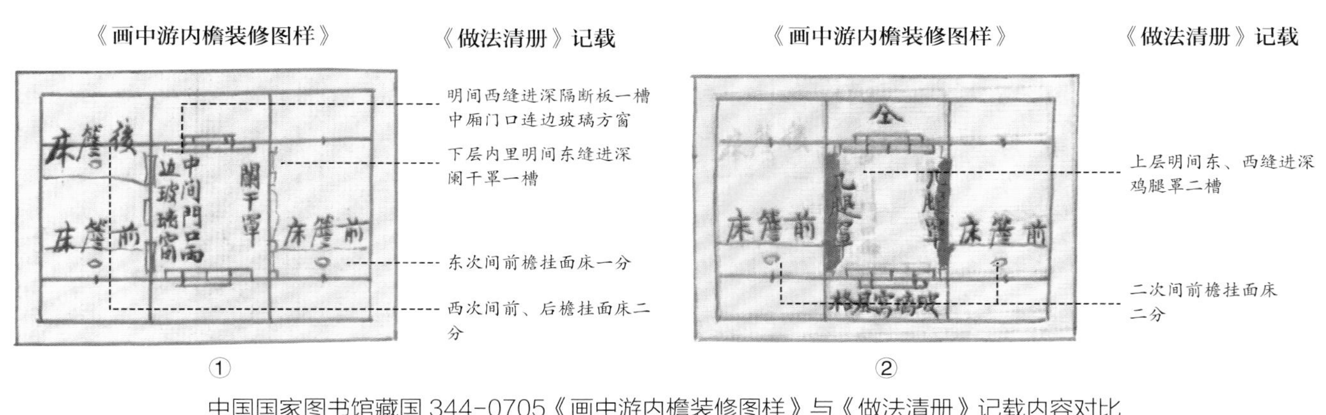

中国国家图书馆藏国 344-0705《画中游内檐装修图样》与《做法清册》记载内容对比
① 借秋楼一层　②借秋楼二层

（四）中华人民共和国成立后——保护与维修

中华人民共和国成立后，画中游建筑群的修缮工程主要有小修爱山楼、石牌楼，整修画中游主亭和部分走廊挑顶、地面，以及安装避雷设备等。目前画中游基本保持了光绪年间重修之后的格局，各建筑单体及叠石保存状况较好。

最近的一次大修工程是在 2013 年 3 月开展对画中游建筑群的勘察设计工作。整体工程从 2018 年 9 月开始，先后开展了一期的画中游建筑群修缮工程和二期的画中游建筑群彩画保护项目这两项工程。

画中游建筑群修缮工程于 2018 年 9 月 17 日开工，2020 年 10 月 9 日竣工，2020 年 11 月 20 日总验收，历时 27 个月。此工程主要涵盖土建及油饰部分，针对澄辉阁、借秋楼、爱山楼、石牌坊、画中游正殿、值房、湖山真意、北游廊东侧等建筑进行了一般性修缮；针对借秋亭（东配亭）、爱山亭（西配亭）、垂花门、北游廊西侧、南游廊等残损严重以及木构架、屋面等部位出现糟朽、歪闪等影响建筑安全情况的建筑进行了重点修缮；对院落地面、排水、扶手墙、院墙、山石等进行了全面修缮。

彩画保护项目于 2020 年 10 月 22 日开工，2021 年 11 月 1 日竣工，2021 年 11 月 24 日总验收，历时 13 个月。此项目主要针对地仗层的剥离、空鼓，颜料层的脱落、粉化，彩画图案模糊或完全脱落等病害，完成了对画中游建筑群 11 座建筑的彩画的修缮保护。

三、清漪园时期画中游建筑群复原研究

（一）画中游建筑群现状调查

天津大学建筑学院在 2007 年对画中游建筑群进行了现场勘察及数字化测绘工作，获得了较为全面的数据、图纸资料和现状照片，为后续的研究提供了扎实的基础；2019 年初又进行了有针对性的勘察和实测，对之前人工测绘的成果进行了勘误，并结合三维激光扫描技术，针对人工测量难度较大且不易到达的地方，

如画中游建筑群内及周边的大量假山石洞等，进行了更为细致的调查，获取了三维点云模型，完善了这一时期画中游建筑群的空间信息记录，并为后续的综合研究提供了基础资料。

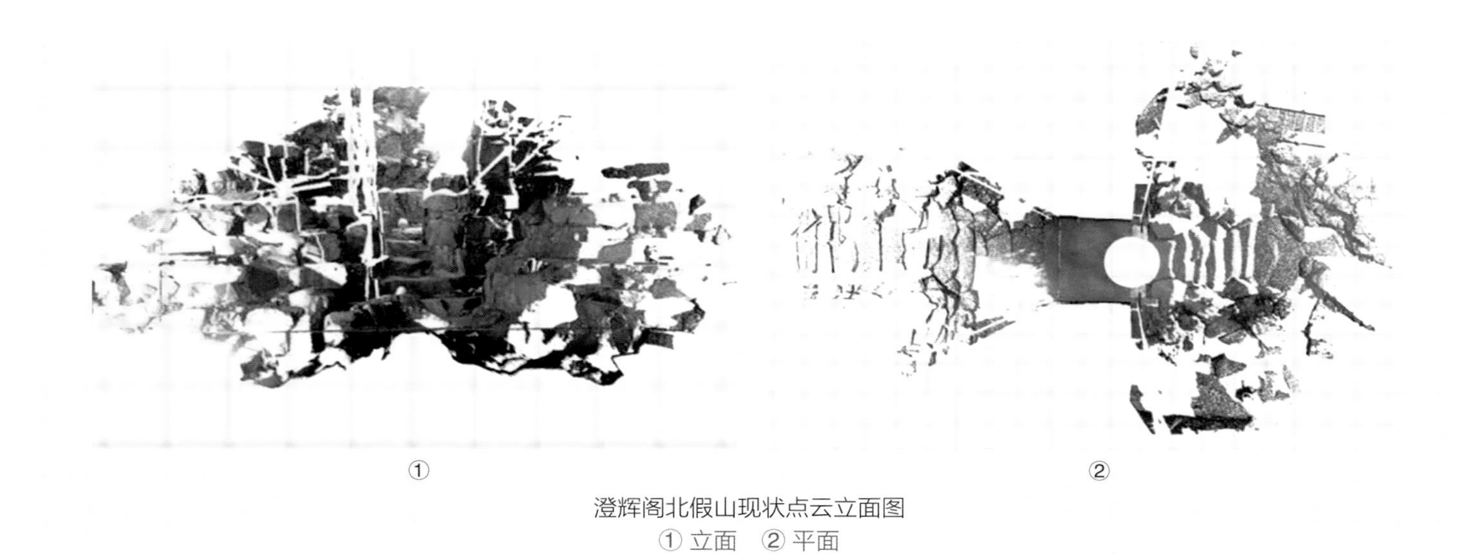

澄辉阁北假山现状点云立面图
① 立面 ② 平面

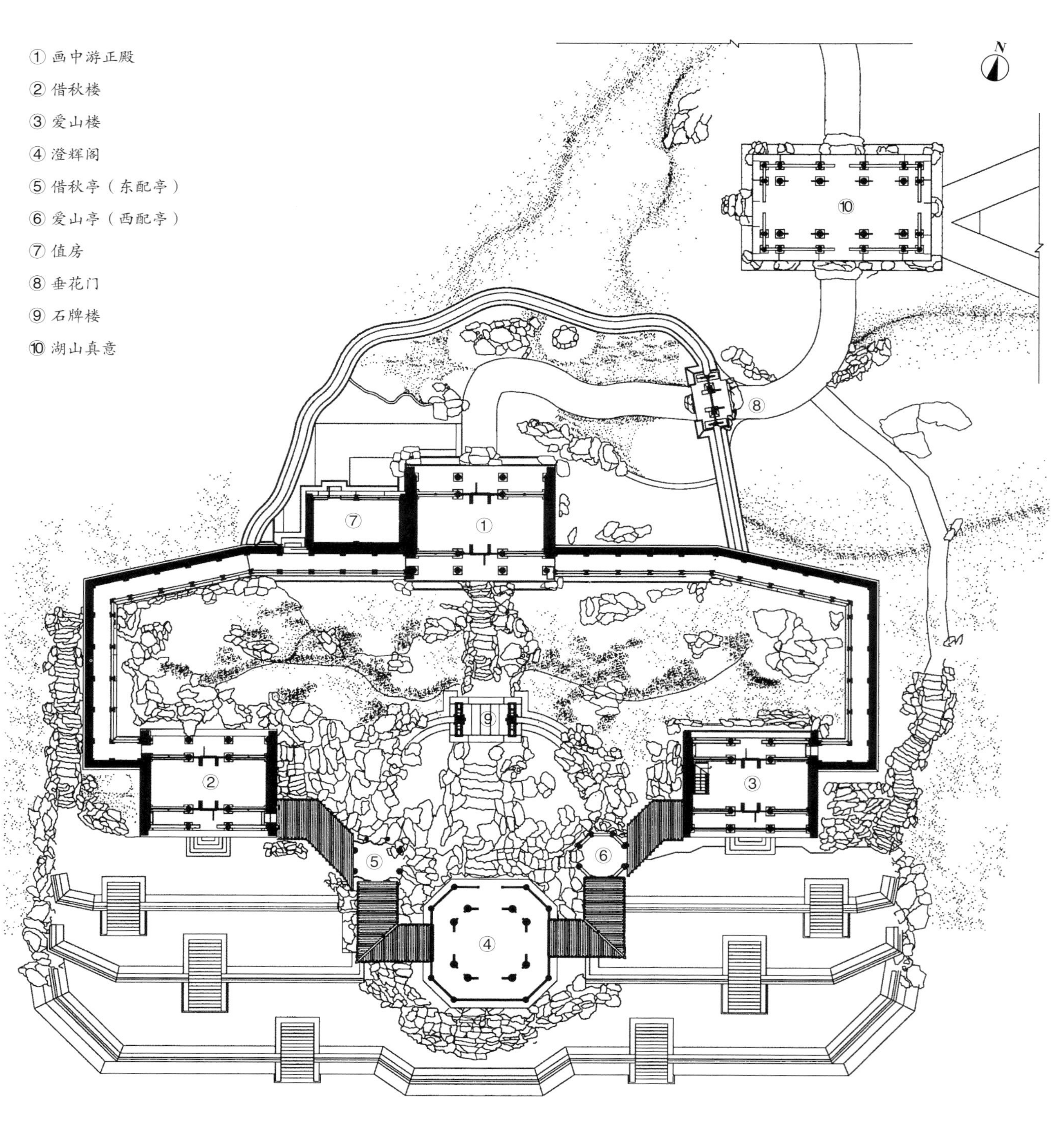

画中游建筑群现状平面图

1. 建筑单体现状

（1）湖山真意

湖山真意位于画中游东北侧垂花门外，坐北朝南，北、东、南三面有甬路分别连接后山御路、中御路以及画中游。建筑的台明为砖石混合，四角摆砌自然山石，四面明间设云步踏跺，十字缝方砖墁地，台明面阔 12.97、进深 8.03 米。

湖山真意是一座面阔三间、进深一间、带围廊的敞厅，八檩卷棚歇山顶，绿琉璃筒瓦屋面。明间面阔 3.18 米，两次间面阔 2.9、进深 3.99 米，围廊进深 1.15 米。游廊檐柱间安坐凳栏杆及步步锦楣子、花牙子，前檐明间悬挂的“湖山真意”匾额为慈禧太后御笔，前、后檐明间及次间安平棂步步锦隔扇。大木梁架绘包袱式金线苏画，檐椽绘片金寿字，飞椽绘片金栀花。檐柱高 3.05、柱径 0.32 米，建筑总高度 6.21 米。

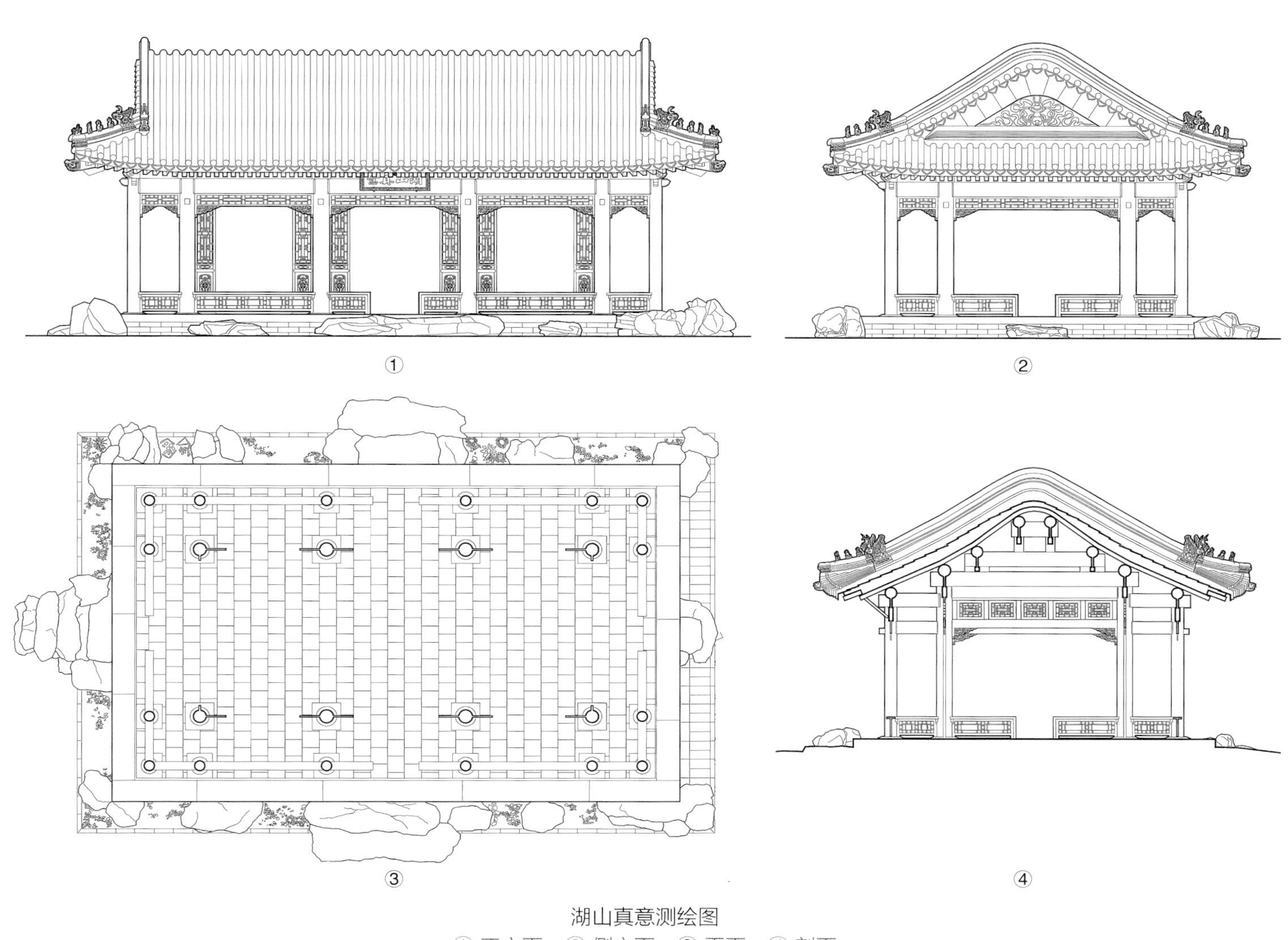

湖山真意测绘图

① 正立面 ② 侧立面 ③ 平面 ④ 剖面

（2）画中游正殿及值房

画中游正殿是北院的主体建筑，正殿台明为砖石混合，四角摆砌自然山石，前、后明间设云步踏跺，十字缝方砖墁地。台明面阔 10.83、进深 8.76 米。

正殿为卷棚歇山顶，绿琉璃黄剪边筒瓦屋面，中间做叠落方胜。面阔三间，进深一间，带前、后廊。前廊两山通过东、西游廊（楼）分别与爱山楼、借秋楼相连。前、后金明间有隔扇窗和风门，两次间为十字缝干摆槛墙，上安支摘窗。前、后廊檐柱间安步步锦楣子，前檐明间悬挂的“画中游”匾额为慈禧太后御笔。山墙为十字缝干摆下碱，三顺一丁丝缝清水砖上身。前廊东、西山墙有吉门与游廊相通，门上灯笼框内彩绘风景图；后廊廊心墙为十字缝干摆下碱，上身抹灰。大木梁架绘包袱式金线苏画，檐椽绘片金寿字，飞椽绘片金栀花。建筑明间面阔 3.25 米，两次间面阔 3.2、进深 4.52 米，前、后廊进深 1.29 米。檐柱高 2.91、柱径 0.31 米。

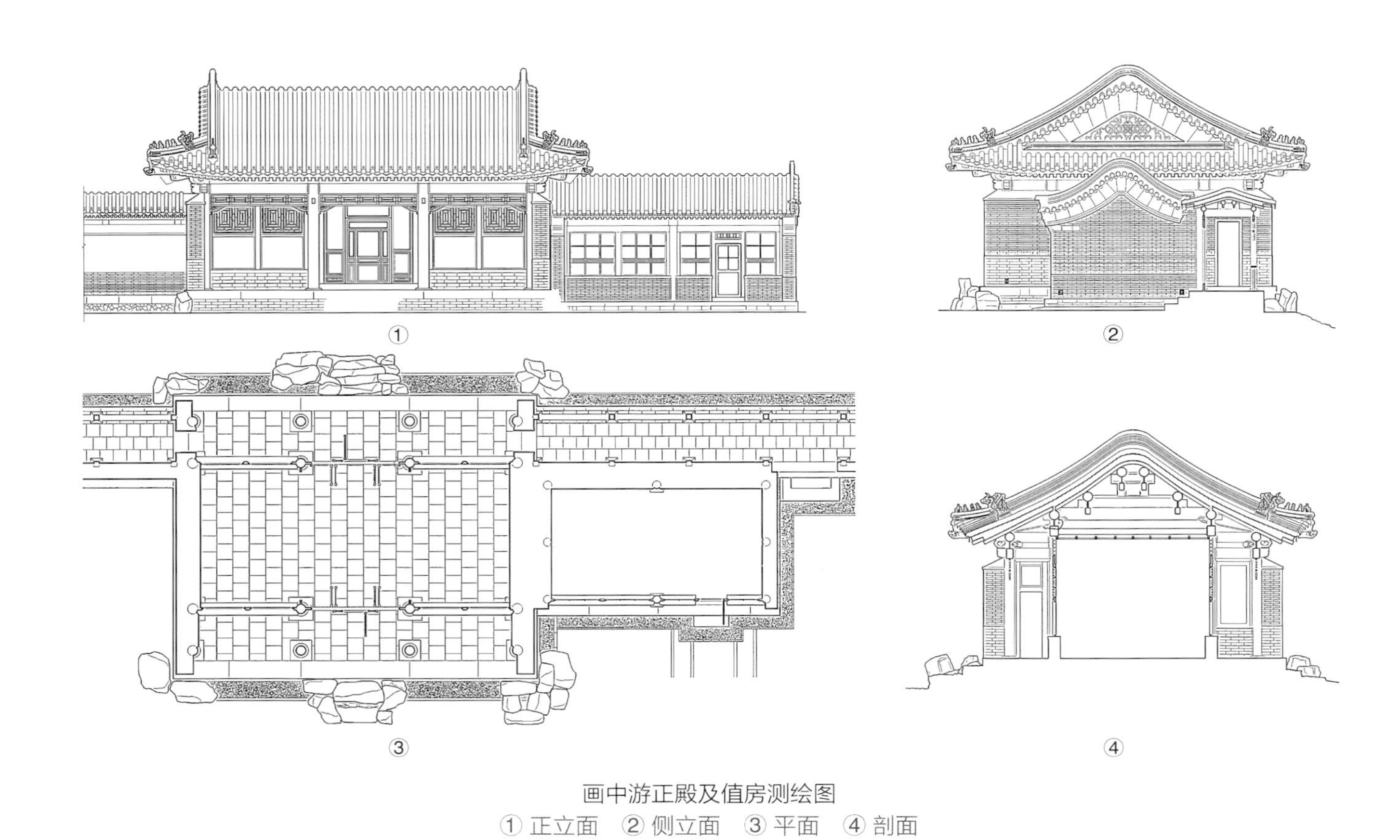

画中游正殿及值房测绘图

① 正立面 ② 侧立面 ③ 平面 ④ 剖面

值房紧靠画中游正殿西山墙，坐南朝北，背靠西游廊。面阔两间，进深两间，卷棚硬山顶，大式黑活筒瓦屋面，西山铃铛排山脊。槛墙为十字缝干摆，门窗皆为现代做法。

（3）石牌楼

石牌楼位于画中游建筑群的中心，形制为二柱一间一楼，面阔 3.85 米，台基面阔 5.18、进深 3.37 米，总高

画中游石牌楼测绘图

① 正立面 ② 侧立面 ③ 平面 ④ 剖面

度为7.18米。柱子皆为方形断面，柱脚前、后两面立戗鼓石，靠内侧出梓框，外侧与矮墙连接。梓框上为云墩、雀替、小额枋、帘栊板、大额枋和平板枋，枋上斗拱为一斗二升交麻叶，上承冰盘檐、檐椽和飞椽，屋顶形式为庑殿顶。牌楼全部用青白石加工成砌，布满各式雕刻。

石牌楼上有乾隆皇帝御笔匾联，北侧横额为“身所履历自欣得此奇观”，楹联为“闲云归岫连峰暗，飞瀑垂空漱石凉”；南侧横额为“山川映发使人应接不暇”，楹联为“幽籁静中观水动，尘心息后觉凉来”。

石牌楼两侧接弧形看面墙，十字缝干摆下碱，上身做方池子，池子心为方砖硬心，有菱花纹平雕，简单的花砖顶墙帽雕有卷草纹。

石牌楼南立面

（4）爱山楼

爱山楼位于画中游第二进院落东侧，坐北朝南，下层西侧有游廊与澄辉阁相连，上层东侧有游廊连接画中游正殿。爱山楼依万寿山原始山体而建，下层自前金向内进深1.26米为一层的室内部分；后墙倚靠岩壁，空间狭窄；上层直接建于山体之上，有云步踏跺与后侧室外地面相接。因此建筑从南侧看，立面为二层楼阁；从北侧院落内看，则为普通的一层厅堂。

建筑为八檩卷棚歇山顶，绿琉璃黄剪边筒瓦屋面。上层面阔三间，进深一间，有前、后廊。后廊东山墙有吉门与游廊相通，门上灯笼框内彩绘风景图；前廊廊心墙为十字缝干摆下碱，上身抹灰。前、后金明

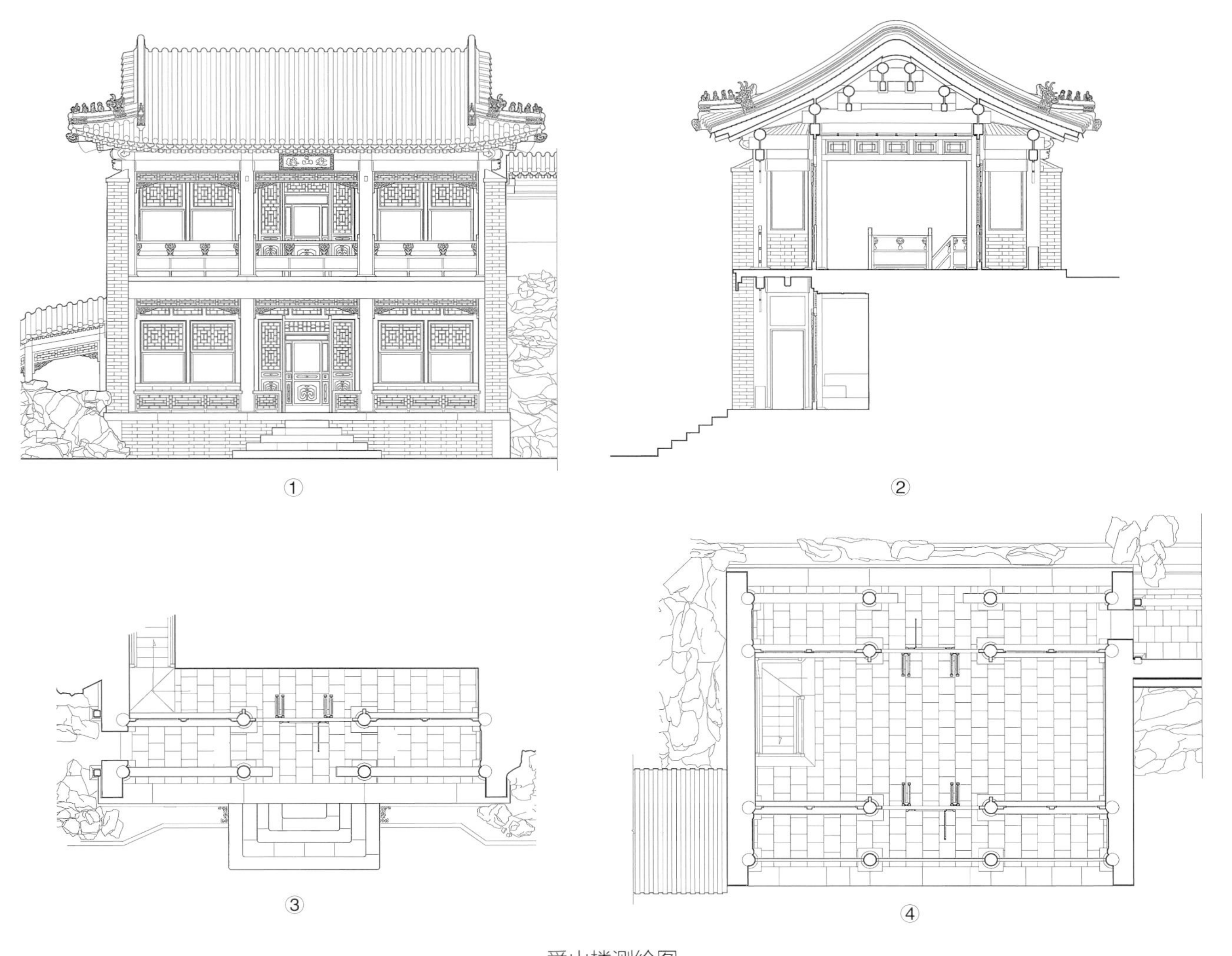

爱山楼测绘图

① 正立面 ② 剖面 ③ 一层平面 ④ 二层平面

爱山楼及爱山亭

间有隔扇窗和风门，两次间为十字缝干摆槛墙，上安支摘窗。前廊檐柱间安步步锦楣子、木巡杖栏杆，明间悬挂的“爱山楼”匾额为慈禧太后御笔。后廊檐柱间安步步锦楣子和坐凳栏杆。下层靠西山墙有楼梯，前廊西山墙有吉门与游廊相通，门上灯笼框内彩绘风景图。前金明间有隔扇窗和风门，两次间为十字缝干摆槛墙，上安支摘窗。前廊檐柱间安步步锦楣子和坐凳栏杆。明间设如意踏跺。大木梁架绘包袱式金线苏画，檐椽绘片金寿字，飞椽绘片金栀花。

建筑明间面阔2.9米，次间面阔2.9米，二层进深3.88米，前后廊进深1.3米。一层檐柱高3.26、柱径0.32米，二层檐柱高3.26、柱径0.32米，建筑总高度10.76米。

（5）借秋楼

借秋楼位于画中游第二进院落，中轴线西侧，与爱山楼相对，下层前廊东侧有游廊与澄辉阁相连，后廊西侧有游廊与北侧山洞相连，上层西侧有游廊楼连接画中游正殿。

建筑为八檩卷棚歇山顶，绿琉璃黄剪边筒瓦屋面，东山墙外有云步踏跺连接上、下两层。上层面阔三间，进深一间，有前、后廊。后廊东、西山墙有吉门，门上灯笼框内彩绘风景图；前廊廊心墙为十字缝干摆下碱，上身抹灰。前、后金明间有隔扇窗和风门，两次间为十字缝干摆槛墙，上安支摘窗。前、后廊檐柱间安步步锦楣子、木巡杖栏杆，前廊明间悬挂的“借秋楼”匾额为慈禧太后御笔。下层前廊东山墙有吉门与游廊相通，门上灯笼框内彩绘风景图。前、后明间有隔扇窗和风门，两次间为十字缝干摆槛墙，上安支摘窗。前廊檐柱

借秋楼及借秋亭

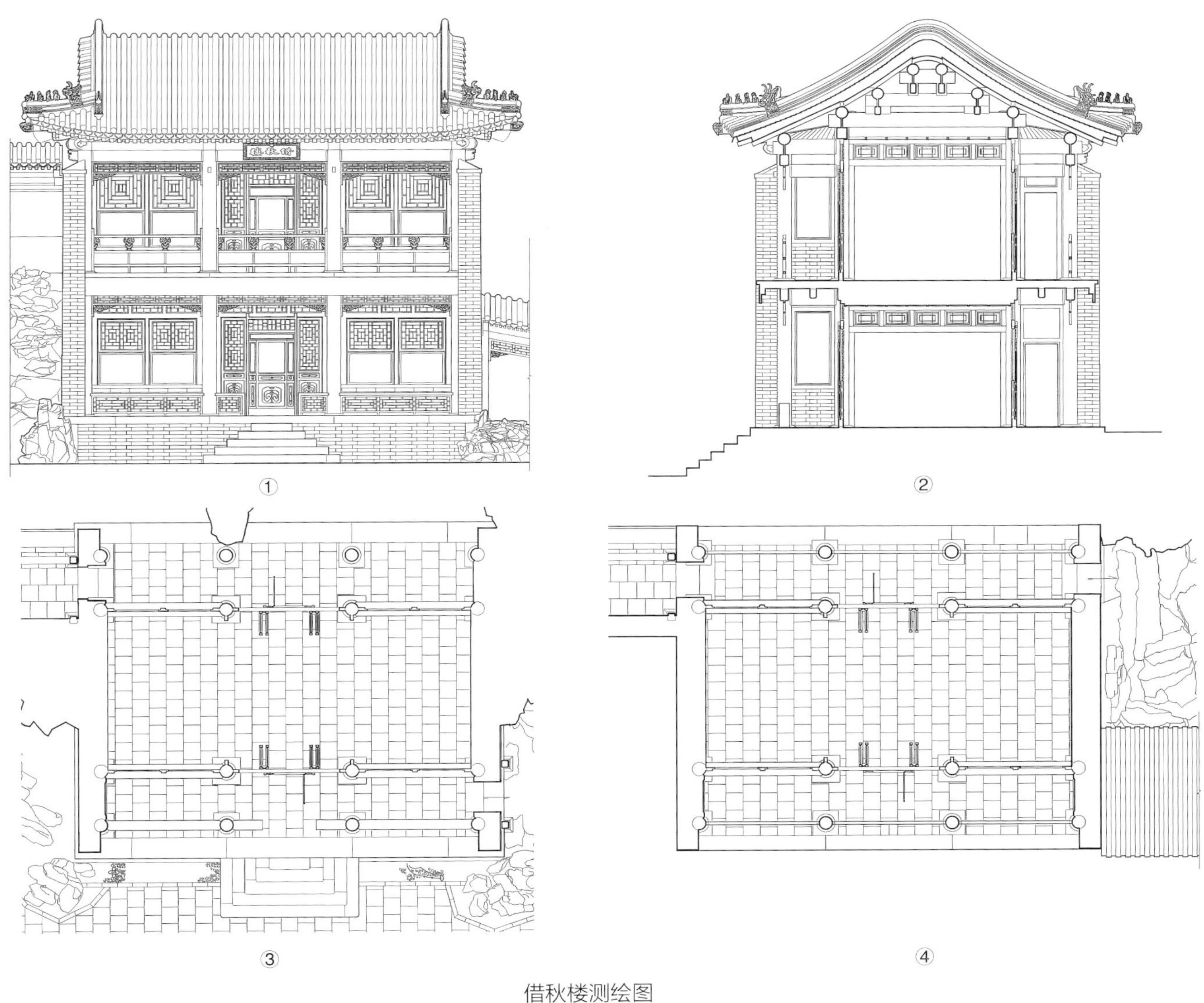

借秋楼测绘图
① 正立面 ② 剖面 ③ 一层平面 ④ 二层平面

间安步步锦楣子和坐凳栏杆。大木梁架绘包袱式金线苏画，檐椽绘片金寿字，飞椽绘片金栀花。

建筑明间面阔 2.9 米，次间面阔 2.9 米，二层进深 3.88 米，前、后廊进深 1.3 米。一层檐柱高 3.26、柱径 0.32 米，二层檐柱高 3.26、柱径 0.32 米，建筑总高度 10.76 米。

（6）澄辉阁

澄辉阁位于画中游中轴线最南端，坐北朝南，一层两侧通过游廊可达东、西八方亭及爱山楼、借秋楼，二层通过假山蹬道可进入南院。

建筑为重檐不等边八角攒尖顶，绿琉璃黄剪边筒瓦屋面，平面有两围柱。一层后部的檐柱和金柱直接落于山石之上，前部檐柱间安步步锦楣子和坐凳栏杆，二层檐柱间安步步锦楣子和木巡杖栏杆，金柱间安步步锦隔扇，空间开敞。一重檐长边平身科斗拱为重翘五踩平身科斗拱，短边平身科为重昂五踩平身科斗拱，角科为重翘五踩角科斗拱；二重檐长边平身科斗拱为重昂五踩平身科斗拱，角科为重昂五踩角科斗拱；平座平身科斗拱为单昂三踩平身科斗拱，角科为单昂三踩角科斗拱。大木梁架绘包袱式金线苏画，檐椽绘片金寿字，飞椽绘片金栀花。

澄辉阁

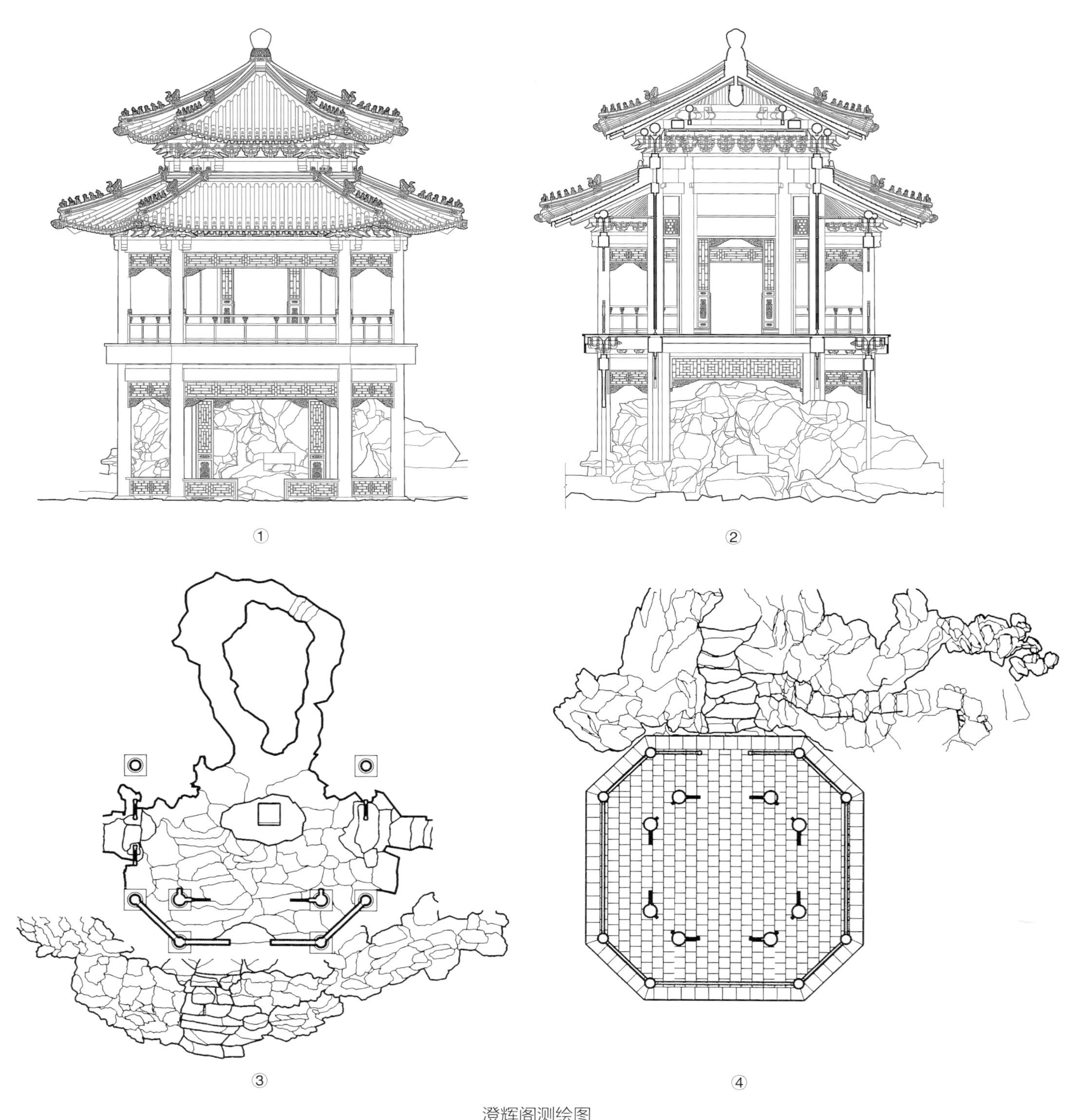

澄辉阁测绘图
① 正立面　② 剖面　③ 一层平面　④ 二层平面

（7）东、西八方亭

东、西八方亭为澄辉阁的配亭，位于澄辉阁东西两侧，有游廊与澄辉阁一层相连。两侧配亭形制相同，皆为单围柱重檐八角亭，绿琉璃黄剪边筒瓦屋面。柱间安步步锦楣子和花牙子。大木梁架绘方心式金线苏画，檐椽绘百花图，飞椽绘片金栀花。

（8）游廊

北游廊环抱第二进院落，中轴对称。形式采用廊基斜坡式爬山廊，单面空廊，内侧柱间安步步锦楣子和坐凳栏杆。东侧游廊连接画中游正殿东山与爱山楼上层后廊东山，共 17 间。西侧游廊连接画中游正殿西山与借秋楼上层后廊西山，共 17 间；靠近借秋楼处为二层游廊楼，下层游廊连接借秋楼下层西山与石洞，共 6 间。

南游廊围合南院，串联起澄辉阁和东、西八方亭以及爱山楼、借秋楼前廊。东、西游廊中轴对称，形式采用廊基叠落式爬山廊，为双面空廊，柱间安步步锦楣子。

南、北游廊皆为四檩卷棚，绿琉璃黄剪边筒瓦屋面，梅花方柱。上架大木外侧绘包袱式金线苏画，内侧绘方心式金线苏画，檐椽绘百花图，飞椽绘片金栀花。

（9）垂花门及园墙

垂花门位于画中游建筑群东北角，与园墙共同围合画中游建筑群北侧院落，向内有甬路通往画中游正殿，向外可达湖山真意敞厅。垂花门的形制虽为最简洁的独立柱担梁式，但其前、后皆出抱厦，较为罕见。垂花门为悬山顶，琉璃筒瓦屋面，清水脊；前、后抱厦为过垄脊。柱子直通脊部支承脊檩，与麻叶抱头梁呈“十”字形交在一起，檩下共出 12 根垂莲柱。柱子间安板门，前后安壶瓶牙子及抱鼓石。大木梁架绘苏式彩画，檐椽绘百花图，飞椽绘片金栀花。建筑通高 4.77、面阔 3.57 米，方柱高 3.7、边长 0.26 米。

园墙平面为不规则曲线，总长度为 56 延米。虎皮石下肩，抹灰上身，看面墙处为十字缝丝缝上身，花瓦顶墙帽。

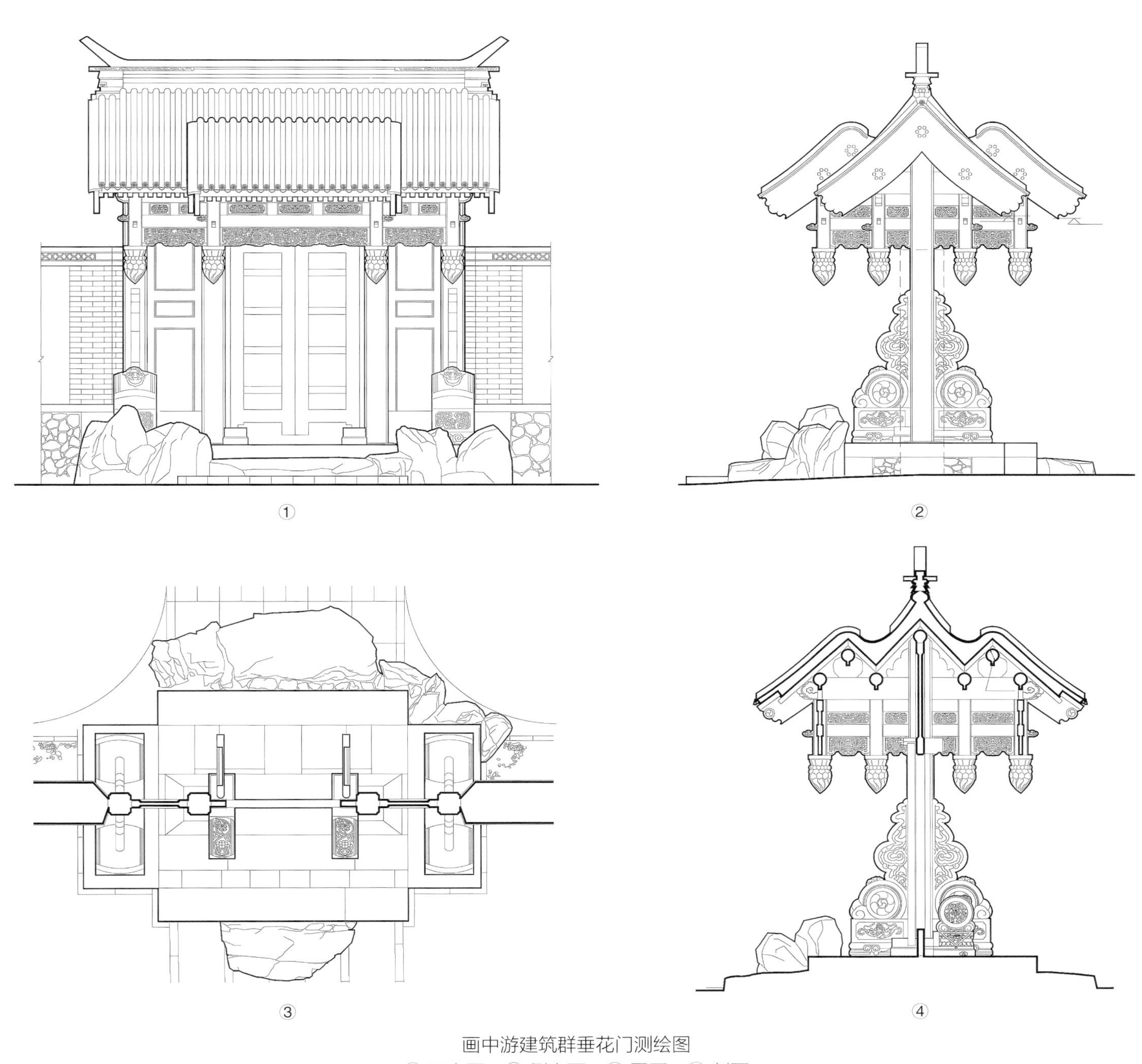

画中游建筑群垂花门测绘图
① 正立面 ② 侧立面 ③ 平面 ④ 剖面

2. 其他物质要素现状

除上述各建（构）筑物单体以外，植物、叠石等也是园林成景的重要物质要素。现存画中游建筑群内古树有 17 株，其中有 1 棵五角枫、1 棵白皮松，其余皆为柏树。其余树木种植欠缺章法，特别是湖山真意西侧，灌木的高度缺乏控制且有多棵高大乔木，现已完全遮挡了湖山真意向西的视线，借景玉泉山的景观效果受到了严重影响。

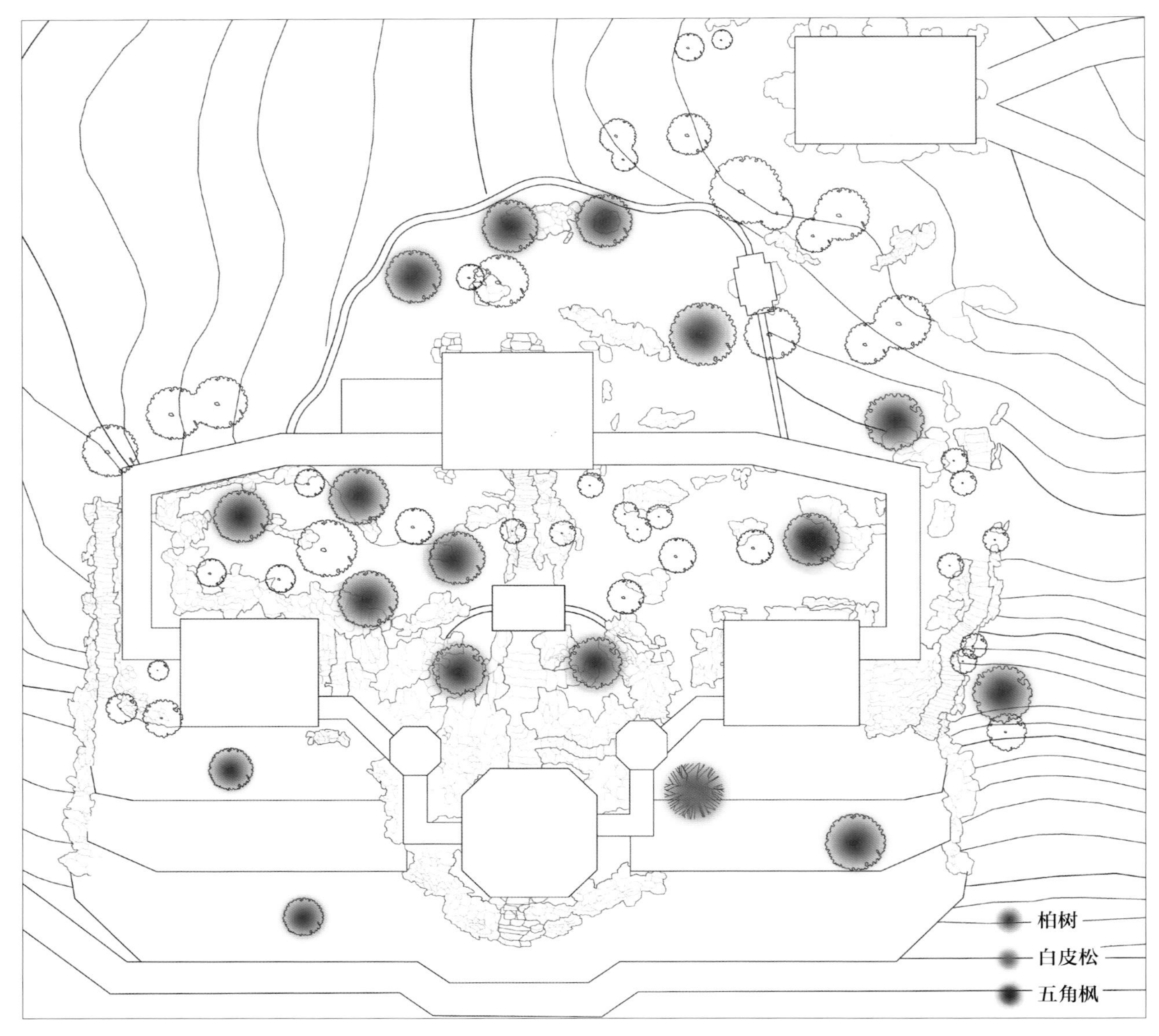

画中游建筑群古树分布图

爱山楼、借秋楼和澄辉阁前三层叠落泊岸为光绪时期重修时添建，泊岸平面规整呈中轴对称，每层泊岸两侧各出一座垂带踏跺，方砖墁地，前端砌宇墙，青砂石、黄石连面。

画中游园内的叠石主要集中于南院。石牌楼以南有叠石蹬道通往澄辉阁二层，蹬道两侧堆叠假山石洞通往东、西八方亭，石材多为黄石，间有青石，石洞采用梁柱式结构。叠石向西延续至借秋楼东山并形成一个向下的蹬道；向东至爱山楼西山多为覆土，有少量黄石点缀。由于此处高差较大，为配合地形地势，结合真山布置了规模较大的叠石群落，一直从南部院落延续至东、西八方亭及游廊南侧的叠落平台。此处的叠石保存较为完好，未见大面积修补痕迹。

另一处较大规模的叠石位于借秋楼北侧。为弥补山体骨架、填补地形上的空缺，在借秋楼一层后檐外堆叠山石形成一道崖壁，上有石门通往内部砖券洞。叠石隧洞的顶部覆土，标高与借秋楼二层基本一致。这部分叠石保存较好，但券洞内部排水不畅，墙面抹灰几乎全部脱落，且青砖表面有粉化剥落的现象，地面积土严重。

园墙外湖山真意周围，有光绪时期重修时添建的点景山石。东侧中御路转折处，有一组叠石作为对景；北侧下山的甬路两侧布置了多组叠石，石材多为青石，间有黄石，以梁柱结构堆叠成小型石洞，叠石组群在画中游建筑群北侧形成围合之势，起到了障景的作用。

（二）复原成果

现在的画中游建筑群是历代营缮活动叠加的结果，要对其园林创作进行深入分析，就需要剔除干扰因素，回到其初创时期，因此需首先厘清其发展演变的脉络，然后再进行复原研究。通过分析档案文献，梳理画中游建筑群的营缮历史，再结合现状调查，整理出其发展沿革。

画中游建筑群始建于清代乾隆时期，直到咸丰十年英法联军焚掠以前，其格局基本延续了乾隆时期的状态；咸丰十年后，画中游的主体建筑画中游正殿、爱山楼、借秋楼、湖山真意及石牌楼皆幸存；光绪十八年的修缮工程延续了画中游的整体布局，维修了幸存的建筑单体，重修了澄辉阁，并添建了建筑群南侧的三层叠落驳岸宇墙、爱山楼和借秋楼前的如意踏跺，以及湖山真意周围的叠石，建筑的内檐装修也经重新设计，并非原制。

由于现存乾隆时期画中游建筑群相关文献资料不足，复原难度较大，但清漪园时期（指咸丰十年焚掠以前）的画中游整体上是乾隆时期的延续，因此本次研究以清漪园时期的文献资料为复原的主要依据，力求复原成果切近画中游初创时期的状貌。

由于现在的画中游建筑群在内、外檐装修与陈设以及整体格局两个方面与清漪园时期差别较大，复原研究主要针对这两方面内容，兼有其他对该建筑群原状的研究与考证，以便进一步分析其园林创作。

▼ 画中游建筑群复原内容及依据表

复原内容	复原依据	反映的信息
整体格局	国 343-0666《清漪园地盘画样》（道光时期）	清漪园时期画中游整体格局
	国 344-0721《画中游前重檐倭角亭图样》（光绪十八年） 国 344-0705《画中游内檐装修图样》（光绪十八年底至十九年初）	光绪十八年重修前画中游整体格局
	国 342-0525《画中游添修点景山石并改修踏跺准底》（光绪二十年）	画中游南侧三层叠落驳岸宇墙、爱山楼和借秋楼前如意踏跺及湖山真意周围的叠石为光绪时期添修
单体建筑形制及尺寸	乾隆时期《内务府奏案》 嘉庆时期销算黄册	建筑单体名称、建筑开间数
	《崇庆皇太后万寿庆典图》（乾隆时期）	澄辉阁形制为二层的两围柱八方亭
	国 344-0721《画中游前重檐倭角亭图样》（光绪十八年）	澄辉阁为重檐倭角亭
	德贞于 1870 年拍摄的万寿山全景照片	爱山楼、借秋楼南立面为二层楼阁，卷棚歇山顶；湖山真意形制为敞轩，卷棚歇山顶
	光绪十三年《万寿山准底册》测绘及三维扫描数据	画中游正殿、借秋楼、湖山真意的面阔、进深、柱高等详细尺寸及详细空间信息
地形高程	颐和园全园测绘图和现状三维点云模型	万寿山山体等高线图
叠石	现状三维点云模型	
内外檐装修与陈设	《嘉庆十二年分画中游等处陈设清册》	各建筑室内陈设与空间划分
	《崇庆皇太后万寿庆典图》（乾隆时期）	澄辉阁一层为开敞空间无陈设，楼前有一个露陈座；二层檐柱间安巡杖栏杆，金柱间安格栅门
	《做法清册》	外檐装修
	国 344-0705《画中游内檐装修图样》（光绪十八年底至十九年初）	内檐装修
环境及景观意象	乾隆皇帝御制诗	澄辉阁西面云窗框镜；澄辉阁、爱山楼、借秋楼皆可欣赏昆明湖、玉泉山之景；借秋楼庭前种梧桐、楸树
	《崇庆皇太后万寿庆典图》（乾隆时期） 国 344-0721《画中游前重檐倭角亭图样》（光绪十八年） 国 344-0705《 画中游内檐装修图样》（光绪十八年底至十九年初）	画中游周围为自然山林环境，建筑群南侧为自然山石
	历史照片	湖山真意向西可借景玉泉山

内檐装修和陈设以《嘉庆十二年分画中游等处陈设清册》（以下简称《陈设清册》）为主要复原依据，部分外檐装修的探讨参考了《崇庆皇太后万寿庆典图》和《做法清册》，同时结合了相近时期的清代皇家园林内檐装修与陈设实例。

1. 画中游正殿

《陈设清册》中详细记载了画中游正殿的陈设物品与位置，根据“西间面东安……靠东墙安……罩内两边窗下安紫檀方绣墩八件”的记载，可推测画中游正殿室内的格局按照开间被划分为东、中、西三部分，前、后金明间设格栅门，两次间设支摘窗。由于画中游正殿处于连接北院与中间院落的节点位置，这种空

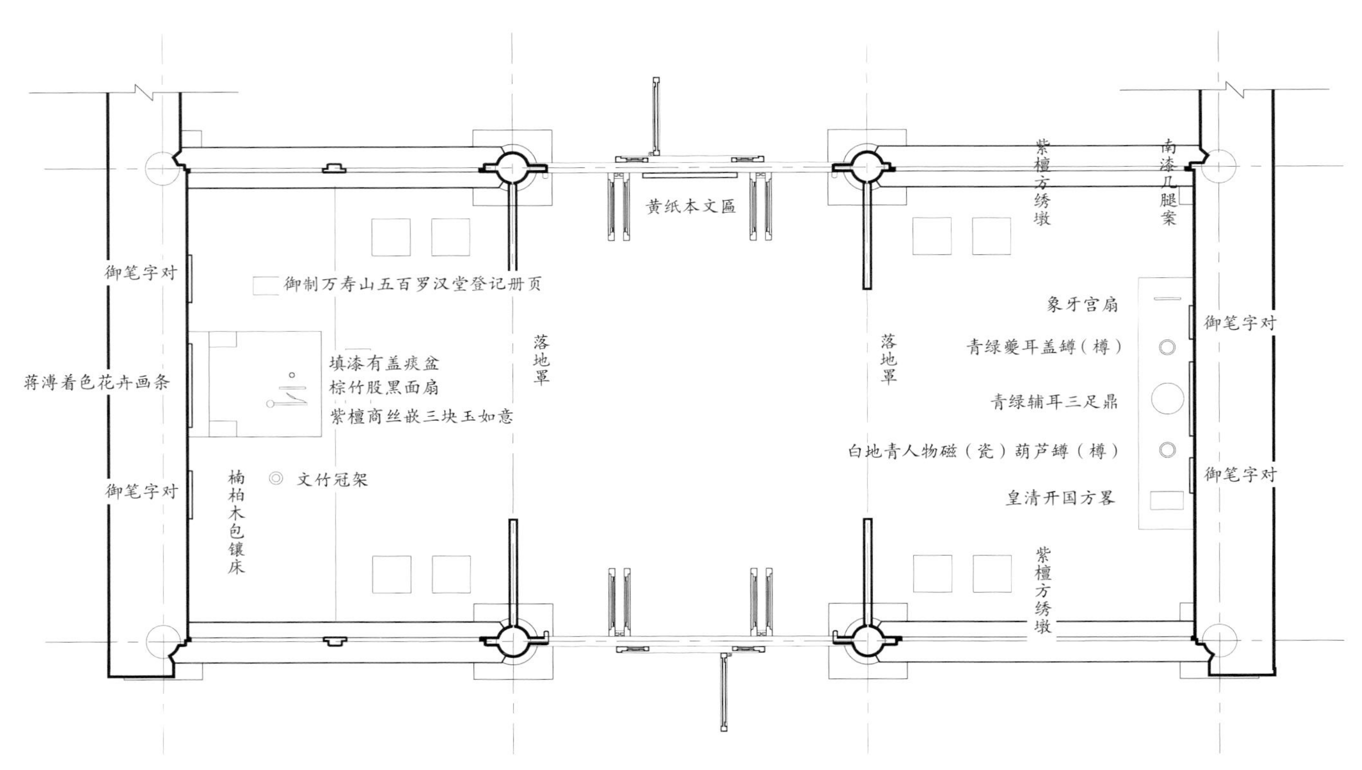

画中游正殿内檐装修及陈设复原平面图

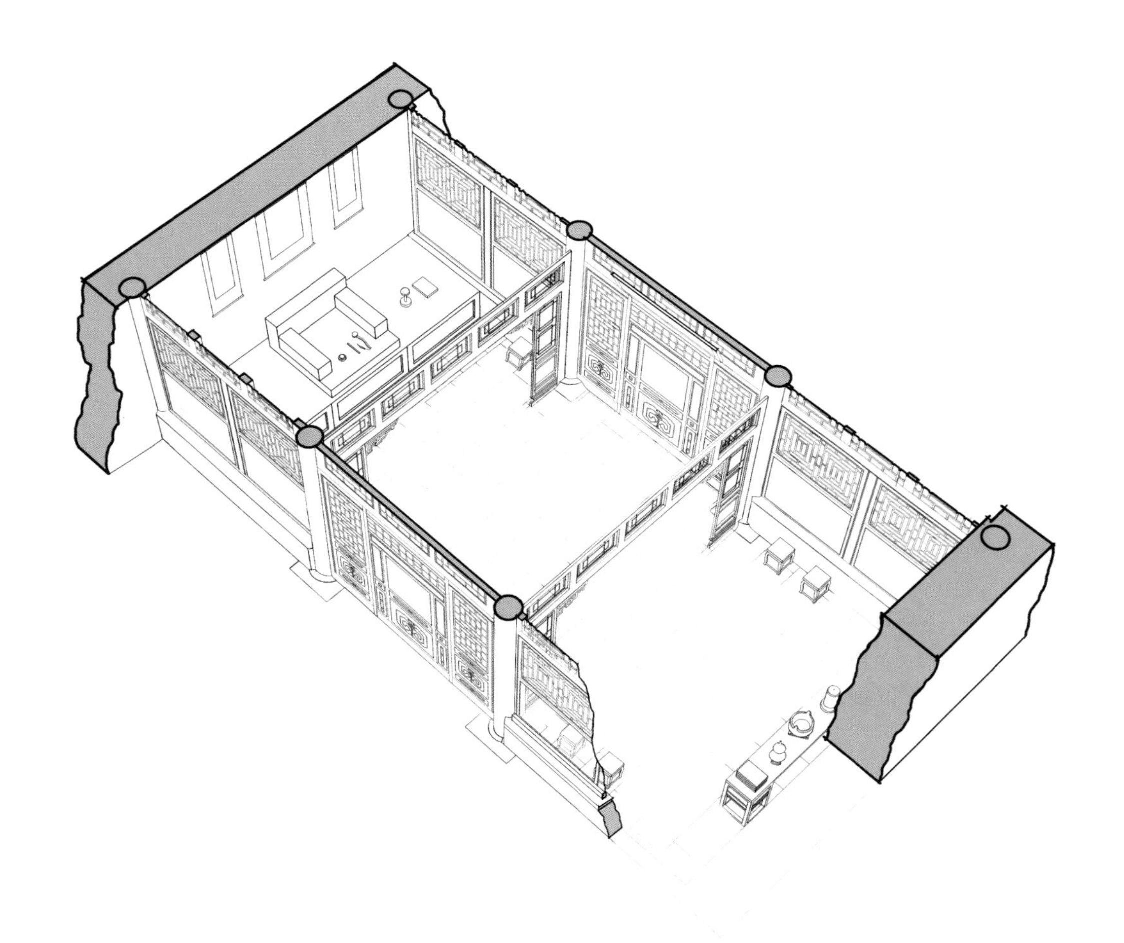

画中游正殿内檐装修及陈设复原效果图

间划分恰好满足其作为交通节点的需求，室内规整对称的划分也符合其作为正殿统领全园的地位。

“罩内两边窗下安紫檀方绣墩八件”说明明间东、西缝进深有罩，参考国 344-0705《画中游内檐装修图样》和《做法清册》的记载，罩的种类选取了落地罩。

2. 爱山楼

《陈设清册》中未见爱山楼下层陈设的记载，《做法清册》中记载爱山楼“下层自前金往里四尺分位安活板墙一槽西楼梯外口进深板墙一槽”，与爱山楼一层室内现状一致，爱山楼结合原始山体建造，活板墙后为自然山石，下层以两面活板墙隔出一个“L”形的交通空间。关于上层陈设，《陈设清册》中提到“……

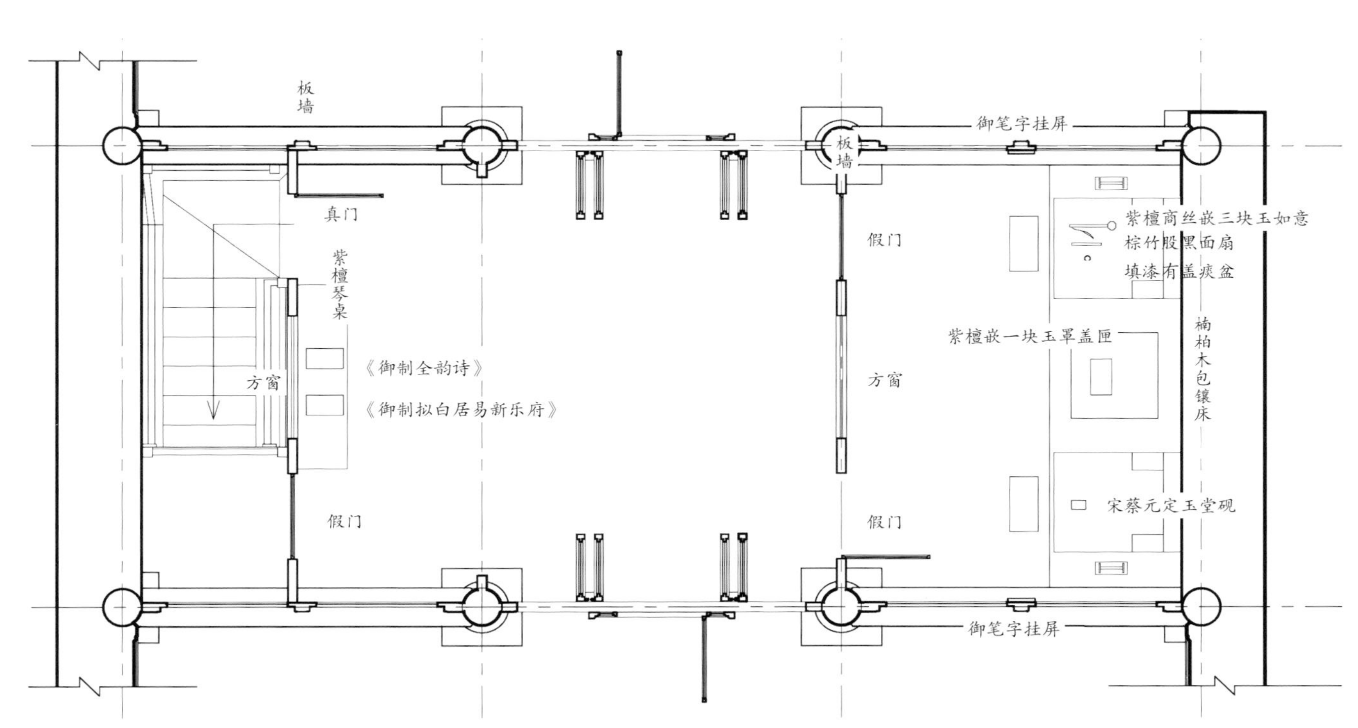

爱山楼内檐装修与陈设复原平面图

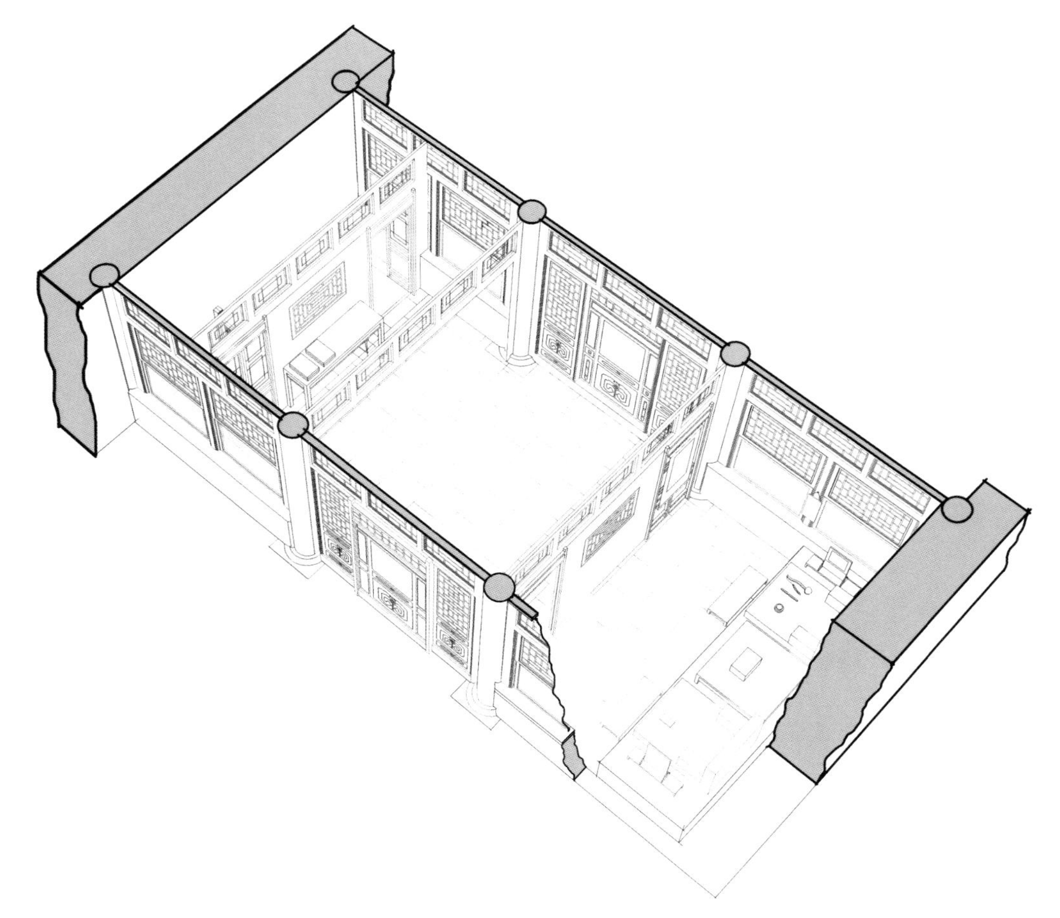
爱山楼内檐装修与陈设复原效果图

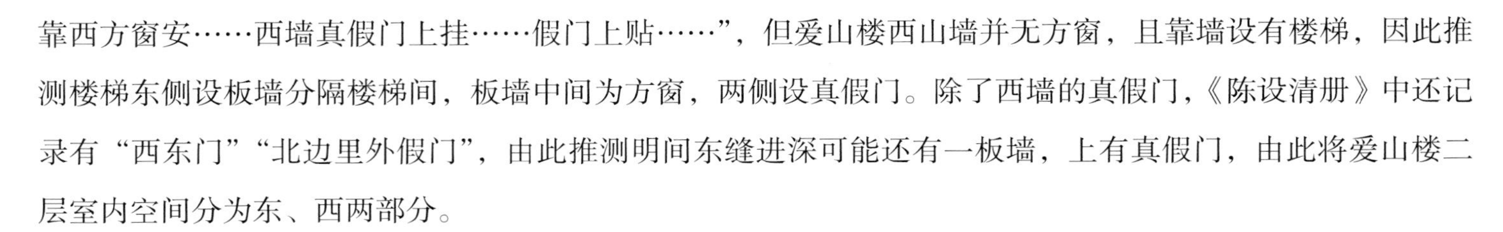

靠西方窗安……西墙真假门上挂……假门上贴……”，但爱山楼西山墙并无方窗，且靠墙设有楼梯，因此推测楼梯东侧设板墙分隔楼梯间，板墙中间为方窗，两侧设真假门。除了西墙的真假门，《陈设清册》中还记录有“西东门”“北边里外假门”，由此推测明间东缝进深可能还有一板墙，上有真假门，由此将爱山楼二层室内空间分为东、西两部分。

3. 借秋楼

《陈设清册》中记载：“借秋楼下东二间面东安……靠东墙安……洞内面东安……游廊墙上贴……西一间面北安……西墙贴……东墙贴。”根据方位的表述，可以推测借秋楼一层室内空间被划分为东二间和西一间两部分，之间有板墙分隔；根据记录的顺序可以推测在游览流线上借秋楼一层室内与石洞和游廊空间形成了室内外的有机串联。《陈设清册》中提到“游廊墙”上贴着色大画，可确定此处游廊为单面空廊，外侧为墙，形成内向性的园林空间。石洞内西面开方窗，并靠窗设置包厢床和坐褥靠背迎手，可通过方窗向西欣赏游廊墙上的着色大画，形成内外的联系。

借秋楼二层的格局相对简单，靠东、西山墙对称放置紫檀案，明间面南有一张三屏文榻，背靠一座九屏屏风。

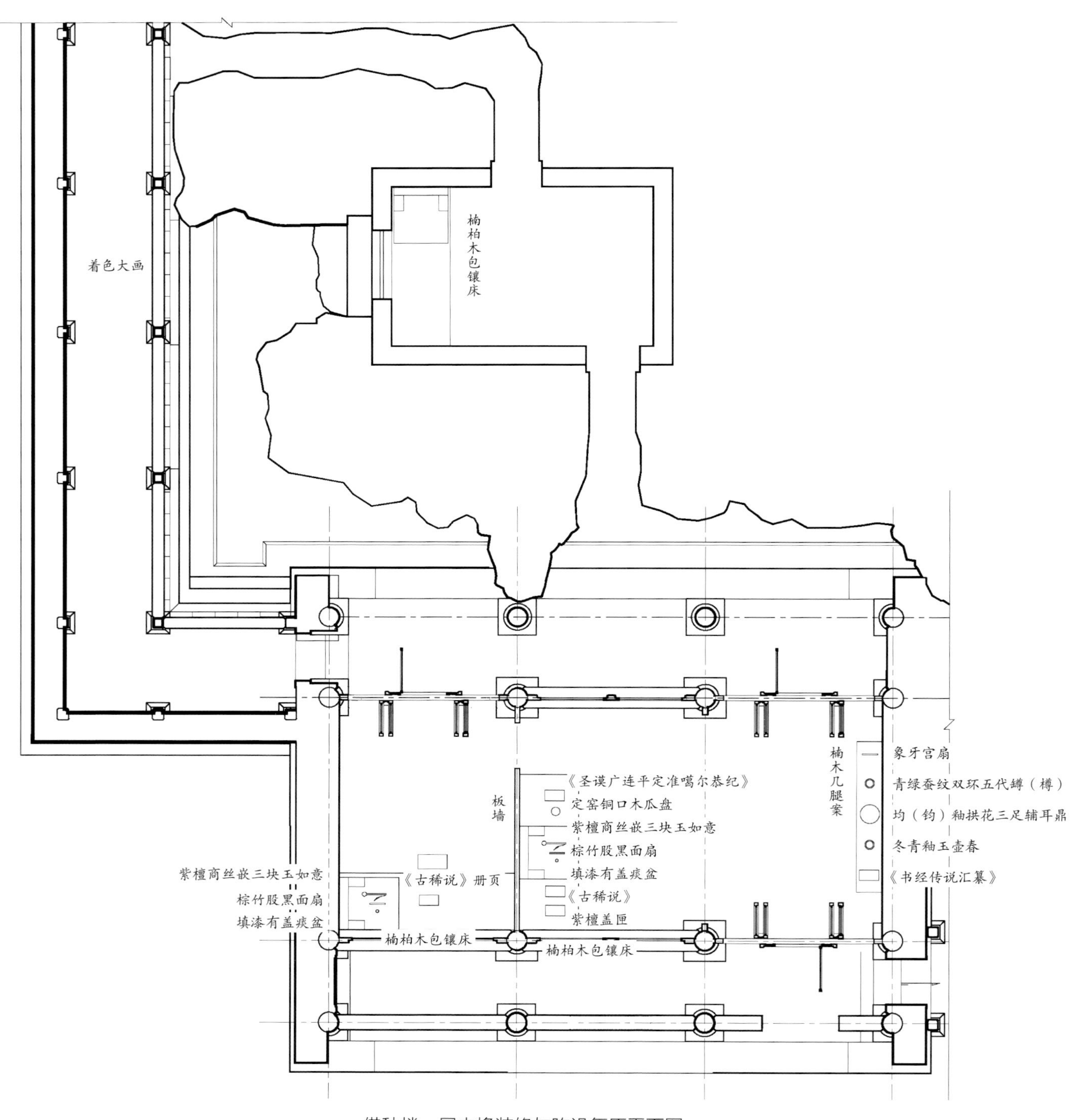

借秋楼一层内檐装修与陈设复原平面图

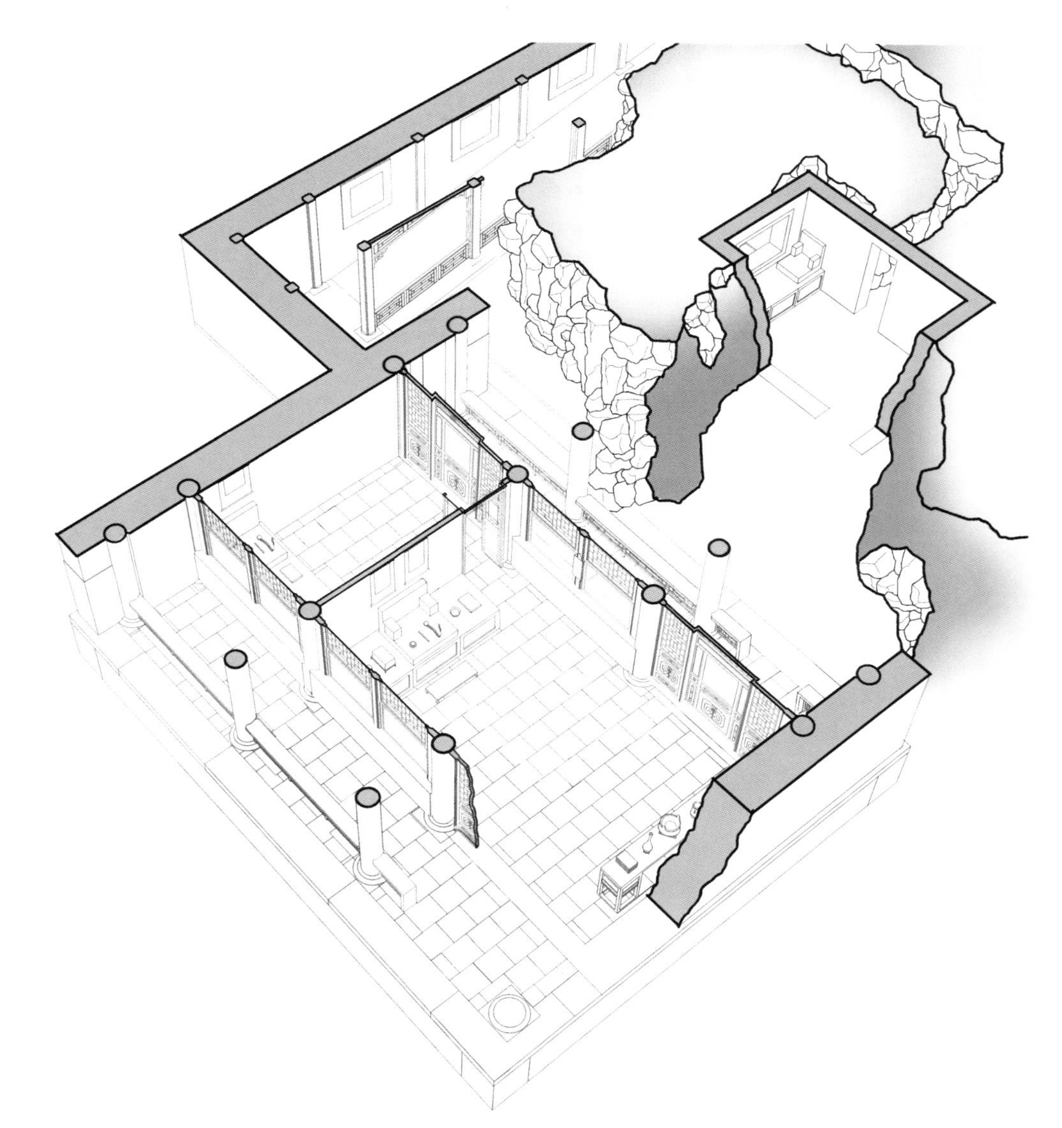

借秋楼一层内檐装修及陈设复原效果图

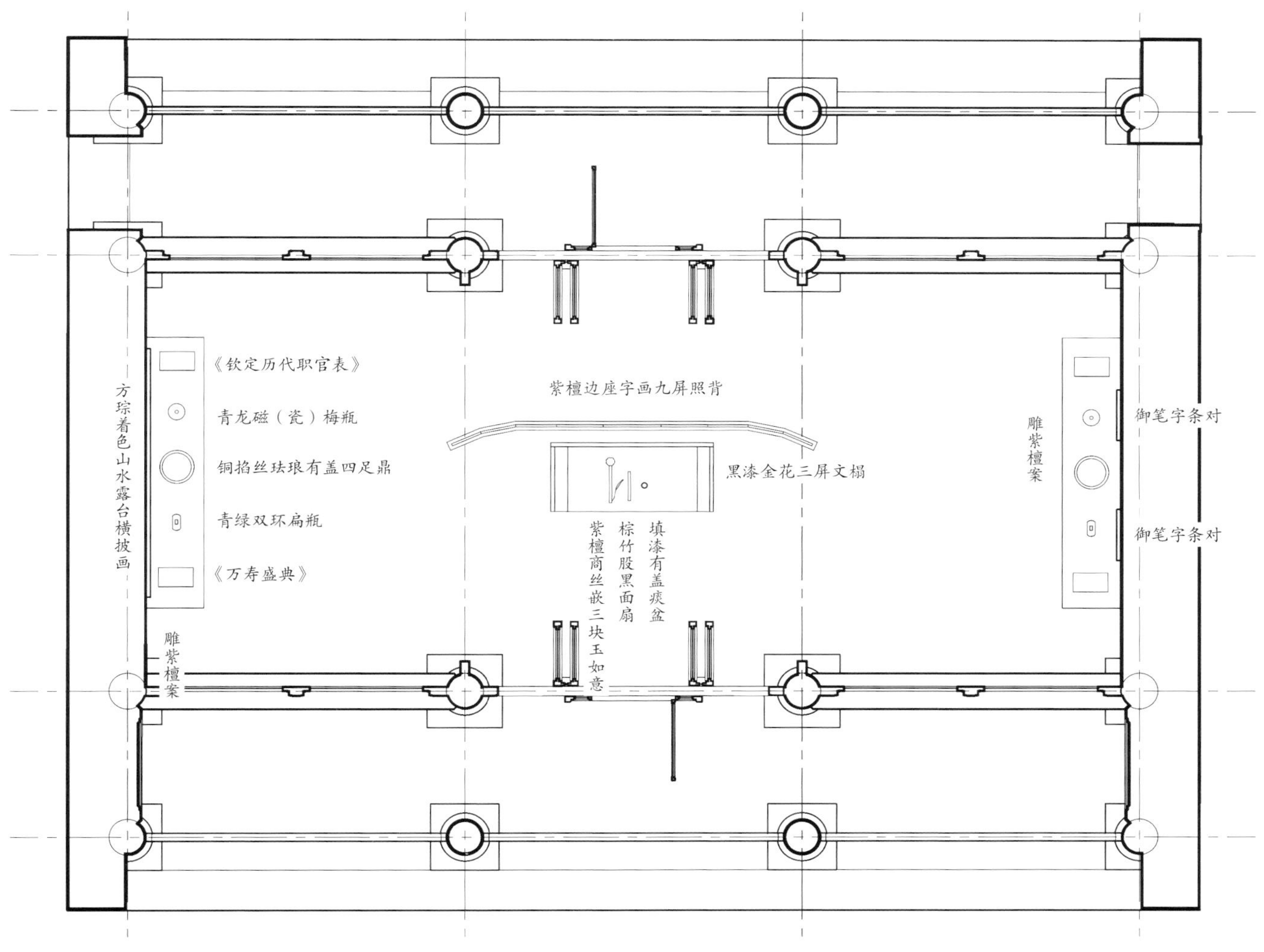

借秋楼二层内檐装修及陈设复原平面图

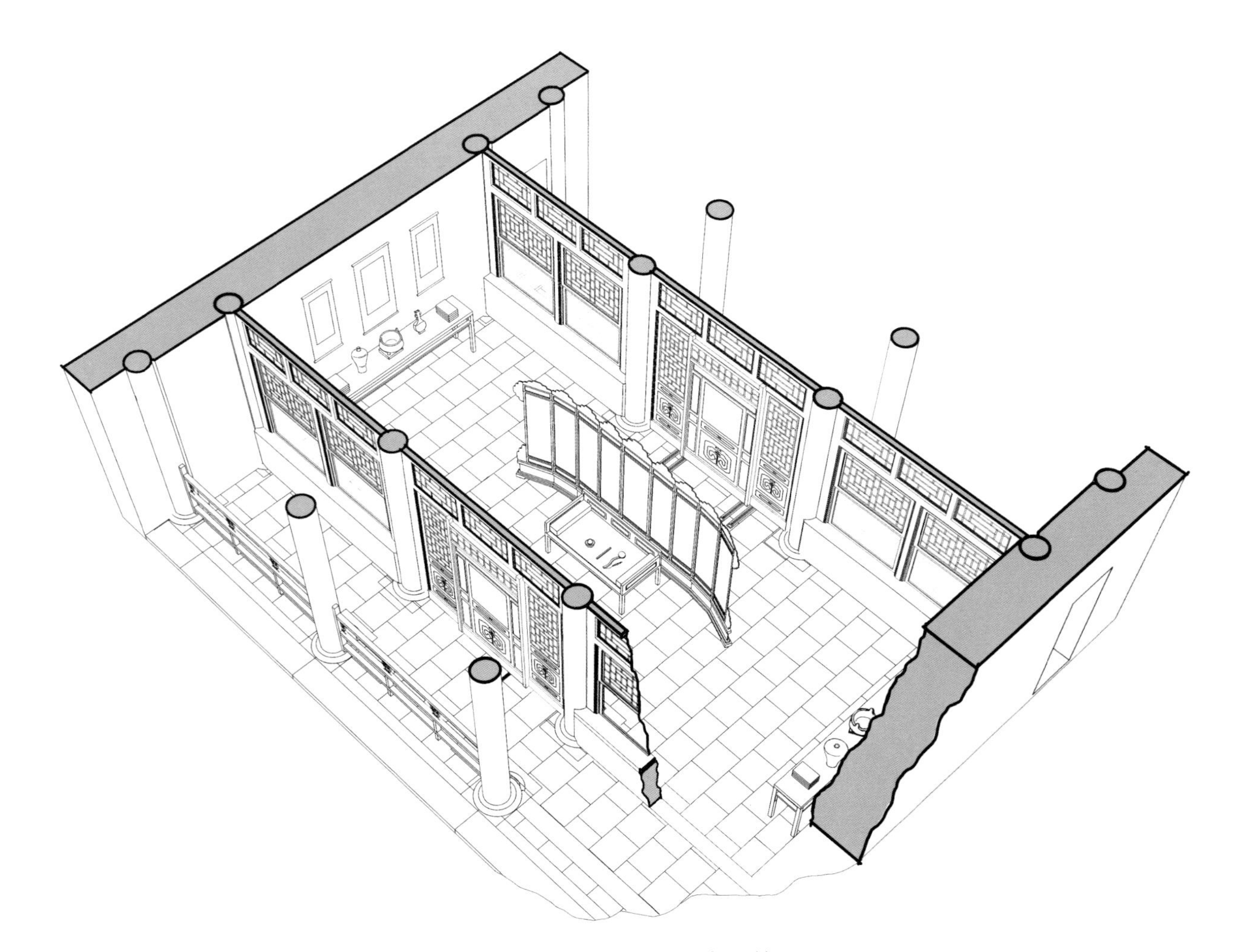

借秋楼二层内檐装修及陈设复原效果图

由室内的陈设位置可推知借秋楼一层东次间前、后檐及二层明间前、后檐开门，但《陈设清册》中还记载了“外檐楼上下门上挂毡竹帘各五架”，可知借秋楼上、下两层共开五门，根据室内陈设布局及室内外流线的联系推测，另一门可能开在一层西次间后檐。

4. 澄辉阁

由于现在的澄辉阁基本保持着光绪十八年重修后的格局，因此要复原其内檐装修和室内陈设需先梳理历史资料，探讨其原始形制。澄辉阁的形象最早出现在《崇庆皇太后万寿庆典图》第一卷“崇呼介景”中，图中所绘的澄辉阁是一座两层的八角攒尖亭，平面有两围柱，一层空间开敞，室内有石台，二层有明显的

故宫博物院藏清张廷彦等绘《崇庆皇太后万寿庆典图》（局部）

室内外空间的划分。国 344–0721《画中游前重檐倭角亭图样》是光绪十八年重修画中游之前的一次现状勘察的图纸，绘制了澄辉阁的平面形式，而现有的澄辉阁一层平面柱网形式与这份样式雷图样基本吻合，由此可以推断光绪时期重修澄辉阁时延续了原有的平面形式。图中还表现了一层室内大小两个山洞及洞前的山石，与《崇庆皇太后万寿庆典图》中所绘室内的石台基本一致，可知这一时期澄辉阁一层的平面形式和山居岩栖的空间氛围与清漪园时期基本一致。

但是《陈设清册》中记录的陈设位置所反映的"上层"和"下层"空间布局与澄辉阁一层和二层空间格局的现状无法吻合，尤其是一层陈设位置和平面格局存在较大出入。关于一层的内、外檐装修就记载了"方窗""东边门""西边假门""墙""罩""罩外两门"等多种形式，家具有宝座一张、香几一对和包镶床三张，各类陈设共 25 件。由《陈设清册》记载的陈设方位可大致推知澄辉阁下层的空间格局为：南侧有墙，上开方窗，靠窗放置宝座及香几，东西两侧有墙及真假门，靠北墙放置包镶床三张，同时有一个东西向的罩，罩外还有两门。但是澄辉阁一层不等边八边形平面的近⅓都被不规则的山体覆盖，北侧有裸露的天然岩壁，柱子直接落于岩石之上，室内有一石桌，这样的室内空间不足以布置如此多的家具陈设，北侧墙和包镶床的位置也与石洞入口及石桌产生冲突，且过多的家具陈设与整个一层的山居氛围不符，因此《陈设清册》中的"下层"可能指的并非是澄辉阁的一层。

在现有资料的基础上仅能推测现澄辉阁一层开敞的空间格局基本保留了清漪园时期的状态，但是澄辉阁到底有多少层以及其他具体形制则没有更多资料可考。既然一层无法布置更多陈设，那么《陈设清册》中提到的澄辉阁的"上层"和"下层"则有可能为二层和三层。

嘉庆十二年至二十四年（1807~1819 年）的八份陈设清册关于澄辉阁的内容基本一致。道光十六年（1836 年）澄辉阁陈设仅剩包镶床，十七年（1837 年）则无澄辉阁陈设记录。根据嘉庆时期陈设清册记载的信息，同时考虑其内部流线和整个建筑群流线关系的合理性，澄辉阁二、三层的室内格局有两种可能性：一种是参考故宫养心殿仙楼佛堂，将二、三层做通高的空间，留出中庭；另一种是普通的楼阁形式。

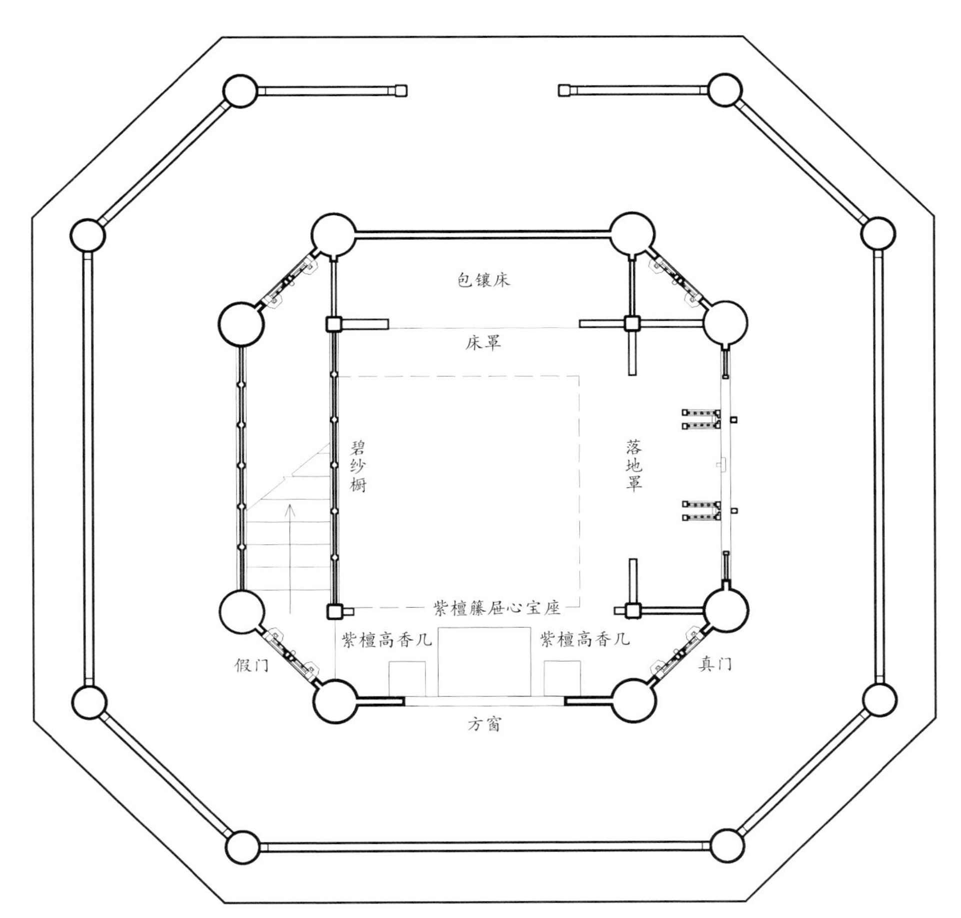

澄辉阁二层内檐装修及陈设复原平面图

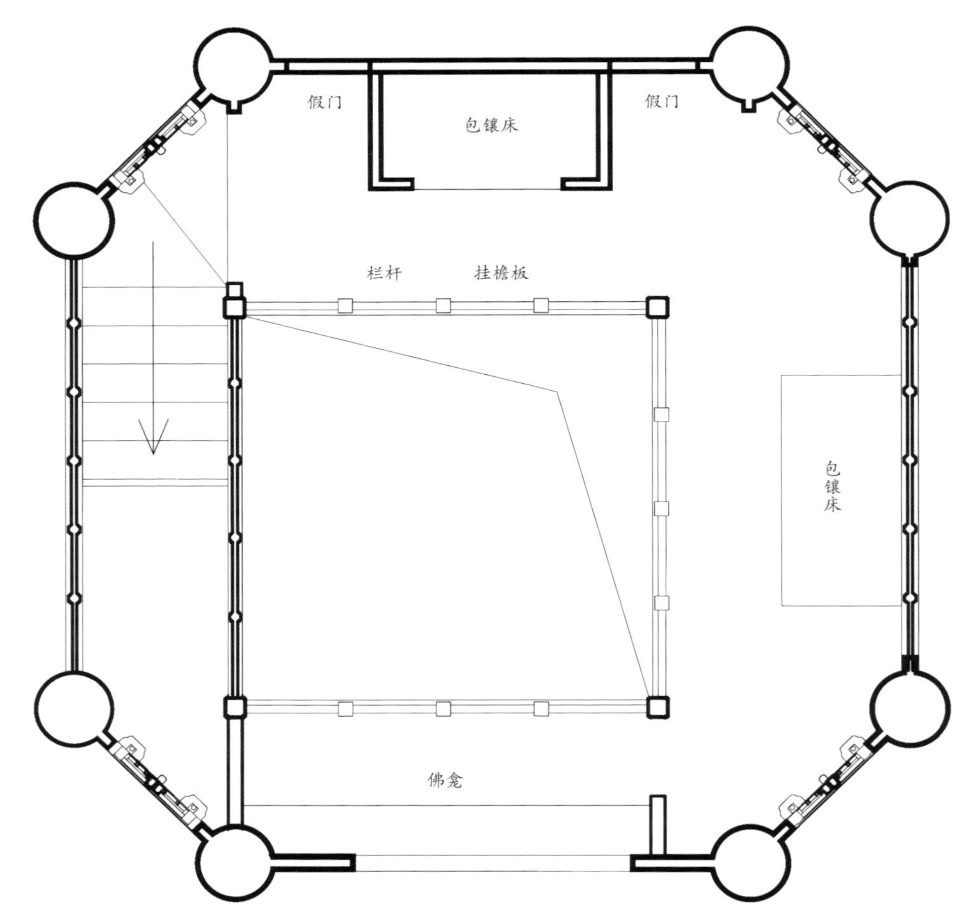

澄辉阁二层仙楼内檐装修及陈设复原平面图（方案一）

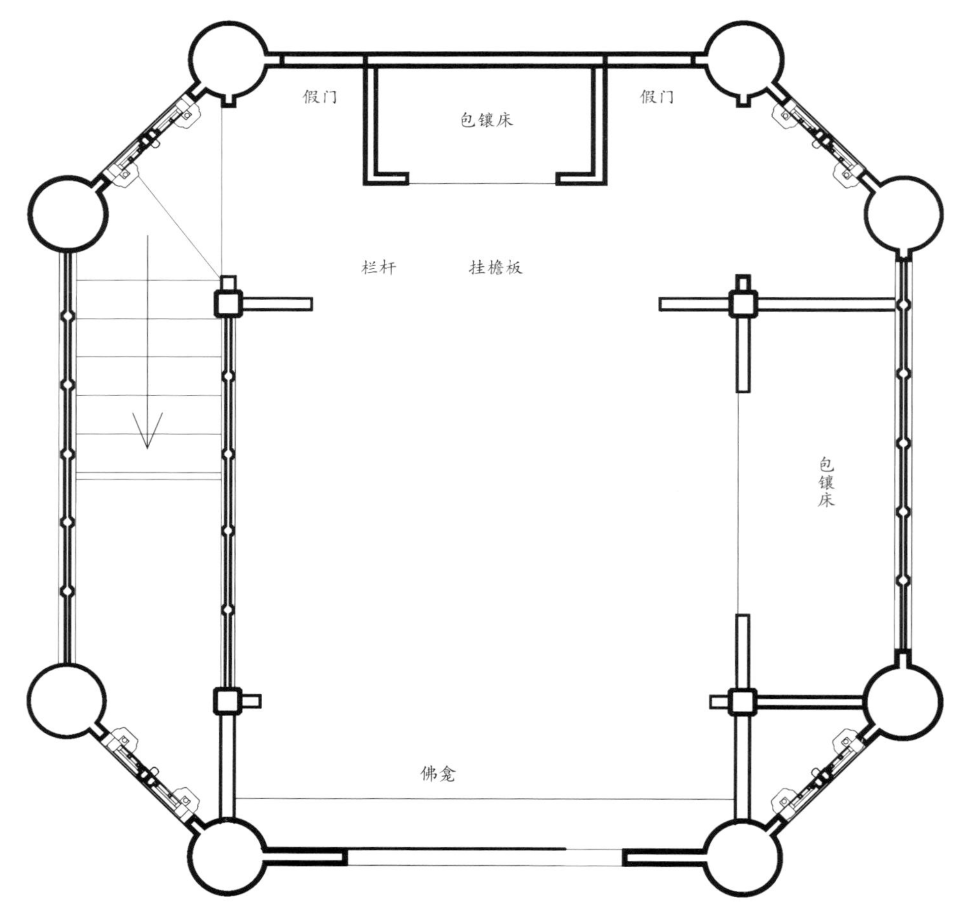

澄辉阁三层内檐装修及陈设复原平面图（方案二）

5. 整体格局复原

清漪园时期的画中游在整体布局上与现状的主要区别在于建筑群南侧无三层规整的叠落泊岸，湖山真意周围无叠石群组。其整体格局体现出与自然山林的融合。虽然主体建筑中轴对称，但建筑与环境过渡自然。复原后的画中游，南侧依原有山体走势设叠石蹬道和云步踏跺通往澄辉阁、爱山楼和借秋楼，并结合真山补砌叠石使其与南院内叠石风格一致。

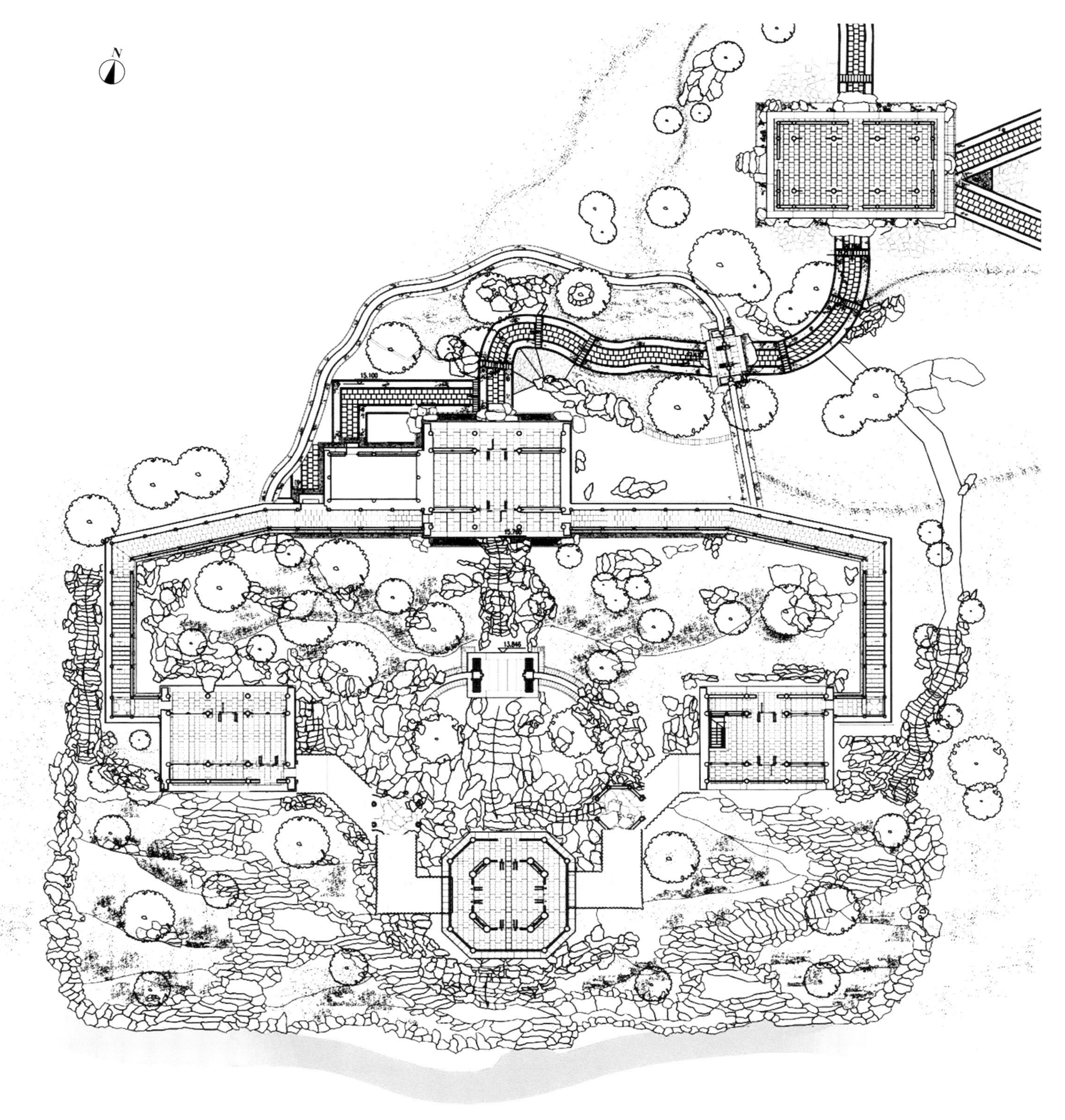

画中游建筑群复原平面图

画中游建筑群复原剖面图

画中游建筑群复原立面图

画中游建筑群整体环境复原鸟瞰图

第二节

规划设计与空间营造

画中游建筑群作为御苑的园中园，其规划布局不仅要根据自身的环境特色，而且要结合御苑的整体设计思路，进行综合考量。

一、规划设计

（一）前山前湖的改造与设计意图

万寿山的前身为瓮山，其山体原为西山因地壳运动和腐蚀作用向东延伸分裂而成的小孤山，其西南有湖名为瓮山泊，环境优美，元代已建有环湖寺庙和园林。明代迁都北京后，加大了对瓮山的开发与建设，将瓮山泊更名为“西湖”。《帝京景物略》中对瓮山有“土赤坟，童童无草木”[1]的描述，且清代乾隆皇帝有诗回忆万寿山改造前的原始情况，诗中有曰：“瓮山当日是童山。”可推测瓮山山形并不雄奇，而是整体上坡度平缓、地形呆板，山体以岩石为主，且山岩裸露，植被并不茂盛，景观条件有很大的局限性。明末清初，由于战乱，原来作为风景形胜之地的瓮山西湖一带趋于凋敝，甚至西湖水患还危及周边农田和畅春园。出于整治水利且为母祝寿的目的，乾隆皇帝兴建清漪园，通过清淤、拓湖、培山、绿化，对原始的山水格局进行了大刀阔斧的改造；又经统筹规划，形成了宫廷区、前山前湖景区和后山后湖景区的格局。

乾隆十五年（1750年）将瓮山更名为“万寿山”，西湖更名为“昆明湖”。通过清淤、拓湖，整治之后的昆明湖面积扩展为原来的2~3倍[2]，水面中心东移与万寿山相对，山水景观以开阔壮丽为基调，颇具皇家苑囿的庄重气魄。为与前山前湖整体的环境氛围相呼应，前山建筑的布局和构图也应遵循相应的审美原则。

乾隆皇帝在《万寿山新斋成》一诗中总结了“据胜聊筑构，轩斋俨就矩。北户延螺峰，南荣俯璇渚”[3]的规划思路，即万寿山上的建筑布局遵循一定的规矩。首先要选址在可观胜景之处。万寿山前山视野极佳，向南有昆明湖的万顷碧波，水天一色；东堤外有田畴，向西可远眺园外的玉泉山、西山之景。前山建筑应布置在能欣赏这些美景的最佳位置。同时前山面向宽广的昆明湖水域，山体完全显露出来，其本身也是重要的观赏对象。而万寿山山形整体缺少变化，更需要建筑点缀，为山增色，可以说山水之间的建筑是其成景的点睛之笔。因此，要处理好“看”与“被看”的关系，处理好地形与环境的关系，也就是乾隆皇帝所说的“轩斋俨就矩”。

1 （明）刘侗、于奕正：《帝京景物略》卷七，紫禁城出版社，2013年。

2 张龙：《济运疏名泉，延寿创刹宇——乾隆时期清漪园山水格局分析及建筑布局初探》，天津大学硕士学位论文，2006年。

3 《清高宗御制诗二集》卷二十八《万寿山新斋成》，文渊阁《四库全书》内联网版。

除此之外，前山建筑也呼应了前山前湖景区中轴线的布局，进一步强调端庄典丽的皇家园林特点。传宋李成所作《山水诀》中有"凡画山水：先立宾主之位，次定远近之形"的规范，园林创作受到绘画理论影响，也强调主从关系，突出主体景观，以次要景观进行对比衬托。前山中轴线上的大报恩延寿寺建筑群是整个前山前湖景区的主体景观，整个建筑群自山脚到山顶中轴对称，布局严整，"堂庑翼然，金碧辉煌"，位置的选取、建筑的布局等都突出其主景地位。前山东、西两段的建筑需要与主体建筑形成衬托和呼应，以实现构图上的均衡，但是在衬托和呼应的手法上，东、西两段建筑的处理有所差异，这是东、西两段山体地形条件的差异所导致的。

在对万寿山原始山体进行整治的过程中，东、西两段采用了不同的处理手法。东段主要是用清淤拓湖所得土方堆培以弥补山形的缺陷，这就使得东侧山体坡度较缓，余脉悠长。与东段不同的是，昆明湖沿万寿山西麓向后山延伸，形成堤岛纵横的西北水域，使西段山体未能向更远处绵延，而是迅速转折向下，被湖水围抱，形成"西峰浸水"[1]之势，与东段形成虚实对比[2]。笪重光在《画筌》中论述了画幅尺寸和山水画的关系："尺幅小，山水宜宽；尺幅宽，丘壑宜紧。"东、西两段山体在"尺幅"上的不同，导致了建筑布局上的差异。

前山东段由于绵延较远，建筑自中轴线向东随着山体向远处延伸，逐渐舒朗，呈现出明显的"退晕"效果。单体亭、敞轩等多布置在山脊视野开阔之处，便于观景；布局自由灵活的小园建筑群一般选择山坡地形变化复杂之处，形成丰富的立面构图；较为规整的合院式建筑群则布置在山麓。这些建筑群多体量较

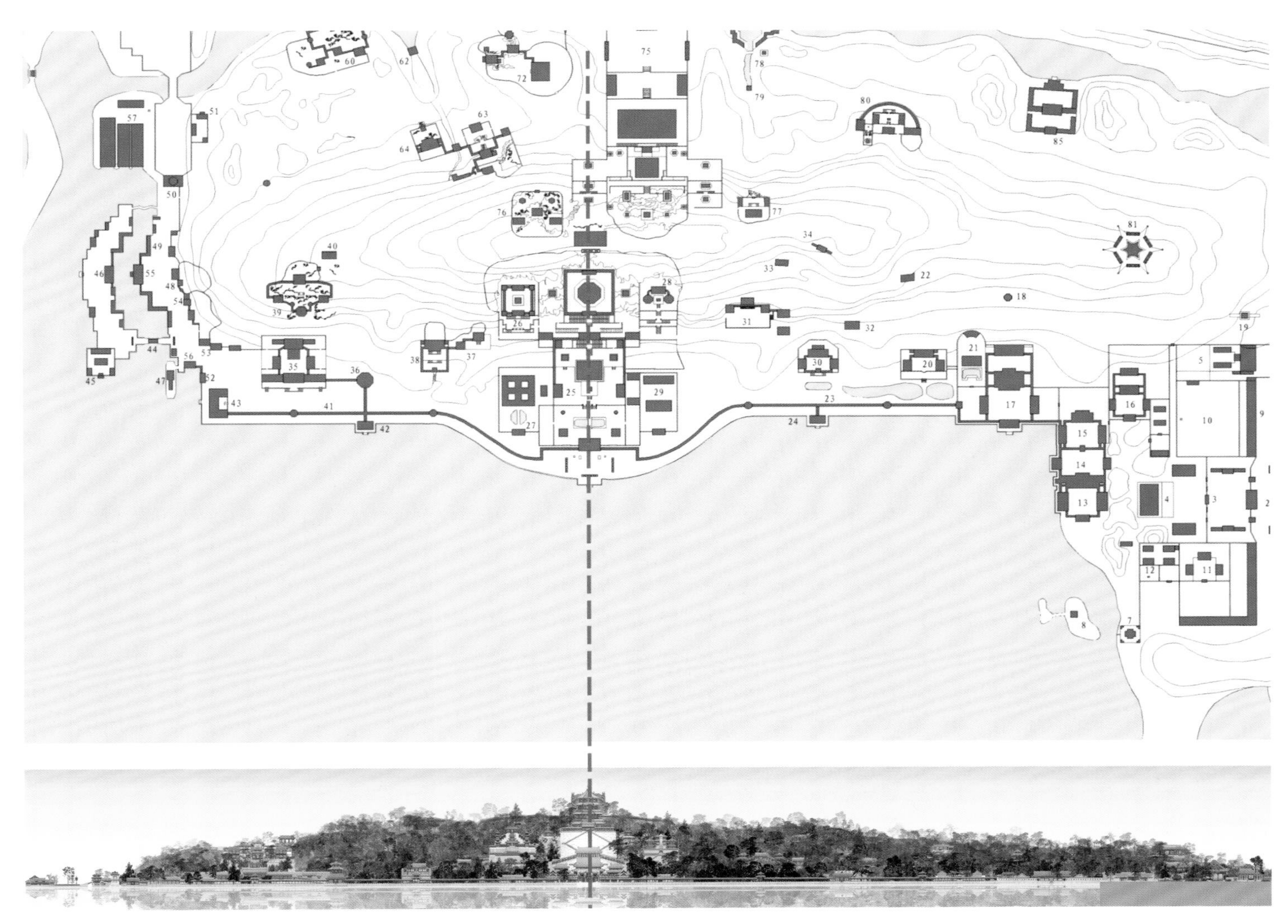

万寿山前山建筑群规划图

1 作于乾隆三十六年（1771 年）的御制诗《小西泠》中有"西峰浸水西湖似，缀景西泠小肖诸"之句。

2 周维权:《园林 · 风景 · 建筑》，百花文艺出版社，2006 年。

小，建筑形式灵活多样，多为质朴的灰瓦屋面，与中轴线建筑的浓重富丽形成鲜明对比，也与建筑密度较大的东侧宫廷区自然衔接。

前山西段由于山体在较小的距离内就逐渐转折向下，没有足够的距离在山脊、山坡、山麓疏密有致地布置建筑形成渐变式的“退晕”效果，且前山西侧与大片水域和堤岛相连，建筑密度比东侧宫廷区小很多。如果说前山东段建筑主要是作为主景建筑的对比和衬托，那么前山西段的建筑就需要进行适当的呼应点染，才能让前山前湖景区构图均衡，浑然天成。

（二）画中游建筑群的规划设计

前文分析了前山前湖的改造与设计意图，这一景区以开阔壮丽为主调，强调利用地形最大限度地借景，同时以建筑自身成景。中轴线建筑群恢宏壮丽，统摄整个景区。前山西段和东段因不同的山形与环境条件，在建筑的规划构思上有所差别。东段绵延悠远，呈“退晕”式建置多组建筑，与建筑密度较大的东侧宫廷区衔接，并以自由错落的布局和亲近的尺度与中轴线建筑形成鲜明的对比和衬托；西段山体约为东段长度的⅔，建筑群分布较为稀疏，且相邻的西北水域、西堤以及前湖西侧的大片水面建筑密度较低，此处需要有一组建筑来统摄这片区域，同时与中轴线建筑群产生呼应。画中游建筑群的规划和设计正是以此为出发点。

画中游建筑群的最高点湖山真意的屋脊高出湖面36米，根据“十分之一理论”[1]，建筑群有效的空间控制范围是以此为中心的扇形地带，此区域通常约360~460米，这个区域将前山西段、西所买卖街、昆明湖里湖北部¼的水域和桑苎桥以北约280米的西堤都包含在内。

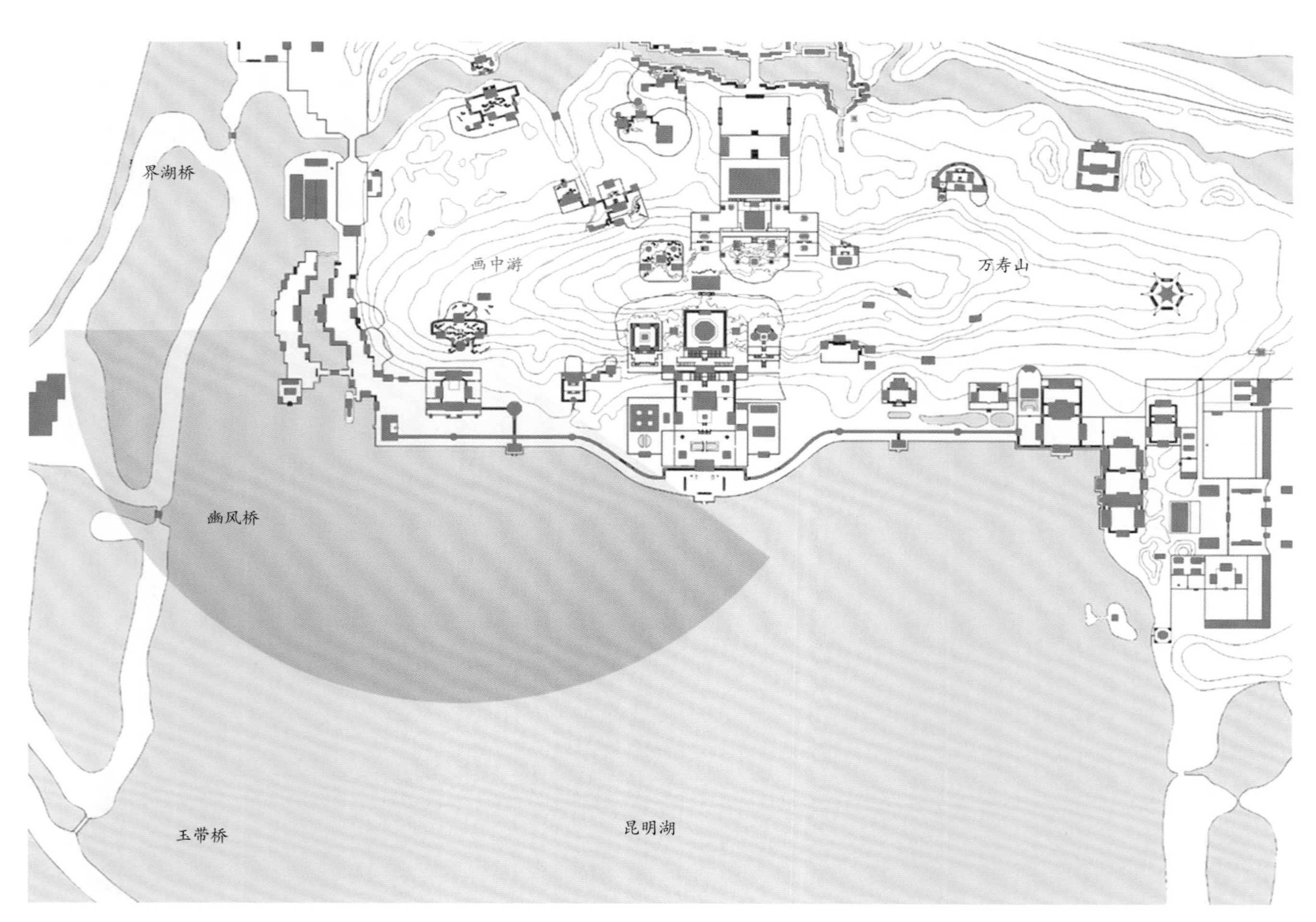

画中游建筑群的空间控制范围

1 “外部空间可以采用内部空间尺寸8~10倍的尺度。”[日]芦原义信著，尹培桐译:《外部空间设计》，江苏凤凰文艺出版社，2017年，第58页。

自桑苎桥看画中游建筑群

与前山中轴线建筑群相似，画中游的四座主要建筑物也以中轴对称的形式控制整个建筑群的布局。澄辉阁和画中游正殿分别位于中轴线的南北两端。在南立面上是形制和尺度一致，分别位于东、西两侧的二层楼阁爱山楼和借秋楼。它们坐落在高差 13.2 米的山坡上，居高临下，参差错落。其间点缀配亭、牌楼，穿插游廊，立面构图布局规整，层次分明。

前山主体建筑佛香阁是一座巍峨高耸的八方楼阁，通过前部的“云辉玉宇”牌楼、排云门、二宫门和排云殿组群的铺陈渲染，使佛香阁成为整个中轴线序列的高潮。画中游建筑群前部山麓也有一组对称布局的建筑——听鹂馆，其中轴线与画中游稍有“错中”，南部与长廊上的清遥亭相对。这一轴线序列也是从单体建筑到组群建筑逐渐铺排，直至澄辉阁达到高潮，主体建筑澄辉阁八方楼阁的形象也与佛香阁呼应。澄辉阁的八边形屋面并不是正八边形，而是做了倭角处理[1]，形成四条长边、四条短边，并且第一层架空，使整个建筑轻盈通透地凌驾于山石之上，与佛香阁的庄重形成对比。

除了在建筑布局和形制上与前山主体建筑群呼应以外，画中游建筑群在建筑材质和色彩上也做了精心设计。画中游是整个前山除中轴线建筑群以外唯一一组全部做琉璃筒瓦屋面的建筑群。与大面积使用黄琉璃筒瓦的主轴线建筑群不同的是，画中游建筑群主要使用等级较低的绿琉璃瓦。除了湖山真意屋面整体为绿琉璃筒瓦屋面，其他建筑均为绿琉璃黄剪边筒瓦屋面，正殿屋面还做有叠落方胜。整组建筑色彩璀璨华丽，与主轴线建筑群交相辉映，既对前山西段景色起到点染作用，又与周围的山林环境相互融合。

由此可见，从整个前山前湖景区来看，画中游建筑群起到控制前山西段及其面向的昆明湖西北水域的

万寿山前山西段建筑布局中画中游建筑群与前山中轴线建筑群的呼应

1 光绪十八年的《画中游前重檐倭角亭图样》（国 344-0721）中有图签标注：“原查八方亭，因有积土柱顶未满露明，现清理露明，系四方重檐倭角亭。”

作用。作为观景点，它兼顾西向与南向的借景；作为成景点，它对称的格局，琉璃瓦富丽的色彩以及与听鹂馆、清遥亭轴线布局的层层铺排，都与中轴线建筑形成呼应，实现了前山立面构图的均衡。

二、空间营造

本节基于清漪园画中游建筑群的复原研究，结合现状调查，分析画中游建筑群内部的空间组织形式和流线设置；并通过解读点景题名，分析画中游建筑群的审美意趣和园林文化。

（一）场地整治

1. 西侧陡坎的补全

从画中游建筑群外围的高程和地形走势可以看出，借秋楼西北侧 76~74 米等高线由北向南逐渐收紧，据此可推测此处地形有愈加陡峭的趋势。而在借秋楼山洞北入口、山洞东墙、山洞南入口及借秋楼一层东北角皆发现体积较大的黄石。这些黄石表面平整，有人工劈凿的痕迹，应为加工后的原始山石。由此可推测此处的原有山体是一个向内凹曲的陡坎。

陡坎南侧等高线稀疏，坡度平缓，利用此处的天然缓坡营建借秋楼，大大减少了工程土方量。由画中游正殿蜿蜒向南的爬山廊，由于高差的出现，在借秋楼西侧形成二层的游廊楼。原始山体的陡坎与借秋楼之间的最大宽度达 7 米。在这个陡坎与建筑和游廊围合的空间内，依附原有的陡坎叠掇假山，借助山形天然的凹凸变化布置石室，补全此处的山形，并留出蜿蜒的洞隧、游廊和借秋楼一层串联。依附真山做假山是清乾隆时期最突出的园林叠山手法[1]，此处正是这一手法成熟运用的典型案例。

人工堆叠的假山延伸至借秋楼和游廊前形成石壁。石壁的理法如李渔所说："壁则挺然直上，有如劲竹孤桐……其势有若累墙，但稍稍纡回出入之。"[2] 人工堆叠的石壁与借秋楼后檐间距最大处不到 1 米，空间极为

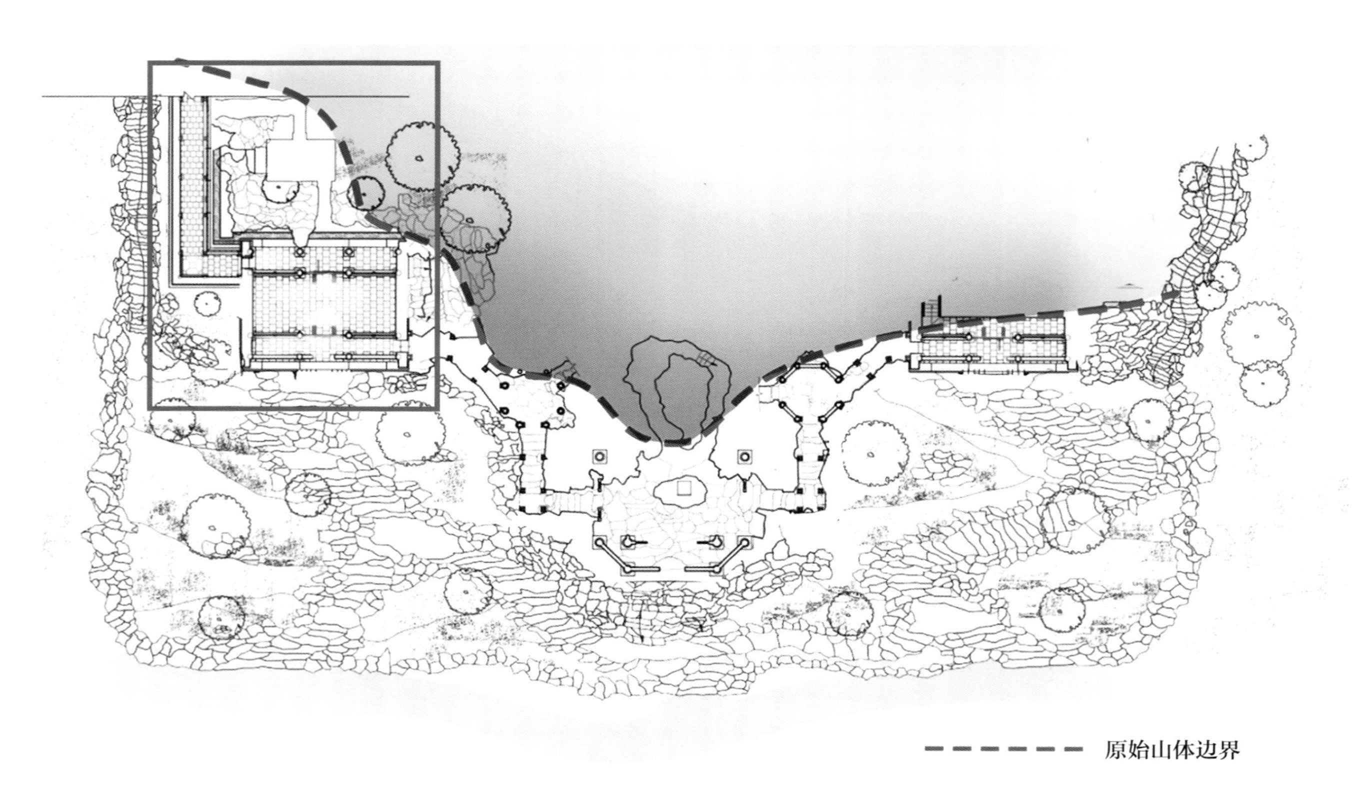

借秋楼北侧原始山体位置

1　王劲韬：《中国皇家园林叠山研究》，清华大学博士学位论文，2009 年。

2 （清）李渔著，李树森译：《闲情偶寄》，重庆出版社，2008 年。

幽狭。置身借秋楼一层室内，由于檐口的遮蔽，使“座客仰观不能穷其颠末”，站在借秋楼后檐仰望，视距的极度压缩导致心理上产生压迫感，从而使实际高度不过 4 米的石壁却能给人以“有万丈悬岩之势”。一线天光从石壁与檐口间洒下，光影的作用显得叠石更加层次分明，虚实错落，变化丰富。转角处假山的出脚增大，仿佛山体余脉的延伸，竖向的巨大黄石嶙峋挺拔，“仰观如削，与穷崖绝壑无异”。西侧石壁与游廊的间距稍大，空间较为明朗，与南侧幽狭逼仄的空间形成对比，石壁呈现出更自由蜿蜒的形态，直至北侧自然山体与游廊相接。“以近求高”是清乾隆时期假山修造的典型程式，紫禁城宁寿宫花园萃赏楼前的假山也运用了类似手法建造。

此处假山形式丰富，不仅有嶙峋的石壁，还在假山石室上部堆土，形成“上台下洞”。顶部接近借秋楼二层地面高度，北侧有几组错落的山石包砌游廊台基，形成一处幽静自然的山林院落。

借秋楼结合地形的空间设计

2. 南侧点景山石

通过建筑群内原有黄石的位置推测，在南游廊和澄辉阁后部原有凸出的陡坡，此处对坡面的处理方式主要是保留原有山石并叠掇小体量的黄石补形，在坡顶则用黄石和青石叠山理洞，以增山势。

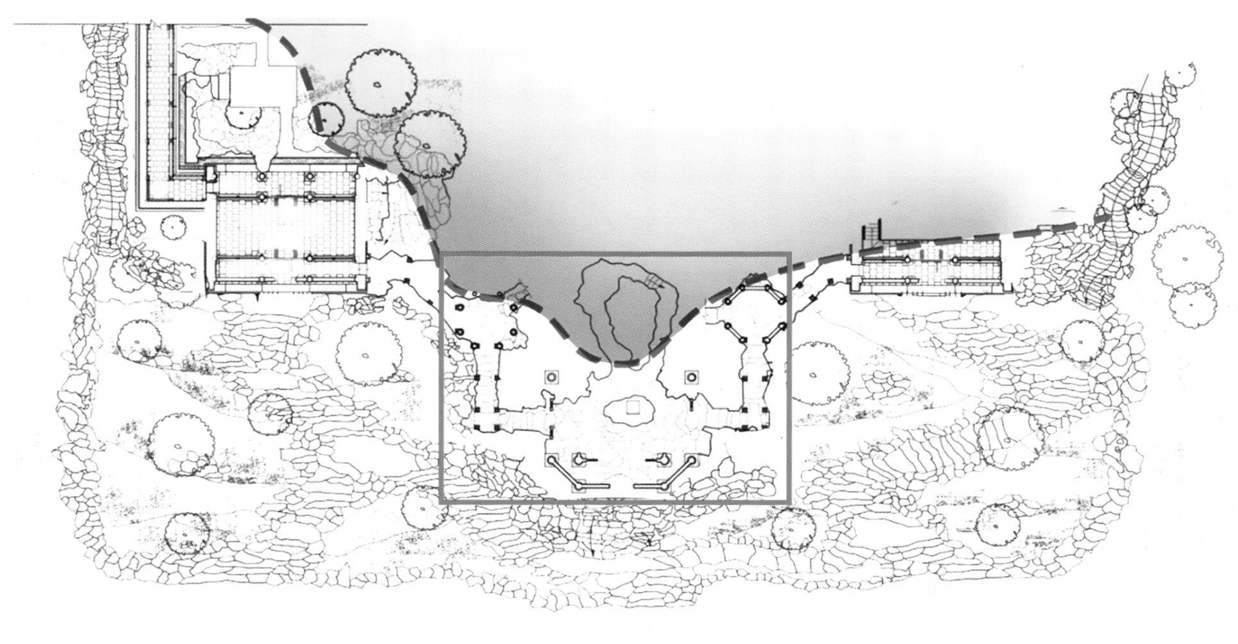

澄辉阁北侧原始山体位置

在坡底营建澄辉阁，建筑一层架空，保留原有的山坡走势，坡脚延伸进澄辉阁一层，柱子直接落于陡坡的黄石之上。在陡坡顶部，即石牌楼与澄辉阁之间的缓坡上，以真山为依托，营造了精彩的假山洞隧。此处的假山是画中游建筑群中规模最大的一组，叠石形成了峰峦、沟谷、山道、洞隧等多种景观意象。自石牌楼向南依山体坡度堆叠青石蹬道，两侧的蹲配高低错落，与土山自然过渡。蹬道在接近陡崖时逐渐收窄，蹲配在两侧逐渐高起，形成两座前后交错、形体互补的“山峰”，自两山间蜿蜒而过可达澄辉阁二层。两山中辟洞隧，通过曲折蛇形的洞隧可分别抵达东、西配亭。两峰相错屏列于主体建筑澄辉阁之后，起到了障景的作用，避免中轴线景观一览无余，也增加了空间的视觉焦点。通过洞隧巧妙连接不同高程的建筑，且在咫尺间实现空间的转换，一个三向交通节点此处以极富趣味性的形式巧妙化解。澄辉阁二层地坪虽与坡顶齐平，但又在坡上掇山，假山围合了二层北部空间，屏蔽北向的视线，同时将视线引向南部湖山景观面。

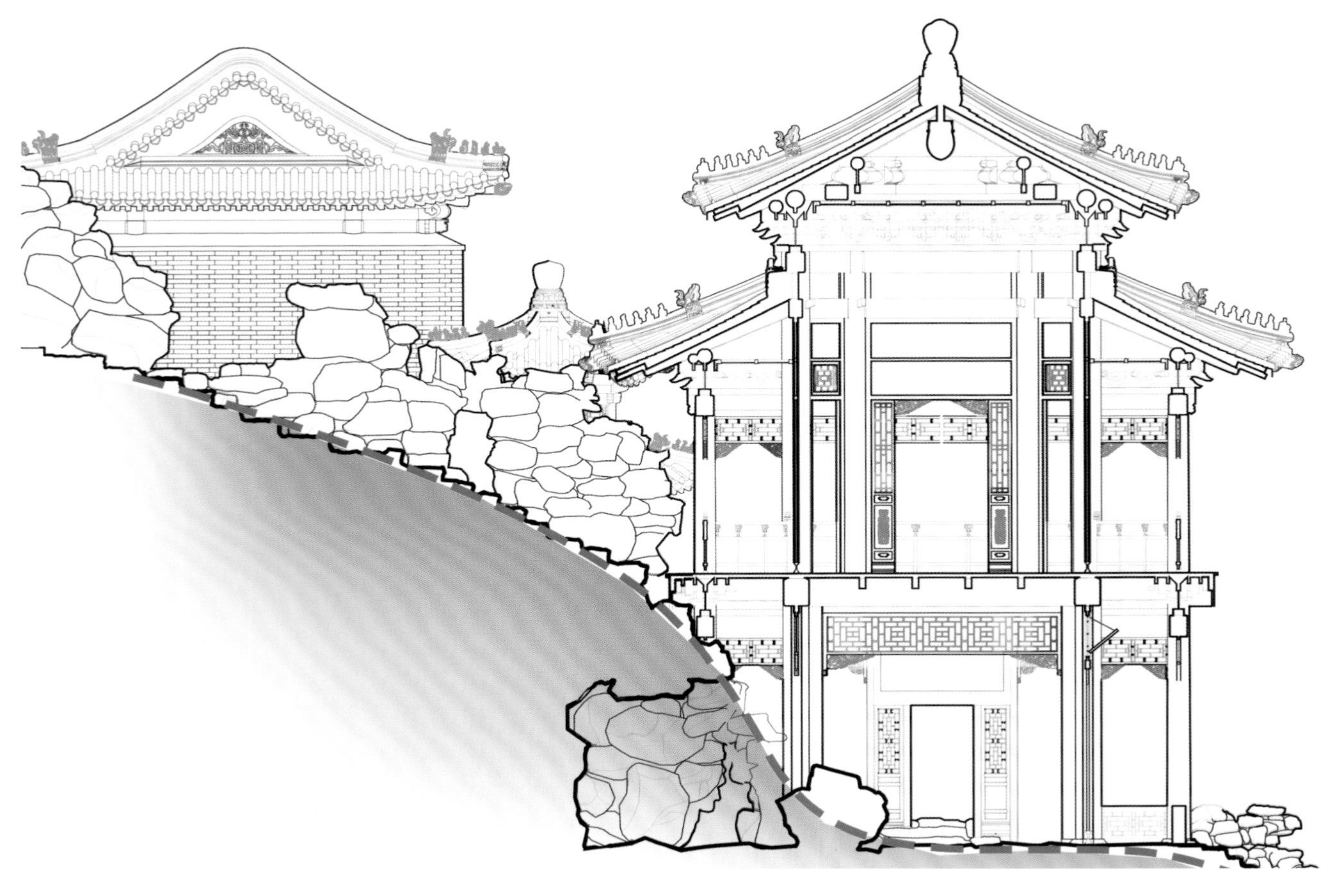

澄辉阁结合地形的空间设计

（二）空间营造

1. 内外兼具的空间

由于园中园在御苑中具有成景和得景的双重作用，其空间组织多内外兼具[1]。画中游建筑群因其所处的山地地形，其建筑根据地面标高的变化情况呈现不同的空间向度，为复合型的空间组织形式。

石牌楼以南地形坡度达 22°，是颐和园内高差最大的区域。澄辉阁、爱山楼、借秋楼的立面形象完全展露出来且互不遮挡。尤其是位于中轴线尽端的澄辉阁，它从整个南立面上凸显出来，与两侧楼阁形成前凸的曲线，扩大了观景面，使视线能更广地发散到园中园外的御苑景观中去，使画中游内的空间向度延伸到画中游之外，与外部空间取得有机联系。并且澄辉阁在建筑平面上采用的倭角设计，使建筑形成两种不同的“画幅”。面向主要景观的“画幅”增大，从而实现“四面云窗万景收”的效果。这一区域的游廊也采用

1　何捷：《石秀松苍别一区——清代御苑园中园设计分析》，天津大学硕士学位论文，1996 年。

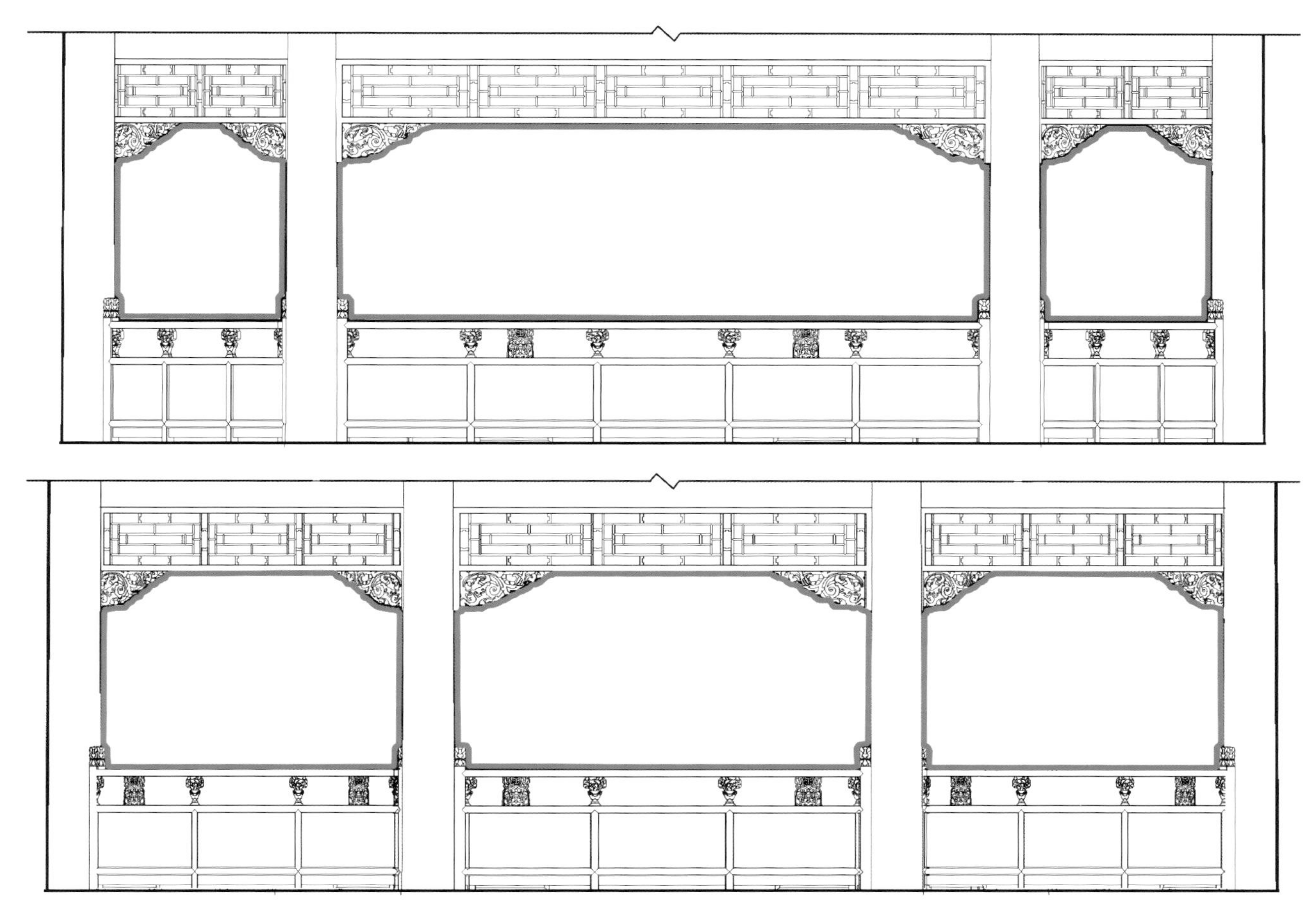

倭角八边形和等边八边形建筑的“画幅”差别

双面空廊的形式连接三座主体建筑，空间通透，体量轻盈。

爱山楼、借秋楼以北至画中游正殿是一个半封闭的院落，这里坡度较缓，正殿两侧伸出爬山廊与两楼相连，形成内聚围合之势，且游廊为单面空廊，增强了建筑的内向性。南侧通过山石、看面墙和石牌楼实现开放空间到半封闭空间的过渡。由于依然有较明显的地面标高变化，可越过看面墙望向南院和画中游园外，削弱了建筑和游廊带来的围合感。

北院是典型的内向性院落，地形坡度最缓，三面由园墙围合，园墙是自由蜿蜒的曲线，打破了南部外向开敞空间对称规整的格局，此处的平面更有园林的灵活性。

湖山真意的设置延续了中轴线开放—半封闭—封闭的空间向度，从北院的封闭到开放，实现了园中园内外的联系，丰富了轴线序列的空间层次。

2. 清奇委曲的流线

“诡石丛间有路通，寻幽得句不期工。司空廿四品如较，只在清奇委曲中。”[1] 关于园林路径的营造，乾隆皇帝在这首御制诗中提出了自己的见解。如果把园路的设计和唐代诗人司空图的《诗品》中体现的古代诗歌美学两相对比的话，其相同点就在于“清奇”“委曲”。如《诗品・清奇》有云：“可人如玉，步屧寻幽。载瞻载止，空碧悠悠。”《诗品・委曲》云：“登彼太行，翠绕羊肠。……似往已回，如幽匪藏。”

好的园林流线设计要能使人探访到幽静深秀的景致；能够且行且止，在适当的位置上布置可以驻足的节点；还要似来又往，曲折不尽，隐中有显，委婉多样。虽然画中游是基于一个规整的构图框架而建，但所处环境丰富的高程变化为其提供了优越的设计条件，同时遵循以上流线设计原则，最终营造出了清奇委曲的流线。

串联中轴线建筑的主流线主要通过竖向高程的变化以及隔景、障景来实现路径的委曲。石牌楼作为主

1 《清高宗御制诗四集》卷二《寻诗径》，文渊阁《四库全书》内联网版。

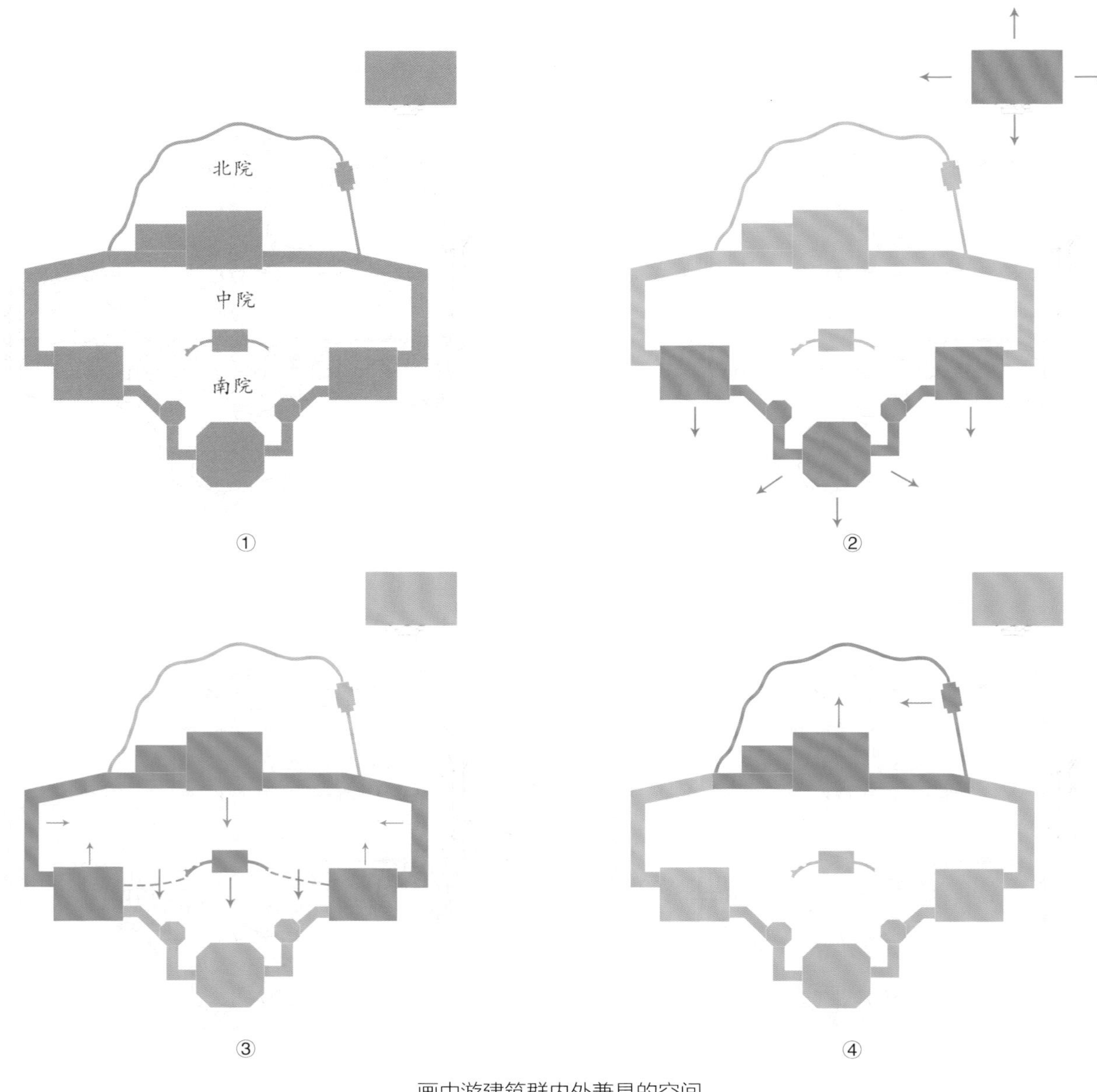

画中游建筑群内外兼具的空间
① 以建筑、围墙、山石和游廊划分为三个院落　② 开放空间　③ 半封闭空间　④ 封闭空间

路径上的重要节点，首先和看面墙结合起到了隔景的作用，从画中游正殿沿云步踏跺向下，随着高度逐渐降低，墙和牌楼的屋顶、额枋等渐渐遮住了南向景观和路径。牌楼的门洞也具有空间的导向性，走近牌楼时，视线便可穿过门洞。这是一个可以稍作驻足的节点，因为牌楼门洞形成了优美的过白框景，前景是黄石假山，中景是色彩绚丽的澄辉阁重檐攒尖琉璃屋面，远景是澄湖碧空。由于高差的存在，站在此处看不到牌楼南侧的云步踏跺，澄辉阁虽出现在门洞围合的景框中，却被前部的假山叠石半遮半掩，通往澄辉阁的路就被藏在假山之间。

从澄辉阁返回的时候，路径隐中有显的效果也依然显著。从澄辉阁二层回顾石牌坊，石牌坊同样被山石遮挡，但山石堆叠的路径中间又露出石牌坊的门洞，石牌坊的额枋下缘与山石轮廓重合。在石牌坊的门洞中，恰好可以看到画中游正殿的屋顶与当心间，框景中同样留出了过白。在层层的遮挡与显露中，暗示由此可达画中游正殿，却又将路径隐藏在叠石之后，加强了空间的层次感。

画中游建筑群有一处假山石室，是全园最“幽”处，为了探寻这一幽室，也设计了精彩的流线。据第一节的复原研究可知，借秋楼一层在东次间前、后檐和西次间后檐开门，从东次间后檐门出，经借秋楼与石壁山之间的天井即进入假山洞隧内，穿过洞隧就来到石室。从石室北门连接的山洞出来便是游廊，沿着游廊又回到借秋楼室内。石室几乎不与园内其他空间产生联系，仅与借秋楼一层通过一个环形流线串联，二者密不可分，形成了一个自成一格的空间序列。通过这样的流线组织，石室扩展了借秋楼一层的实际空间，为其增添了更加内向性的空间向度。

不仅园内各建筑之间的游径清奇委曲，画中游建筑群中的单体建筑上下层间的流线也实现了曲转回互的效果。除了画中游正殿是单层厅堂，其余三座主体建筑都有二层，需要进行室内上下层空间的转换。其中爱山楼是普通的设置室内楼梯的形式，上下层可直接通达，澄辉阁和借秋楼皆是借助外部空间来实现上下层空间的联系。

澄辉阁若从一层到达二层，需通过左侧或右侧的游廊至配亭，再由配亭进入相连的假山洞隧内，自洞隧内的山石蹬道攀缘而上。由于山洞的出口皆面向偏北的方向，这种导向性使人容易直接向北行进而忽略了南侧的澄辉阁。而且假山前后错动，挡住了南向的视线，因此要进入澄辉阁二层还需转身从两假山之间的曲折小径进入。这条游径既有廊下半开放的空间，也有山洞昏暗幽邃的封闭空间，自山洞而出虽豁然开朗，但并未到达目的地，还需再回身寻找。爬山廊下石阶坡度较缓，但进入山洞后石阶坡度忽陡，高度骤降，需躬身拾级。曲折、明暗、旷奥，在这一条流线上都能得到体现。这种从单体建筑的室内经室外再到室内的竖向设计方式，使流线大大延长，内外渗透，时空浑涵，创造了丰富的空间层次和戏剧性的空间体验。

石牌楼南侧云步踏跺

自石牌楼南望澄辉阁

自澄辉阁二层北望石牌楼

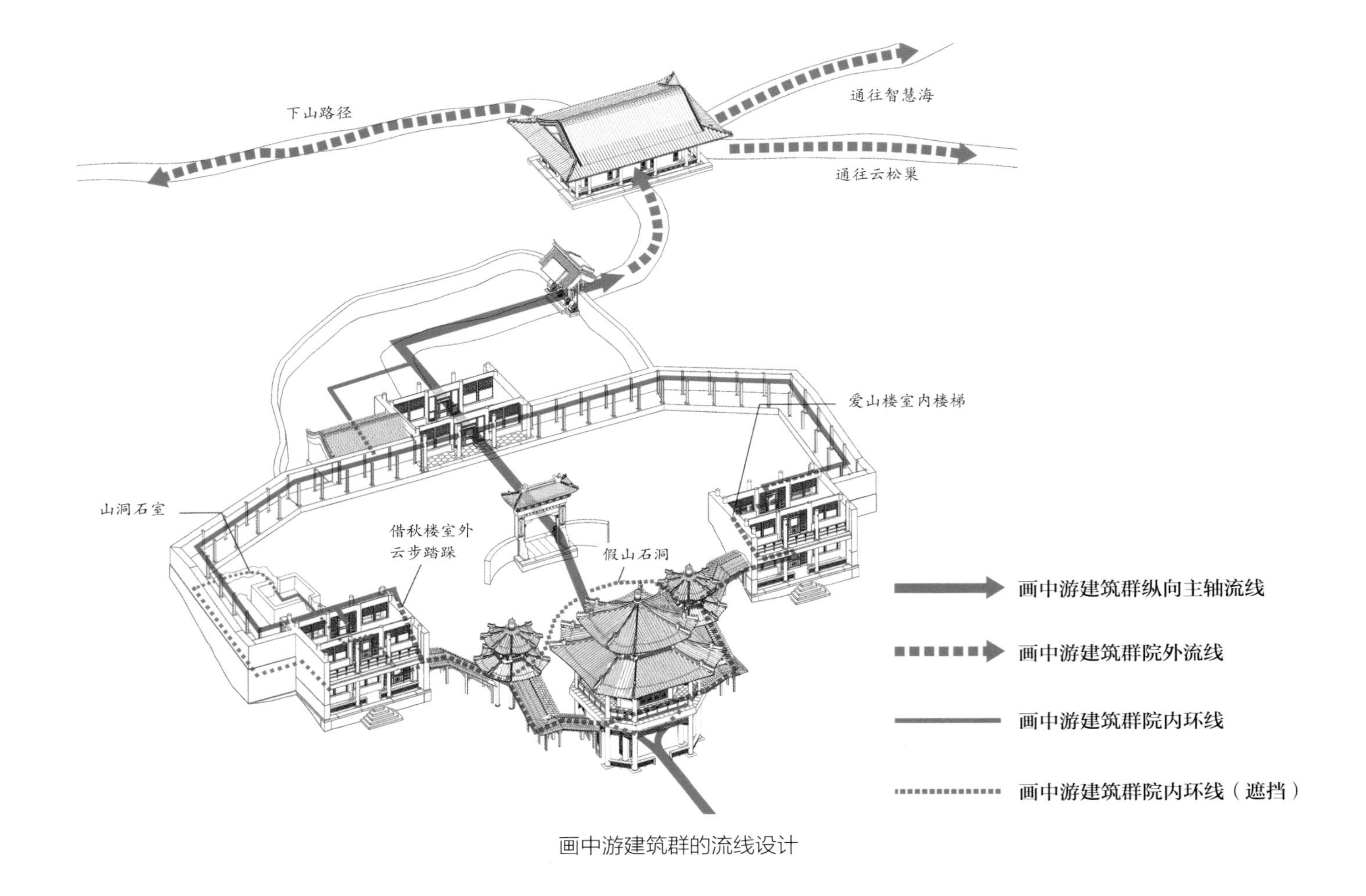

画中游建筑群的流线设计

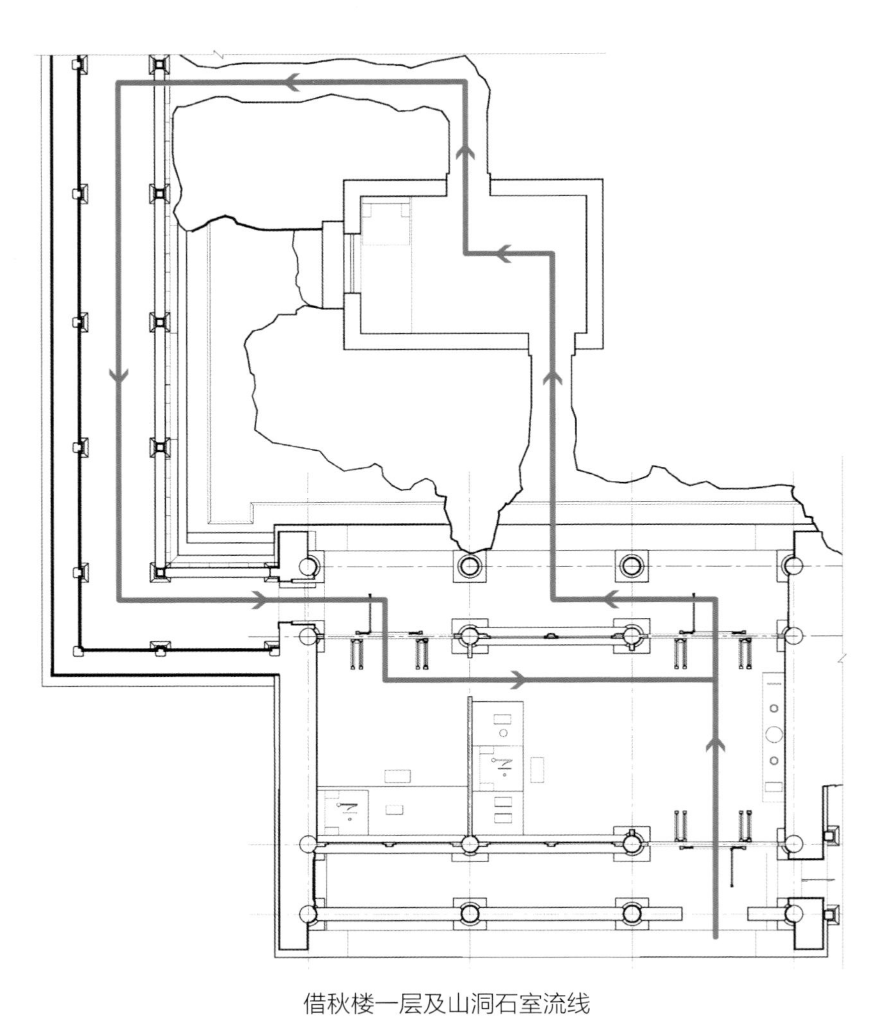
借秋楼一层及山洞石室流线

3. 真山真水的借景

画中游建筑群四座主体建筑虽位于靠近山脊的位置，但高度均未超过山脊线，却将单体敞厅湖山真意建置在侧后方的山脊上，这样经营有如下几个目的：第一，打破了画中游对称均衡的布局，使其更有山地园林的灵活婉约，避免因其过于严整的形象使前山景观产生构图上的重复；第二，作为视线的收束点，实现前山向后山的过渡；第三，在空间组织上，湖山真意是画中游建筑群中轴线北侧的尽端，与南侧尽端的澄辉阁同为开敞空间，在轴线尽端设置开放性的空间，实现了园内向园外的自然过渡和有机联系；第四，作为前山西段唯一位于山脊最高点的建筑，西向从园外借景的条件极佳，和以南向观景为主的画中游建筑群互为补充，形成向西和向南的两条景观轴线，实现了真正的“湖山万景收”。

根据万寿山西段山脊等高线的变化规律，不难看出西段山脊的两端等高线密集，山体坡度大，而中部偏西的位置高程在82~85米之间，坡度较为平缓，地势高爽，视野开阔，这样的地形条件适宜建亭、轩等观景建筑。

万寿山山脊上的游览路线，即中御路，在前山西段是以智慧海为起点向西。中御路与两侧的柏树形成“凹”字形夹景，将视线引向颐和园外的玉泉山。由于地形的变化，御路蜿蜒起伏。这一夹景虽一直以玉泉山为主景，但也随着道路的走向呈现丰富的变化，山体的轮廓和玉峰塔、妙高塔在树木的掩映下半隐半现。这段御路长约240延米，接近人步行活动时能够愉快胜任的最大距离[1]，这一景观序列恰好需要一个节点进行景观的收束。

湖山真意的高程为84米，玉泉山主峰海拔100米，玉峰塔高47.7米，与玉泉山的视距约为2000米，与玉峰塔的垂直视角约为4°，与两塔之间的水平视角为15°，并且恰好位于两塔的中轴线上。因此在这里远望，刚好可以看到玉泉山山体完整的马鞍形轮廓，以及两塔正立面的形象，且景观处于视野正中[2]。

在中御路西端建湖山真意，首先是作为这一景观序列的尾声，其次是经过一路的变化和铺排，玉泉山的借景在这里达到极致和高潮。湖山真意面阔三间，进深一间，是一座坐北朝南、带围廊的敞厅。西面的坐凳栏杆、楣子和檐柱形成过白景框[3]，站在建筑中间向西望，水平视角被限制在48°，通过对视野的限定，借景被进一步强化。这样的框景相较于御路上的夹景，画面更为集中，更具有窥管效应。玉泉山和两塔的

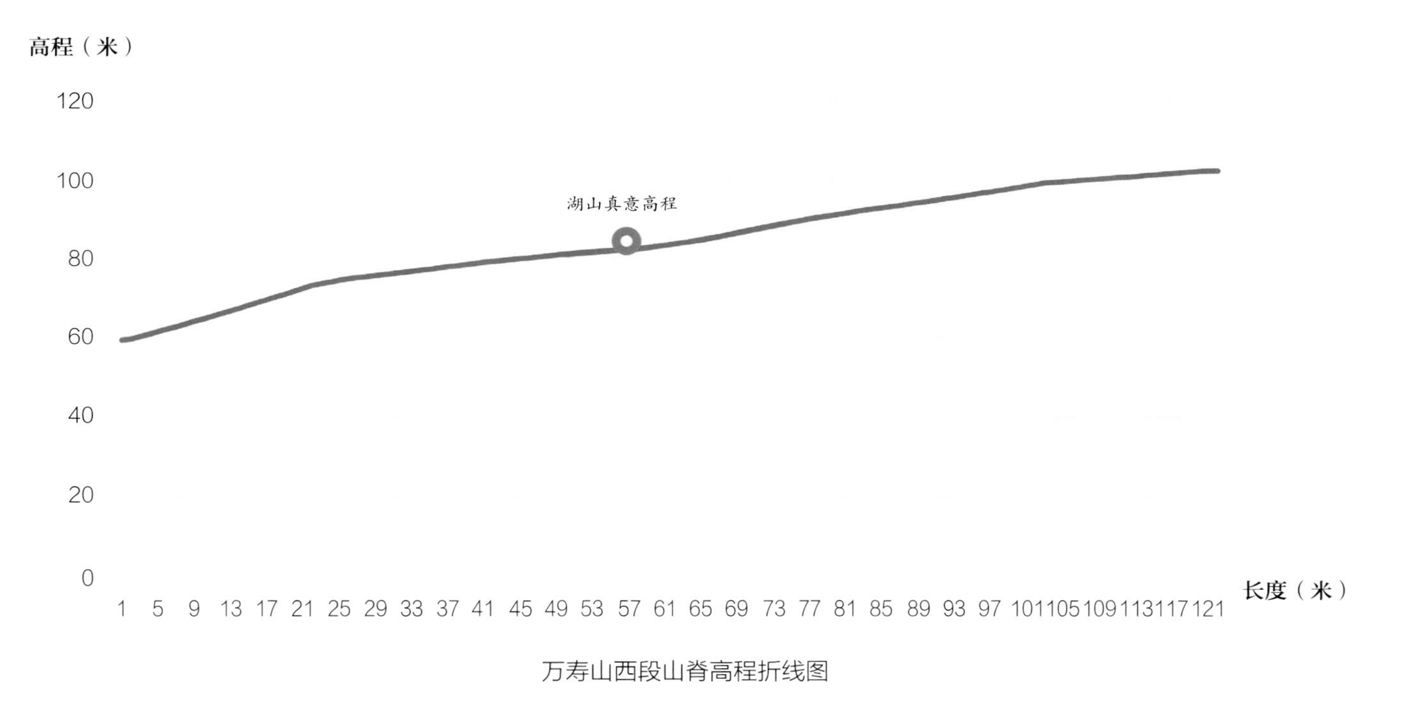

万寿山西段山脊高程折线图

1 “人作为步行者活动时，一般心情愉快的距离是300m。”[日]芦原义信著，尹培桐译：《外部空间设计》，江苏凤凰文艺出版社，2017年，第94页。

2 “如垂直视角在10°以下，则透视变形可以忽略不计，建筑物或建筑群的形象更接近正立面或侧立面的效果。视距若大于1200m，则只能约略辨识建筑物的轮廓了。”周维权：《园林·风景·建筑》，百花文艺出版社，2006年，第273页。

3 “过白景框的构成惯用的是‘框景’和‘夹景’。框景，就是利用近景建筑或者其他景物，在视线方向上的中景或者远景画面周边形成完整围合的画框或者景框，并留出适当的天地空白，使画面构图完美。”王其亨：《风水理论研究》，天津大学建筑学院，2005年，第165页。

形象以合宜的尺度出现在画面正中，且留出了适当的天地空白，左右有烟树葱茏掩映，近景有水田波光粼粼，远景有西山缥缈如黛，展现了丰富的细节和层次。

但是后来由于湖山真意周围的植物景观配置不当且疏于管理，一些高大的乔木遮蔽了西向的视线，使这种借景的效果大打折扣。正如康熙皇帝曾在《登四面云山》诗中感叹的：“更上一层图远眺，奈何树杂与烟笼。”对历史园林进行保护应深入了解其景观意象，并全面考虑各个景观要素。湖山真意西侧植物配置应选取较为低矮的灌木，并严格控制植物高度，保证西向借景的视线穿透。

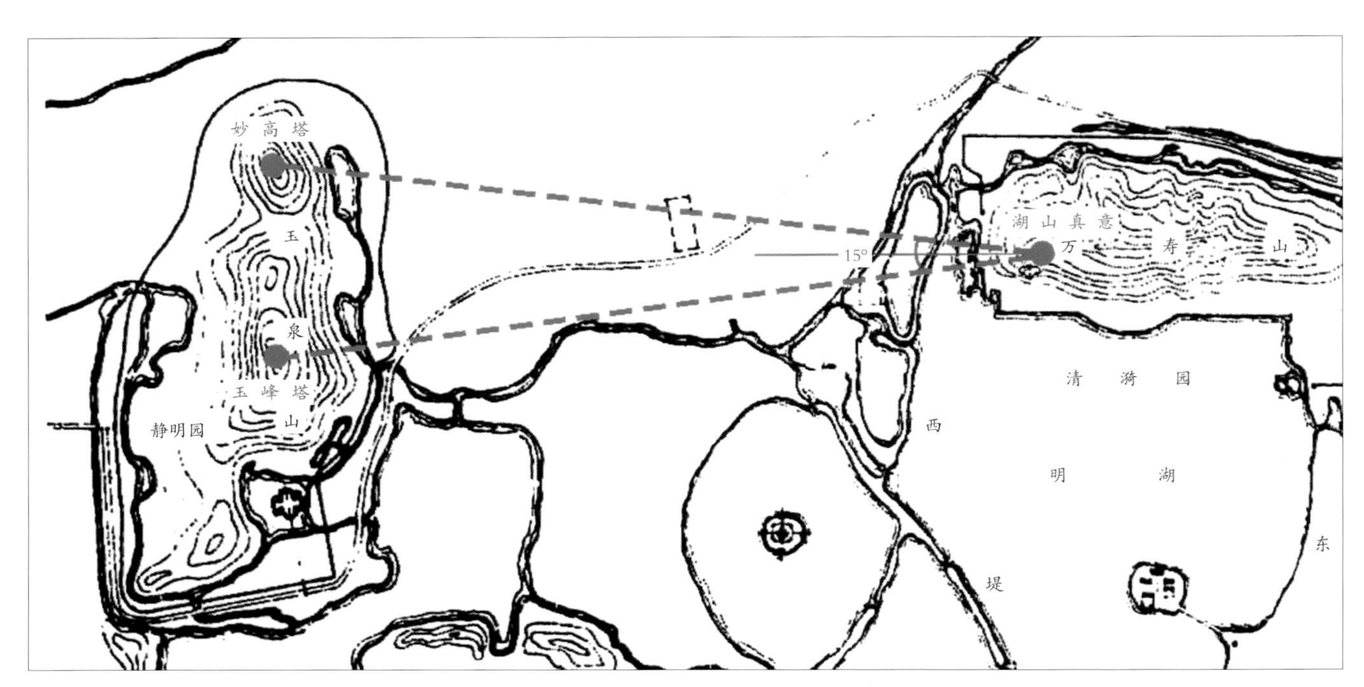

湖山真意与玉泉山双塔的位置关系[1]

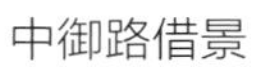

中御路借景

湖山真意西向借景

4. 以原始山石为视觉中心的爱山楼

建置爱山楼之前，此处山体大约在由北向南 76~73 米等高线间存在陡崖，陡崖以南坡度平缓。2019 年颐和园画中游建筑群修缮工程拆换板墙时，可看到爱山楼一层北墙后切削平整的山岩，由此确定此处保留了原始山体，仅对山石进行了适度的劈凿和修整，在南侧缓坡处留出一层的小进深交通空间，再以山体为基座，营造二层空间，二层又以云步踏跺衔接北坡院落。因此从南侧院外看，它是一栋矗立在山坡上可俯瞰湖山美景的二层楼阁，而从院内向南看，它又是一座尺度亲和的单层厅堂。

1 此页三张图片均引自清华大学建筑学院：《颐和园》，中国建筑工业出版社，2000 年。

爱山楼对原始地形的改造采用“屋包山”的意象，山体与建筑互渗互融。清漪园中的惠山园就云楼的营造与爱山楼有异曲同工之妙。惠山园西北角原有陡坡，就云楼一层背靠陡坡而建，二层地坪与坡上山路齐平。乾隆皇帝在《题惠山园八景》诗注中称其为“抗岭岑楼”，并指出其“因迴为高易，对山得阁幽”[1]的创作手法。爱山楼和就云楼都是极为巧妙地利用山地坡度，营造出“下望上是楼，山半拟为平屋”[2]以及一面轩楹高爽一面清雅幽静的“杰构”。

在样式雷《画中游内檐装修图样》中有标注爱山楼东侧“游廊下层原山石”，通过测绘发现爬山廊坡度约为 12°，与游廊东侧园外坡地地形基本一致，可以确定此处地形未有大的改动，为园外原有山体地形的延续，爬山廊也依原有山体走势而建。

爬山廊与爱山楼围合的院落中央有一块半嵌入土中的巨大黄石，好似一座小山，根据黄石的体量和纹理

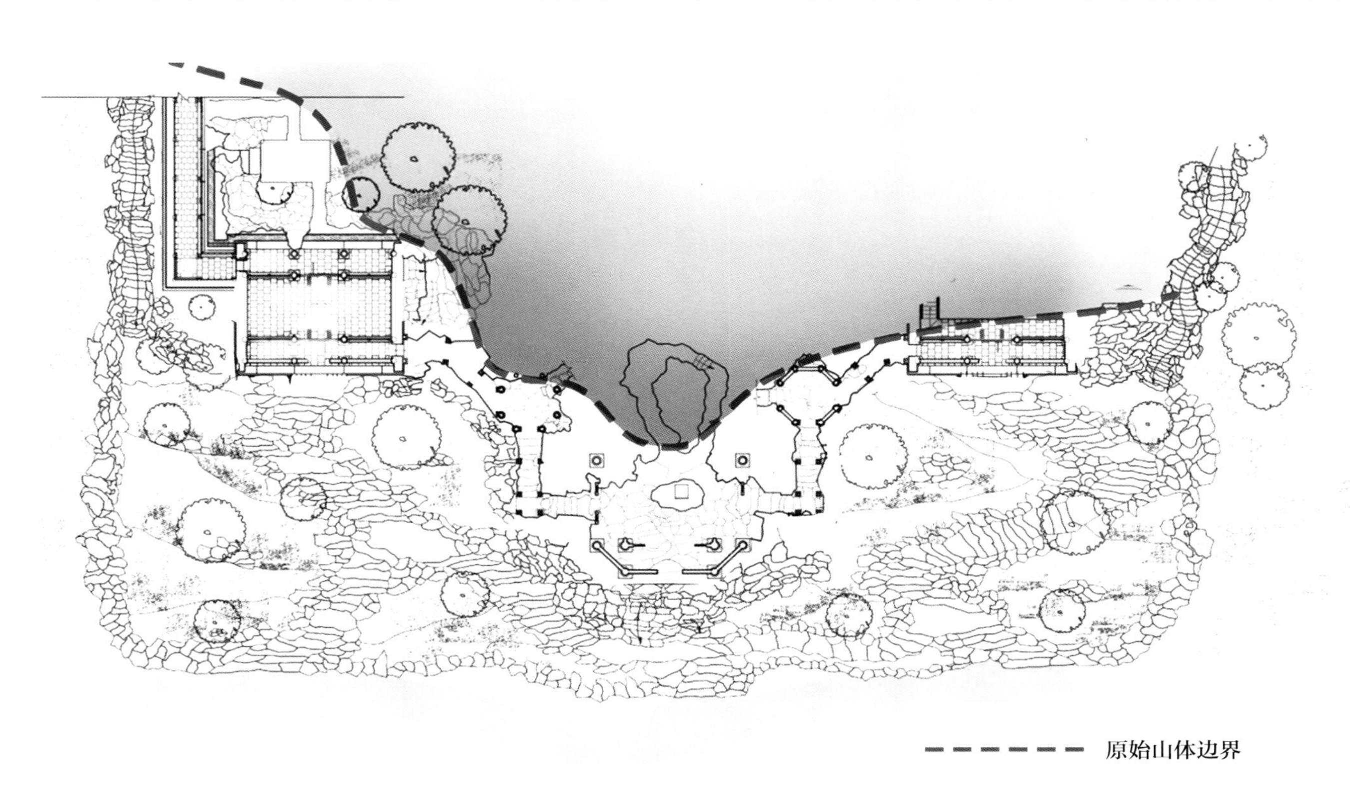

爱山楼北侧原始山体位置

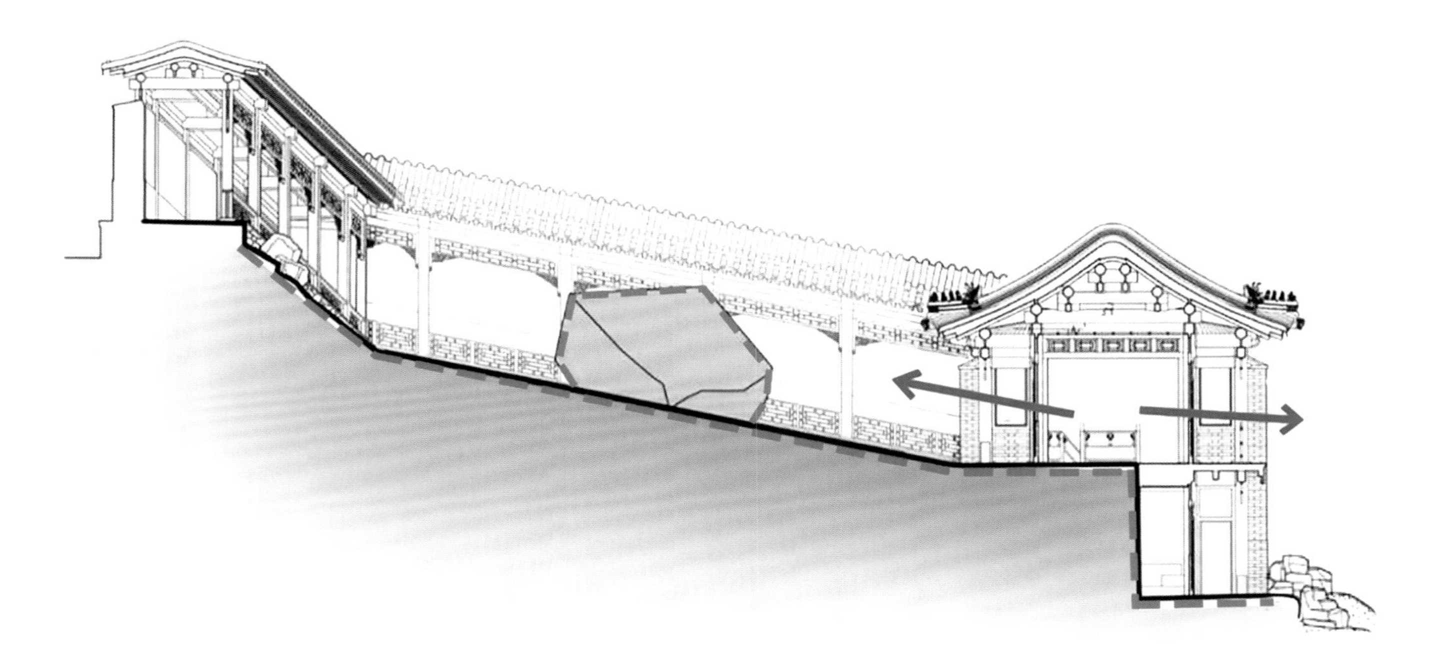

爱山楼结合地形的空间设计

1 孙文起、刘若宴、翟晓菊等:《乾隆皇帝咏万寿山风景诗》，北京出版社，1992 年。

2 （明）计成撰，胡天寿译注:《园冶》，重庆出版社，2009 年。

爱山楼院落中保留的原有山石

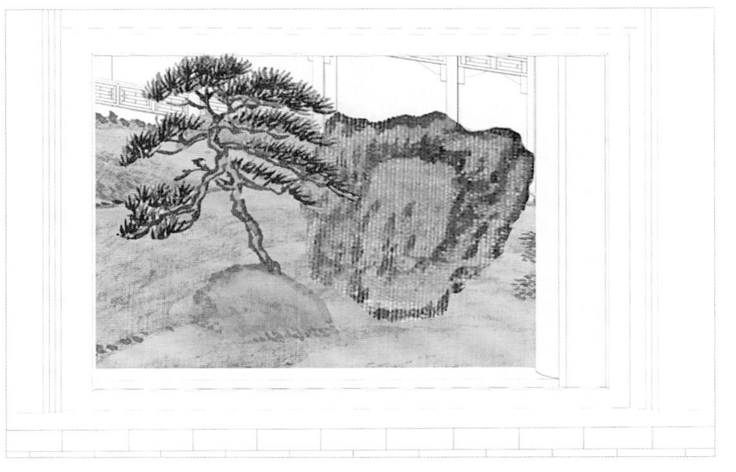
从爱山楼二层北望内院的视觉景观效果

推测其应为万寿山原有山石。此处坡度平缓，与游廊基本一致。可能在原有地形走向的基础上适当培土，修整地形的缺陷，覆盖丑陋的岩石，并将有景观价值的山石地貌有意识地予以保留，纳入园中园的整体环境之中[1]，再用几组小体量的人工置石加以衬托，形成爱山楼北侧院落的视觉焦点，使得此处野趣横生。在爱山楼二层室内北望，内院中的黄石恰好在东次间支摘窗形成的景框之中。"知者乐水，仁者乐山；知者动，仁者静"，山景是爱山楼的主要景观意象，此处建筑通过结合地形的空间营造，实现了静观山景的空间体验。

5. 如游画中的澄辉阁

澄辉阁一层与山体结合得十分巧妙，山体的余脉深入一层北侧室内，形成嵌岩洞室，柱子直接落于天然山石之上，又因为山石的高低起伏而长短不一，仿佛从岩石间直接生长出来，自然天成，体现了"倚岩得基固，面野延赏富"[2]的园林空间意趣。

澄辉阁一层室内地面不同于园内其他建筑的方砖墁地，而是采用毛石地面的形式，减少了人工穿凿的痕迹，也是自然山体在建筑室内的延续。在对原有山石进行修整和补形的过程中留出一个环形的山洞，大洞口恰好在澄辉阁一层明间正中，小洞口在内外围柱之间。山洞内部幽暗且空间极其狭小壅塞，难以通过。在此处能否穿行似乎并不重要，它更多的是作为一种空间意象的接续与延伸，使人身处屋内也可生出别有洞天之感，"使屋与洞混而为一，虽居屋中，与坐洞中无异矣"[3]，这种独具匠心的经营使空间的神秘感和趣味性大大增强。澄辉阁一层室内正中稍后的位置有一块横卧的大石，恰好挡在山洞入口处，洞口半遮半掩，使得屋与洞若断若连，障景的手法增加了空间层次，室内放置的自然山石还可作为宝座的意象，这种细节的装点也凸显了山居岩栖的旨趣。

6. 小结

"相地合宜，构园得体"[4]是明代造园家计成对园林总体规划设计的要求，他指出园林的规划布局需充分利用和发挥基地的地形条件，做到"得景随形"，画中游建筑群的相地立基就遵循了这一重要原则。

画中游建筑群选址于前山西段山坡上，地形有高有低，变化丰富。有一条曲折的陡崖从基地横穿而过，陡崖上下坡度平缓，依地形变化将建筑群划分为三进院落，平缓开旷处设厅，高爽陡峭处安亭，略具起伏处建楼。又针对不同的地形条件，运用多种经营手法。主要建筑多借陡崖而建，而陡崖逶迤，建园时截取其中有特色的片段进行改造和利用。如借秋楼北侧山崖内凹，便依崖掇山理洞，以补其形，同时在借秋楼

1 陈雍：《清代皇家园林叠山艺术初探》，天津大学硕士学位论文，2005 年。

2 （明）计成撰，胡天寿译注：《园冶》，重庆出版社，2009 年。

3 （清）李渔著，李树森译：《闲情偶寄》，重庆出版社，2008 年。

4 （明）计成撰，胡天寿译注：《园冶》，重庆出版社，2009 年。

澄辉阁一层

及游廊围合的小院落中形成上台下洞的园山。澄辉阁北侧山崖向南突出且高度有所下降，此处就在坡顶叠山以增其势，依崖构亭，屋与山互包互融。爱山楼处陡坡基本平直，此处便劈凿修整山体形成石壁，以山为基，依岩建楼。对于以土为主，坡度平缓，较为呆板的地形，如陡崖北侧，则采用搜土培山的方式，人工营造高差变化。爱山楼北坡则采用人工培土的方法覆盖丑陋山石，并选取有景观价值的山石加以保留。

▼ 画中游建筑群地形改造与利用情况表

地形条件	处理方式	建筑单体
平缓呆板	搜土培山，强化地形的变化趋势	画中游正殿
陡崖内凹	留山，依坡掇山理洞，以补其形	借秋楼
陡崖外凸	留山，依坡掇山理洞，坡顶叠山，以增其势	澄辉阁
陡崖平直	凿山，修整陡崖形成石壁，以山为基，依坡建楼	爱山楼

第三节

园林文化与园林活动

本节基于清漪园画中游建筑群的复原研究，结合现状调查，分析画中游建筑群内部的空间组织形式和流线设置，并通过解读点景题名分析其审美意趣和园林文化。

一、园林文化

（一）游目骋怀的画意追求

将自然风物与绘画相关联的认识在六朝时期已经出现，到明代中期，以“如画”的审美观念来欣赏园林景观已经非常普遍[1]。山水美学的发展推动了山水画、山水诗的繁荣，反过来山水画论又为造园提供了理论基础，“画意造园”的标准在晚明逐渐确立下来。[2]

清代乾隆皇帝在清漪园御制诗中表达“如画”审美观念的诗作共有七十五首，其中表现前山前湖如画景致的御制诗最多。前山前湖景区犹如一幅连续的山水长卷，画卷中的构图元素不仅包括园内的昆明湖、万寿山、岛屿、堤岸，也包括借景的园外群山、水田等。观赏地点可以是昆明湖上的游船，可以是湖中的畅观堂、景明楼、耕织图、鉴远堂、治镜阁、延赏斋，可以是昆明湖东北岸的夕佳楼或万寿山西麓岸边的石舫、水周堂，以及前山西段的画中游。尤其是画中游，以拥有“万景收”的优越观景条件，使人如畅游于画中而得名。

画中游建成伊始，乾隆皇帝在御制诗中记述了当时题名的轶事——“我意独欣‘云外赏’，人来群拟‘画中游’”。由于在这里，昆明湖和园外远山等如画的景致可以一览无余，所以群臣同拟“画中游”的题名，而乾隆皇帝却提出了“云外赏”的意象。计成在《园冶·借景》中的“顿开尘外想，拟入画中行”与乾隆皇帝的这句御制诗有相似的旨趣。从“画中游”到“尘外想”和“云外赏”，是将景的审美从对外物的观赏深入到对内心的观照。游，要实现游于物外和游于物内的统一，不仅要游目以极视听之娱，也要骋怀以实现精神世界的自由和满足，这正是乾隆皇帝追求的审美体验。

（二）以山为镜的修身之道

山，是爱山楼以及整个画中游建筑群中十分重要的审美对象，要理解其文化内涵，应了解山在中国传统文化语境下的象征意义。

1 顾凯：《中国园林中“如画”欣赏与营造的历史发展及形式关注——兼评〈两种如画美学观念与园林〉》，《建筑学报》2016 年第 9 期。

2 顾凯：《晚明江南造园的转变》，《中国建筑史论汇刊》2008 年第 1 期。

“爱山即乐山，率寓仁者意”，乾隆皇帝在御制诗中点明了爱山楼的题名借用“仁者乐山”之意，并提出了君子“以山为镜”的修身自省方式，同时体现其作为统治者时常反省自己是否做到了为仁者、施仁政：

对山抒所思，即以山为镜。[1]

已怡可忘吾民窘，例赈早教两月增。[2]

能仁渠足当，为仁愿勉旃。[3]

乾隆皇帝在御制诗中直接描述在爱山楼所观赏之山：“楼对西山号爱山，玉屏展处镂孱颜。帝京八景名诚副，咏以易思获以艰。”[4]金章宗时期的“燕京八景”中就有“西山积雪”[5]。金代的“燕京八景”到了元、明两代，虽个别景致有所改换，但大多延续下来。乾隆皇帝也于乾隆十六年（1751年）在前代基础上御定了“帝京八景”，“西山晴雪”便是其中之一。新正节（春节）后登上爱山楼向西南眺望，恰好可见雪后的玉泉山与西山层峰屏峙、凝华积素的景象，乾隆皇帝借此美景寄托江山稳固、社稷兴旺的愿望。

（三）能所两忘的澄明之境

澄辉阁依岩巧筑，背山面水，乾隆皇帝的御制诗中多次描绘了登临澄辉阁所欣赏到的美景：

山阁临湖揽碧空，波光峰态两相融。[6]

水色山光映，山容水面铺。春曦耀辉嫩，泮沼受澄殊。[7]

春晖已自嫩，春湖恰初澄。[8]

在阁上凭栏眺望，可见昆明湖澄澈的湖水与和煦的天光上下辉映，此阁的题名便取自天水澄辉的景象，水是其主要的审美意象。

在中国传统文化中，水被赋予了重要的文化内涵。水清澈而平静谓之“澄”，《庄子·内篇·德充符》有云：“人莫鉴于流水而鉴于止水，唯止能止众止。”平静的水才能反射出其他事物的影像，平静的内心才能观照内外，因此要以宁静坦诚的内心面对任何事物。“心如明镜，不可以尘之也；又如止水，不可以波之也”，心如止水才能免受外界变化的干扰，这是儒家的德鉴思想。禅学中亦有“镜水禅鉴”的意象，水透明却照见万象，心若虚空也能远离尘垢、广纳万有。

同时，对天水景物的观照，启发了乾隆皇帝对“能所”的思辨。在乾隆五十六年的初春时节，他登临澄辉阁，见春光和煦，昆明湖上的坚冰刚刚消融，天光与水色交相辉映，写下了“相映上下光，问谁所谁能”的诗句。“能所”是佛学术语，《大般若经》中有：“作是思惟，所观境界皆悉空无，能观之心亦复非有，无能所观二种差别，诸法一相，所谓无相。”乾隆皇帝对园林的审美便是追求宾主合一、能所两忘，以达“无相”之境。

1 《清高宗御制诗四集》卷十《爱山楼》，文渊阁《四库全书》内联网版。

2 《清高宗御制诗五集》卷七十八《题爱山楼》，文渊阁《四库全书》内联网版。

3 《清高宗御制诗三集》卷二《爱山楼》，文渊阁《四库全书》内联网版。

4 《清高宗御制诗四集》卷四十二《爱山楼》，文渊阁《四库全书》内联网版。此诗写于正月初一至十五日。

5 《辽金元宫词·金宫词》载：“北平旧志载金明昌遗事，有燕京八景。元人或作为古风，或演为小曲。所谓八景者，居庸叠翠、玉泉趵突、太液秋风、琼岛春阴、蓟门飞雨、西山积雪、卢沟晓月、金台夕照是也。”

6 《清高宗御制诗三集》卷三十八《题澄辉阁》，文渊阁《四库全书》内联网版。

7 《清高宗御制诗五集》卷二十八《澄辉阁》，文渊阁《四库全书》内联网版。

8 《清高宗御制诗五集》卷六十三《澄辉阁》，文渊阁《四库全书》内联网版。

（四）居安思危的处世之智

关于借秋楼题名的内涵，乾隆皇帝在御制诗中直接指出："履霜早是羲经者，底事循名更借秋。""履霜"的典故出自《易经·坤卦》："初六，履霜，坚冰至。《象》曰：'履霜坚冰，阴始凝也。驯致其道，至坚冰也。'"说的是当我们脚踩在秋霜上就该想到冰天雪地的冬天即将到来，所谓化霜容易破冰难，因此应该在事物开始发生变化时就早做准备，否则情势急转直下，就难以挽回了，即所谓"凡事预则立，不预则废"。《礼记·月令》中所记载的典章制度也将秋天与"预则立"的危机意识联系起来，因为深秋时节"百工休，寒气总至，民力不堪，其皆入室"，以待寒冬，所以要提前"完堤防，谨壅塞，以备水潦。修宫室，坏墙垣，补城郭""务畜菜，多积聚"等。乾隆皇帝以"借秋"之名警策自己，作为圣明的统治者当有忧国忧民之心和防微杜渐、反省预警之智。

二、乾隆皇帝游览画中游的时间与路线

园林是时间与空间的艺术，了解造园者和园林的实际使用者在园林中的活动时间和方式，才更有利于深入探究其创作方法和审美意象。

（一）乾隆皇帝游览画中游的时间

乾隆皇帝御制诗文中有许多描写季相的诗句，可了解其赏景的大致季节。御制诗基本按照作诗的时间顺序编录，因此根据前后诗文中的时间线索，结合起居注的相关记载，可以推断出每首御制诗的具体创作时间，从而探究乾隆皇帝游巡赏景的时间。

乾隆皇帝御制诗中与画中游相关的有 17 首，其中乾隆四十年（1775 年）的《爱山楼》和《澄辉阁口号》为同一次游览时所作，因此乾隆皇帝至少有 16 次临幸清漪园时欣赏了画中游的美景。

画中游中不同的景点有不同的审美意象，因此适宜的欣赏时间也有所不同，整理御制诗写作时间及其内容可发现乾隆皇帝游览的时间规律。春天游赏的次数最多，尤其是在正月、上元节前后。先于正月上旬幸圆明园，然后在上元节前后到清漪园"偶游片刻"，这可以说是一个例行的活动安排，乾隆皇帝在诗中也曾多次提到：

御苑今年迟驻跸（往岁率以新正上澣即幸圆明园，今岁十三日始驻跸），清漪节过始来临。缀檐灯例成孤负（向虽节前至此，然偶游片刻即返，亦从未于此张灯故云），插架书犹耐讨寻。[1]

御苑今年幸上旬，节前有暇事游巡。[2]

恰是节前几政简，蜃窗消得暂清陪。[3]

水号清漪山万寿，新正节后每先来。[4]

春节后政事闲暇，清眺名山，纵目烟霞，韶景满怀，正是游园的好时节。此时游览的重点在澄辉阁与爱山楼，春山春湖是主要的审美对象。

借秋楼则主要在夏季游赏。盛夏时节万物向荣，岩林荫翳，借秋楼庭院内栽植的梧桐、楸树也进入最

1 《清高宗御制诗四集》卷十《新春万寿山清漪园即景》，文渊阁《四库全书》内联网版。

2 《清高宗御制诗四集》卷二十五《新春万寿山》，文渊阁《四库全书》内联网版。

3 《清高宗御制诗四集》卷四十二《新正万寿山清漪园作》，文渊阁《四库全书》内联网版。

4 《清高宗御制诗五集》卷六十三《节后万寿山清漪园作》，文渊阁《四库全书》内联网版。

佳的观赏时间，园内绿茵匝地，虽未到秋天却凉意满怀。乾隆皇帝在借秋楼感叹“高望心随远，偶来目觉奇”[1]，在炎热的盛夏游览借秋楼，不仅避暑，亦可畅怀。

▼ 御制诗与乾隆皇帝游览时间对照表

景点	题目	创作时间	相关诗句	时间推测依据	季节
画中游正殿	《晓春万寿山即景八首》	乾隆十九年正月十九至二十九日	试灯才罢晓春临，咫尺湖山一畅心。	此诗前有《燕九日观灯词》，燕九节为正月十九日；后有《正月晦日作》，正月晦日为正月二十九日。	春
	《初夏万寿山杂咏》	乾隆二十一年四月初一至十日	水态峰姿入夏新，名山踰月此游巡。	此诗前有《御园即事》“山亭水榭报清和”，“清和”为农历四月的俗称；后有《大雨》诗注“四月十日”。	夏
澄辉阁	《题澄辉阁》	乾隆二十九年四月十二日	欲知雨后清和趣，只在澄晖镜影中。	“清和”为四月，此时为春末夏初。	春
	《澄辉阁口号》	乾隆四十年正月初五日	天水澄辉亦有时，冰鱼未负那言斯。	“鱼陟负冰”为立春第三候；“冰鱼未负”是初春天气还未回暖，冰湖还未开化，未到立春第三候。	
	《澄辉阁》	乾隆五十二年正月二十四日	春曦耀辉嫩，泮沼受澄殊。	此诗后有《填仓日作》，填仓节为正月二十五日，《乾隆帝起居注》有“正月廿四日上诣万寿山大报恩延寿寺拈香”。	
	《澄晖阁》	乾隆五十六年正月二十三至二十八日	春晖已自嫩，春湖恰初澄。	此诗前有《正月二十三日恩慕寺瞻拜有作》，后有《夜雪》诗注“正月二十八日”。	
爱山楼	《爱山楼》	乾隆三十七年正月十五日	埭花尚未芳，岩林亦待翳。	此诗前有《新正万寿山》诗注“上元例悬灯率于白昼，片刻来游从未燃烛”。	春
	《爱山楼》	乾隆三十八年正月二十二至二十四日	—	此诗前有《雪》诗注“正月廿二日”，后有《晚雪》诗注“正月廿四日”。	
	《爱山楼》	乾隆四十年正月初八至十五日	—	此诗前有《新正吉日恭奉皇太后幸御园即事》诗注“是日初八为谷日”，《新春万寿山》“御苑今年幸上旬节前有暇事游巡”。	
	《爱山楼》	乾隆四十二年正月初一至十五日	—	此诗前有《新正万寿山清漪园作》“恰是节前几政简，蜃窗消得暂清陪”，后有《恭侍皇太后观灯》为上元节作。	

1 《清高宗御制诗三集》卷七十五《借秋楼》，文渊阁《四库全书》内联网版。

续表

景点	题目	创作时间	相关诗句	时间推测依据	季节
	《爱山楼口号》	乾隆五十四年正月十八日	—	此诗前有《节后万寿山六韵》"御苑甫收灯，名山暇可凭"，正月十五日为灯节，十八日谓收灯。	
	《题爱山楼》	乾隆五十八年正月二十五日	举一于斯二堪识，春和恰值景偏胜。	此诗前有《夜雨》诗注"正月廿五日"，《乾隆帝起居注》有"二十五日上诣清漪园大报恩延寿寺拈香"。	
借秋楼	《借秋楼》	乾隆二十九年六月初二日	窗挹波光庭种楸，一天飒景在高楼。	《乾隆帝起居注》有"六月初六日幸清漪园"。	夏
	《借秋楼口号》	乾隆三十一年六月十七至二十七日	了识立秋尚迟日，仰看知是借秋楼。	此诗前有《夜雨》注"六月十七日"，后有《骤雨二首》注"六月廿七日"。	
	《借秋楼》	乾隆三十三年六月初二至初五日	我游方盛夏，凉意颇满怀。	此诗前有《溪亭对雨》注"六月初二日"，后有《夜雨》注"六月初五日"。	
	《借秋楼口号》	乾隆三十四年五月二十一至二十七日	情知不久秋将到，忙底何须更借为。	此诗前有《夜雨朝晴》注"五月廿一日"，后有《夜雨》注"五月廿七日"。	
	《借秋楼》	乾隆三十三年六月二十六日	霁景恰相宜，金风复助之。	此诗前有《立秋》注"六月廿五日"，后有《晚晴遣兴》注"六月廿七日""立秋六月廿五日夜复雨，所幸不致大。廿六阴，弗雨，细霔宵间作。今朝乃廿七，密云散以破"。	秋

（二）乾隆皇帝游览画中游的路线

由于乾隆皇帝御制诗集中的诗作大致按照作诗时间的先后排序，因此通过整理画中游相关御制诗前后有关清漪园景点的诗文，可以推测出乾隆皇帝来往清漪园的方式，并梳理出其在清漪园中的两种主要游览路线。

第一种是由东宫门进入，经乐寿堂，通过万寿山前御路自东向西游览前山各景点，经山路向上，自画中游南侧进入。初春游览时一般选择走此路线，因此时冰湖未开，无法行船，故而在游赏画中游后，继续向西至石舫，再辗转至后御路，寻访后山诸景，也有经画中游向上至山脊的湖山真意再到后山游览的情况。

第二种是从长河泛舟至昆明湖，经柳桥进入西堤西侧的外湖赏荷。昆明湖外湖种植了大量的荷花，夏季荷花正盛，雨后天气清明凉爽，最宜泛舟观荷。御制诗中有"昼长颇觉有余暇，雨后明湖一泛舟"[1]和"踰月昆明未泛漪，此来雨后正荷时"[2]等句，其中后一句诗注曰："首夏自玉泉山回跸，经万寿山有'分付昆明须少待，荷时当与试吟篇'之句。"观荷之后于石舫登陆，乘坐肩舆由陆路游赏。乾隆皇帝在《石舫》一诗

1 《清高宗御制诗三集》卷五十八《昆明湖泛舟观荷三首》，文渊阁《四库全书》内联网版。

2 《清高宗御制诗三集》卷七十四《昆明湖泛舟观荷》，文渊阁《四库全书》内联网版。

中指明了这一游览方式："六棹轻舟漾不迟，归言登陆已云宜。肩舆早候兰塘畔，石舫常成系舫时。"[1]陆上游览的重点是后山景区，前山主要是西麓的借秋楼、云松巢，虽为炎炎夏日，这些地方依然清凉静谧，正是"济胜还揽胜，山色清而谧。肩舆薄言登，造顶亦何必"[2]。

此外，由于画中游，尤其是其主体建筑澄辉阁，是万寿山前山的重要景观节点——登临凭栏时它是广摄万有的观景点，泛舟湖上时它又是别具一格的成景处。因此，对画中游的游览方式除了亲临外还有远观，如乾隆二十九年（1764 年）的《题澄辉阁》可能是泛舟昆明湖上远观澄辉阁时所作。整理乾隆皇帝御制诗集中此诗前后的诗作发现，此次清漪园的游巡活动是由南湖岛登船泛舟昆明湖[3]，抵达石丈亭维舟登陆[4]，然后游览了浮青榭、云绘轩，最后从霁清轩离开，后两个景点既可以经万寿山御路到达也可由后溪河走水路，因此这次可能并未上山。并且诗中写道"欲知雨后清和趣，只在澄晖镜影中"，昆明湖水澄澈如镜，澄辉阁倒映在湖中的影子身在阁中是看不到的，而在湖上泛舟时恰可欣赏。在四首描写澄辉阁的诗作中，有三首反映的主要景观都是"凭栏高阁"远眺"天水澄辉"之景，仅此一首是赞叹澄辉阁本身镜影，因此乾隆皇帝这次有可能并未亲临澄辉阁，仅在湖上远观。这体现了画中游作为前山重要的得景和成景点，同时满足了"看"与"被看"的需求。

三、园林活动

"入画可游亦可居"，诗情画意的园林不仅满足景物的游赏，也承载了园居生活的现实性功能，同时作为心灵栖居的场所，许多风雅的文化活动也在园林中进行。通过研究相关御制诗，可以直接了解乾隆皇帝作为园主的园林活动和审美体验。而通过整理分析嘉庆十二年（1807 年）《陈设清册》中的相关记载，也可以推测围绕陈设展开的可能的园林活动。针对不同的活动，需营造与之相宜的园林空间，因此园林活动的研究也能更深入的探究空间的营造手法与设计意图。

（一）鉴古思远

根据嘉庆十二年《陈设清册》记载，在爱山楼内陈设有一方宋代的蔡元定玉堂砚，保存在紫檀诗意嵌玉匣中。乾隆皇帝本人热衷于鉴古收藏，而文房四宝中砚最耐久，故清代内府多有收藏。为了让众多藏砚不至遗佚失传，乾隆皇帝还命内廷侍臣对其甄别品次，制成图谱，即《钦定西清砚谱》[5]。在以鉴古为主题的宫廷绘画《弘历是一是二图》中，乾隆皇帝坐像身旁的长方书桌上陈放着一方瓦形砚。乾隆皇帝可能也在有古砚陈设的爱山楼进行了赏玩活动。

乾隆皇帝对收藏之物多有品题，曾作《题宋蔡元定玉堂砚》一诗："损缺双趺孰磨去，幸仍元定识存余。伊人手用宜珍惜，应是曾经注《尚书》。"诗注曰："是砚双趺损缺，复经磨治，仅存其半。左侧砚铭止余'龙

1 《清高宗御制诗三集》卷五十八《石舫》，文渊阁《四库全书》内联网版。

2 《清高宗御制诗三集》卷八十二《泛舟至石舫登陆游万寿山诸胜》，文渊阁《四库全书》内联网版。

3 《清高宗御制诗三集》卷三十八《雨后昆明湖泛舟即景》，文渊阁《四库全书》内联网版。

4 "月波楼下放烟舲，北岸维舟石丈亭。"《清高宗御制诗三集》卷三十八《石丈亭》，文渊阁《四库全书》内联网版。

5 "向咏文房四事，谓笔砚纸墨文房所必资也，然笔最不耐久，所云老不中书，纸次之，墨又次之，惟砚为最耐久。故自米芾、李之彦辈率谱而蔵之，以为艺林佳话。内府砚颇伙，或传自胜朝，防弆自国初。如晋玉兰堂砚、璧水暖砚，久陈之乾清宫东、西暖阁，因思物防地博，散置多年，不有以荟综猝记，或致遗佚失传，为可惜也。因命内廷翰臣，甄覈品次，图而谱之。"《钦定西清砚谱 · 御制西清砚谱序》，文渊阁《四库全书》内联网版。

泼雨云元定识’七字。”[1]

虽没有更多线索判断此诗中的蔡元定砚为爱山楼的藏砚，但可以从诗中了解乾隆皇帝收藏品鉴古玩的方法和态度，即对残损的古砚进行剪拂刮磨等精细的保护措施，并通过砚铭了解其出处或鉴赏者的姓名。《钦定西清砚谱凡例》中规定：“其曾经名流手泽者，即以人系砚，冠于每代之首，以志雅尚。”可见品鉴博古不仅是对器物的玩赏，更有对与之相关的名流雅士的崇尚。乾隆皇帝在诗中说，对这方古砚应格外珍惜，因为蔡元定诸多的著述名录或许皆是用此砚写就的。[2] 玉堂砚见证了前贤的卓绝之才和高标之风，鉴古活动仿佛穿越时空，实现了古今对话，是怡情养性的文化活动。

（二）礼佛参禅

在本章第一节清漪园时期画中游的复原研究中，分析了澄辉阁内檐装修的形式，推测澄辉阁可能为底层架空，二层内有夹层，做通高的仙楼佛堂。

故宫博物院藏清人《乾隆皇帝是一是二图》轴中的瓦形砚

据嘉庆十二年《陈设清册》记载，楼上面南安楠柏木包镶床一张，两边假门贴汪由敦字对一副，左、右门斗上贴徐扬着色山水画及余省墨色花鸟画各一张。宝座上一层随板墙龛内供三彩瓷佛一尊（随紫檀莲花座），两边供青花瓷文殊、普贤菩萨各一尊（各乘异兽紫檀山子座）及紫檀黄杨木杆座连三香牌一对（糟旧破坏）；里层中间供铜珐琅铃杵一件，两边供亮白玻璃暗花法钟一对、铜掐丝珐琅小瓶一对；外边供套红玻璃五供一份，瓶内插牙做佛花一对，瓶耳粘俱无座；背后贴御笔心经一张。面西安楠柏木包镶床一张。

澄辉阁二层的仙楼西侧为楼梯间，北、东、南三面设栏杆，佛堂坐南朝北，北侧和东侧有包镶床可供休憩打坐。佛堂板墙内设佛龛，由于两边供奉的是文殊和普贤菩萨，中间的瓷佛应是释迦牟尼佛。龛内随设铃杵、五供等各种法器，并贴有御笔心经。

乾隆皇帝笃信藏传佛教，且清漪园是以为母庆寿祈福的名义营建的，故而园内有多处宗教建筑，如主体建筑大报恩延寿寺建筑群和须弥灵境建筑群等。同时也有以佛教文化为主题的园中园，如赅春园就是一座有浓厚宗教氛围的山地文人园，园内依岩壁营造十八罗汉摩崖石刻，单体建筑香岩室内供奉石观音像和宝座，营造岩洞参禅的空间。无论是此建筑的点景题名还是乾隆皇帝的御制诗文，处处可见禅学的意象。

澄辉阁内有精心营造的仙楼佛堂空间，成套布置的佛像和各式法器，其底层较开敞的架空空间，结合真山叠掇、野趣横生的岩洞，营造出清静神秘的宗教氛围，适合礼佛参禅、修身养性，乾隆皇帝可能在此进行过相关的活动。

1 《清高宗御制诗五集》卷二十三《题宋蔡元定玉堂砚》，文渊阁《四库全书》内联网版。

2 蔡元定是南宋著名理学家，著作宏富，但诗中的“尚书”应指注解《尚书》的《书集传》，为蔡元定之子蔡沈所著。

（三）延凉纳爽

除了赏景寄情，进行一些文化活动，游园也需满足居住的现实需求。如上一节分析的借秋楼“秋”的审美意象，不仅有乾隆皇帝的自警之意，也表现出其欲在园中借秋天的凉意以消暑纳凉的想法。乾隆皇帝夏季游清漪园常在雨霁、晨晓之时，或陟山入岩，或登高凭栏，或林荫漫步，通过这样的方式延凉纳爽，怡悦身心。对此，其御制诗中多有体现：

夏初景逼润，雨后晓犹凉。[1]

快雨还佳霁，乘凉合陟山。[2]

乔林布荫偏宜步，敞阁延凉正好凭。[3]

湖阁三层弗恒登，登必天风拂襟袖。朱明伏暑最炎朝，拾级乘凉正斯候。[4]

窅洞所为异，夏凉冬乃温。炎罯户外盛，入则凉风翻。[5]

借秋楼是山阳观景纳凉的绝佳去处。根据嘉庆十二年《陈设清册》，借秋楼二层陈设非常精简，没有过多的分隔。明间九屏照背隔开北向的景观，面南设文榻，空间的导向性极强。敞开风门和支摘窗，南向景观映入眼帘，阵阵凉风从湖上吹来，凉意满怀。而且庭内栽植的梧桐、楸树皆为大叶乔木，浓荫蔽日，可隔绝暑热。自一层进入楼后的山洞石室，更是衣袂生寒。

1 《清高宗御制诗二集》卷六十三《雨后万寿山二首》，文渊阁《四库全书》内联网版。

2 《清高宗御制诗三集》卷四十《雨后万寿山》，文渊阁《四库全书》内联网版。

3 《清高宗御制诗三集》卷九十八《仲夏万寿山》，文渊阁《四库全书》内联网版。

4 《清高宗御制诗三集》卷四十《登望蟾阁作歌》，文渊阁《四库全书》内联网版。

5 《清高宗御制诗三集》卷六十二《清可轩》，文渊阁《四库全书》内联网版。

第二章

土建及油饰保护篇

第一节
土建及油饰勘察设计

一、价值评估

画中游建筑群位于颐和园前山西南坡转折处，占地面积约为5000平方米，是万寿山西部重要的景点建筑，由于倚山而建，循廊观景，仿佛置身于画中，故名“画中游”。该建筑群始建于清代乾隆年间，1860年被英法联军烧毁，现存建筑均为光绪时期重建。建筑群以楼阁为重点，陪衬亭台，以游廊连通上下，布局对称，互不遮挡，景观空间层次变化较大，大量堆叠山石，围植松柏，构成山地小园林特色。

画中游建筑群全景

画中游建筑群的地理位置有两个特点：一是视野宽广，正处在前山西南坡的转折部位，南可观赏前湖风光，西可远眺玉泉山和西山；二是地面坡度较大，约20°，依坡而建的亭、台、楼、阁之间遮挡少，空间层次变化分明。

整组建筑具有多层次的特点。因坡就势，以楼、阁为重点，以亭、台为陪衬，以游廊上下串联，又较大量地运用叠石成山手法，并种植浓密的松柏等树木，构成以建筑见胜的山地小园。

画中游建筑群大体上可分为上、下两个层次。第一层次为爱山楼、借秋楼和石牌坊以南的庭园部分，

借秋楼、澄辉阁、爱山楼

以澄辉阁为中心，东接爱山楼，西接借秋楼，依地势高低布置叠落状的三层台地；第二层次为以画中游正殿为中心，两条环抱状游廊抱合的区域。画中游建筑群有四座主要建筑物：突出于建筑群中轴线的最南端的澄辉阁，位于中轴线的最北端的画中游正殿，以及分列东西的爱山楼、借秋楼。四者以廊连接，重点突出，左右均衡，前后衬托，互不遮挡，有如画中的仙山琼阁。

第一层次的主体建筑澄辉阁为重檐顶的两层敞阁，八角形平面，立基于前后高差约 4 米的陡峭山坡上，下层柱子顺山石起伏而长短不一。阁两旁的爬山廊依山石升起，连接爱山、借秋两楼，廊中部又建有两座八角重檐攒尖小亭，用以陪衬主体，经此穿行石洞又可登临澄辉阁上层。上层空透开敞，东、南、西三面都可凭栏远眺，立柱与楣子、木栏杆构成取景框，从框中透视，仿佛置身画境。澄辉阁后的山，是在天然

澄辉阁

裸露岩石上叠石而成。山、石，阁，廊紧密结合的布置，更增添了山地建筑的特有情趣。过山北面的石牌坊，就抵达第二层次的庭园。庭园由爬山廊环抱而成，南北进深浅而东西方向宽，呈 1∶3 的比例，避免了局促感。由于庭园的地面坡度较大，自两侧的爬山廊和北面正中的画中游主殿远眺湖山时，都能以前部建筑物作为近景陪衬。画中游的后院接湖山真意轩和通往山顶的御道。

画中游园如其名，亭、台、楼、榭、轩、馆等建筑，犹如细致描绘的工笔画，疏落有致，参差呼应；垂花门、琉璃瓦、竹林、疏花互相映衬，点缀画中。绿屏烟窗，韵致幽幽，与天地同在的心境油然而生。堪称造园艺术之经典，是我们学习、研究中国古典园林的典范之一。

二、现状勘察

（一）土建部分现状勘察

1. 澄辉阁

澄辉阁是整个画中游建筑群的主体，位于建筑群中轴线的最南端，建筑为双层亭式敞阁。坐北朝南，重檐不等边八角攒尖顶，平面为不等边八方形，建筑面积 184 平方米。澄辉阁修建在陡峭的山坡上，前后高差约 4 米，下层立柱顺着山石的起伏长短不一。澄辉阁上层空透开敞，东、西、南三面都可以凭栏眺望，面南悬挂“画中游”匾（澄辉阁的匾额在民国时期修缮后错挂为“画中游”，延续至今），立柱与楣子木栏杆构成一幅幅精致的画框，自框中望去，青山塔影，堤岛湖泊，深远迷蒙，宛若画境。

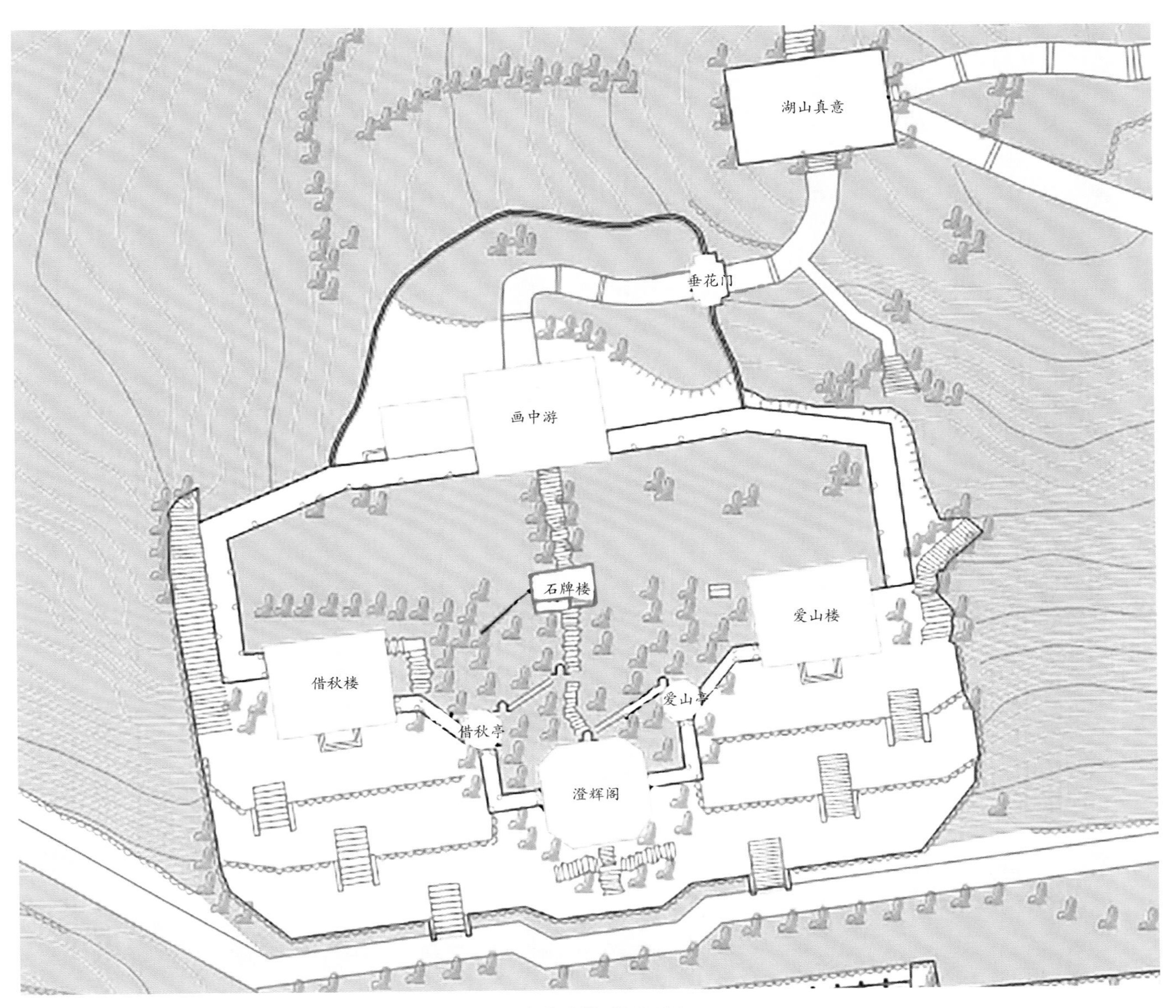

画中游建筑群平面图

澄辉阁

① 大木：建筑采用趴梁构造，趴梁搭交在檩上，带斗拱建筑大木构架总体向南倾斜 1°，二层较为明显，但结构基本已趋于稳定。因建筑处于叠石之上，周边排水不畅，一层柱根糟朽极为严重，现一层柱子套顶均更换为水泥材质；二层柱子总体情况基本完好，只是由于下层檐柱柱根糟朽严重，西北角檐柱下沉。二层南侧挂檐板下沉 2~3 厘米。

② 台基：建筑周边均为叠石台基，总体保存完好，只是局部叠石松动。现所有叠石均为水泥勾缝，勾缝有松动脱落。

③ 地面：一层为天然原石地面，保存基本完好；二层为尺四方砖地面，磨损、碎裂严重，现多处已改为水泥砖铺墁。

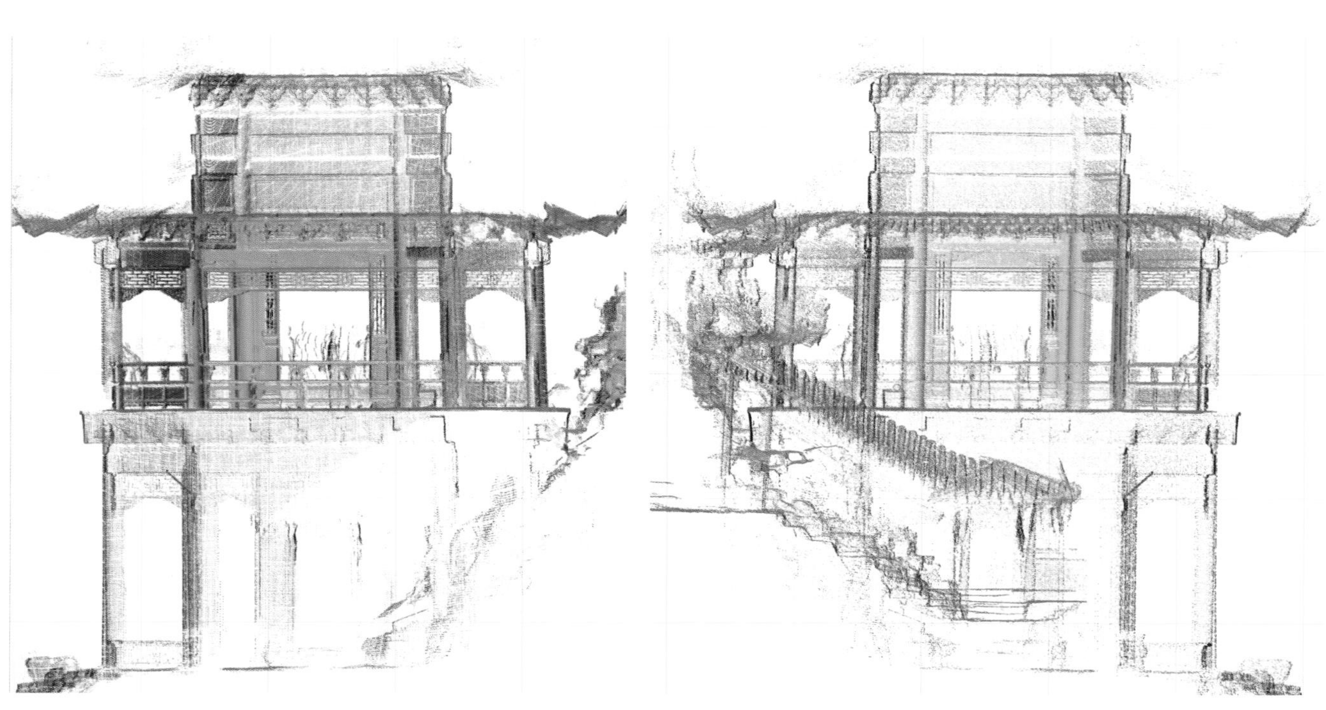

东立面扫描图（大木构件向南倾斜）　　西立面扫描图（大木构件向南倾斜）

澄辉阁二层瓦面

澄辉阁一层瓦面

④ 屋面：采用六样蓝琉璃黄剪边筒瓦屋面（剪边为 2 块筒瓦、5 块底瓦），琉璃博缝。屋面起拱严重，琉璃瓦件脱釉和瓦件脱节、松动现象严重。夹腮灰松动脱落，造成屋面长期渗雨。檐头附件及瓦件尺寸不一，屋面构件也有缺失，钉帽丢失 98%，一层东北角缺损仙人 1 个。

⑤ 椽、望及斗拱：檐椽为圆形，飞椽为方形，木望板。平座层为重昂五踩斗拱，内檐为七踩斗拱。屋面漏雨导致望板糟朽严重，连檐、瓦口、椽子亦均有不同程度的糟朽。斗拱总体保存完好，只有平座层西北角斗拱变形、劈裂。

澄辉阁斗拱

⑥ 木装修：一层设有木质坐凳楣子，一、二层均设有木质倒挂楣子和落地罩。二层柱子间有木栏杆围合，木挂檐板。一层为木楼板上铺方砖顶棚，二层为井口天花吊顶。坐凳糟朽、变形、损坏严重，倒挂楣子变形。一层落地罩变形，底部边抹糟朽；二层落地罩变形、松动。二层木栏杆栏板变形、松动、糟朽严重。木挂檐板变形、糟朽，尤其是北侧与山体相接处已全部糟朽。井口天花吊顶总体保存完好，局部支条开裂。

2. 借秋楼

借秋楼位于澄辉阁西侧，为前后带廊的二层楼阁。坐北朝南，面阔三间，建筑面积 156 平方米。卷棚歇山顶，蓝琉璃黄剪边屋面，四角轻盈翘起，玲珑精巧。

① 大木：踩步金位于山面上的金檩处，其外侧剔凿椽窝以搭置山面檐椽，梁身上安装柁墩以承接上面的梁架。大木梁架主体保存基本完好，结构稳定，仅局部构件有拔榫劈裂现象，如东侧角梁拔榫。此外，因建筑北侧紧邻山石，排水不畅，北面一层檐柱柱根糟朽严重。

② 台基：台基为砖砌，前檐大城样，干摆台帮，如意踏跺石及台明石，做石子散水。前檐台帮保存基

澄辉阁木装修

本完好，如意踏跺石及台明石走闪。现前檐石子散水的石子大小规格相差较大，形式较为凌乱，并已大面积抹水泥。

③ 地面：尺四方砖地面。一层前檐廊步尺四方砖地面碎裂、磨损严重，一层室内及后檐廊内方砖地面保存基本完好，局部方砖碎裂；二层前檐廊内方砖地面保存基本完好，后檐廊内地面现多数已改为水泥方砖地面，室内地面现已改为复合木地板。

④ 墙体：山墙、槛墙均为小停泥干摆；廊心墙为小停泥干摆下碱，上身抹灰；室内为木板墙。干摆山墙、一层槛墙本身保存基本完好，只是墙面上胡乱刻划现象极为严重，局部字体刻痕深度达 2~3 毫米。一层廊心墙干摆下碱局部砌块酥碱，墙心抹灰空鼓、脱落严重。一层后檐东侧腿子因紧邻山体，所以砖砌块酥碱

借秋楼正面

借秋楼侧面

严重。一、二层室内木板墙糟朽极为严重，二层木槛墙变形、开裂严重。

⑤ 屋面：六样蓝琉璃黄剪边筒瓦屋面（剪边为 2 块筒瓦、5 块底瓦），琉璃博缝。屋面起拱严重，琉璃瓦件脱釉和瓦件脱节、松动现象严重，现檐头附件及瓦件吻兽尺寸、颜色、纹饰凌乱不一。夹腮灰松动脱落，造成屋面长期渗雨，檐步位置椽、望糟朽尤其严重，屋面钉帽丢失 80%。

⑥ 椽、望：檐椽、飞椽均为方形，望板、山花板均为木质。由于屋面渗雨，廊步及檐出位置的椽、望、连檐、瓦口糟朽极为严重，现多处已露出泥背，金步以上相对较好。木山花板开裂、糟朽严重。

⑦ 木装修：主要包括门、窗、挂檐板、室内几腿罩及二层廊步栏杆。门为隔扇门，置帘架与横披窗，窗为支摘窗。外檐木装修变形、松动，帘架风门心屉缺损，木挂檐板变形、糟朽严重。室内几腿罩构件松动、缺损严重，仅存边框及少量棂条，吊顶为后做。二层栏杆栏板变形、歪闪、松动、糟朽严重，倒挂楣子及坐凳变形、歪闪严重。

3. 借秋亭

借秋亭建于西侧游廊中部，由爬山廊与澄辉阁相接，作为主体楼阁的陪衬，建筑面积 12 平方米，为重檐八角攒尖顶。

① 大木：大木梁架是在下层檐檩上安置井字趴梁，趴梁轴线与上层檐檐檩轴线在平面上重合，以保证童柱居中立于趴梁之上。东侧角梁头糟朽严重，其余部分相对保存较好。柱子随山势长短不一，8 根柱子中，北侧 2 根立于山石之上。因现在周边排水不畅，木柱柱根糟朽严重，整体向北倾斜。现柱顶石全为水泥抹砌，包裹柱根。

② 台基：因借秋亭建于叠石之上，台基均为叠石砌筑，水泥勾缝，个别叠石松动，水泥勾缝脱落。

③ 地面：天然原石地面。因磨损严重，局部有坑洼，现用水泥找抹。

④ 屋面：六样蓝琉璃瓦黄剪边筒瓦屋面。屋面起拱严重，琉璃瓦件脱釉和瓦件脱节、松动现象严重。檐头附件及瓦件吻兽尺寸、颜色凌乱不一。夹腮灰松动脱落，造成屋面长期渗雨，椽、望糟朽严重。屋面

借秋亭

钉帽丢失 98%，一层缺损仙人 6 个及龙、凤、狮各 5 个，二层缺损仙人 2 个。

⑤ 椽、望：檐椽为圆形，飞椽为方形，木望板。由于屋面漏雨，椽、望、连檐、瓦口糟朽严重。木椽直接接触山石，流失的水土易堆积于此，造成排水不畅，导致椽、望、连檐、瓦口糟朽严重。

⑥ 木装修：倒挂楣子、夔龙花牙子及围脊楣子松动，现围脊楣子内侧封三合板。

4. 爱山楼

爱山楼位于澄辉阁东侧，为前后带廊的二层楼阁，与借秋楼相呼应。坐北朝南，面阔三间，建筑面积 316 平方米。卷棚歇山顶，琉璃瓦蓝心黄剪边屋面，四角轻盈翘起，玲珑精巧。

爱山楼正面

爱山楼侧面

① 大木：踩步金位于山面上金的檩处，其外侧剔凿椽窝以搭置山面檐椽，梁身上安装柁墩以承接上面的梁架。大木梁架主体保存基本完好，结构稳定，仅局部构件有拔榫劈裂现象。

② 台基：台基为砖砌，前檐大城样，干摆台帮，如意踏跺石及台明石，做石子散水。前檐（南面）石子散水保存基本完好，后檐（北面）石子散水的石子缺损较为严重。

③ 地面：尺四方砖地面。前檐一层廊内地面方砖磨损、碎裂严重；其余两层方砖地面总体保存基本完好，局部方砖碎裂。

④ 墙体：山墙、槛墙均为小停泥干摆，廊心墙为小停泥干摆下碱，上身抹灰；室内为木板墙。干摆山墙、一层槛墙本身保存基本完好，只是墙面上胡乱刻划现象极为严重，局部字体刻划深度达 2~3 毫米。廊心墙干摆下碱保存基本完好，墙心抹灰空鼓、脱落，亦有严重的刻划现象。两侧腿子保存基本完好。一、二层室内木板墙糟朽极为严重；二层木槛墙变形、开裂严重。

⑤ 屋面：六样蓝琉璃黄剪边筒瓦屋面（剪边为 2 块筒瓦、5 块底瓦），琉璃博缝。屋面起拱严重，两山面还保留蓝琉璃瓦，前后坡已改为绿琉璃瓦。琉璃瓦件脱釉和瓦件脱节、松动现象严重，檐头附件及瓦件吻兽尺寸、颜色、纹饰凌乱不一。夹腮灰松动脱落，造成屋面长期渗雨，檐步位置椽、望糟朽尤其严重。屋面钉帽丢失 60%，琉璃博缝松动。

⑥ 椽、望：檐椽、飞椽均为方形，望板、山花板均为木质。由于屋面渗雨，廊步及檐出位置的椽、望、连檐瓦口糟朽极为严重，现多处已露出泥背，金步以上相对较好。木山花板及博缝板开裂、糟朽严重。

⑦ 木装修：主要包括门、窗、挂檐板、室内几腿罩及二层廊步栏杆。门为隔扇门，置帘架与横披窗，窗为支摘窗。外檐木装修变形、松动，帘架风门心屉缺损，木挂檐板变形、糟朽严重。室内几腿罩构件松动、缺

损严重，仅存边框及少量椽条，吊顶为后做。二层栏杆栏板变形、歪闪、松动、糟朽严重，倒挂楣子及坐凳变形、歪闪严重。

5. 爱山亭

爱山亭建于西侧游廊中部，由爬山廊与澄辉阁相接，作为主体楼阁的陪衬，建筑面积 12 平方米，为重檐八角攒尖顶。

① 大木：大木梁架是在下层檐檩上安置井字趴梁，趴梁轴线与上层檐檐檩轴线在平面上重合，以保证童柱居中立于趴梁之上。西侧角梁头糟朽严重，其余大木梁架相对保存较好。柱子随山势长短不一，八根柱中，北侧 2 根立于山石之上。因现在周边排水不畅，木柱柱根糟朽严重，整体向北倾斜；现柱顶石全为水泥抹砌，包裹柱根。

② 台基：因爱山亭建于叠石之上，台基均为叠石砌筑，水泥勾缝，个别叠石松动，水泥勾缝脱落。

③ 地面：天然原石地面。磨损严重，局部有坑洼，现用水泥找抹。

④ 屋面：六样蓝琉璃瓦黄剪边筒瓦屋面。屋面起拱严重，琉璃瓦件脱釉和瓦件脱节、松动现象严重，檐头附件及瓦件吻兽尺寸、颜色凌乱不一。夹腮灰松动脱落，造成屋面长期渗雨，椽、望糟朽严重。屋面钉帽丢失 90%，二层缺损仙人 2 个、小跑 5 个，琉璃博缝松动。

⑤ 椽、望：檐椽为圆形，飞椽为方形，木望板。由于屋面漏雨，椽、望、连檐、瓦口糟朽严重。

⑥ 木装修：倒挂楣子、夔龙花牙子及围脊楣子松动，现围脊楣子内侧封三合板，坐凳歪闪、松动、糟朽极为严重。

爱山亭

6. 石牌坊

澄辉阁后部是在天然裸露山石上堆叠而成的一组假山，巧妙布置的山石与阁、游廊紧密相连，构成上下穿插的曲径，增加了这组山地建筑的情趣。假山北面的石牌坊高 3.19 米，为庑殿顶。牌坊南面额题“山川映发使人应接不暇”，配联“幽籁静中观水动，尘心息后觉凉来”；北面额题“身所履历自欣得此奇观”，配联“闲云归岫连峰暗，飞瀑垂空漱石凉”。两组文字点出了人们对画中游建筑群的感受：身处其中，目光所及，山水如画，美不胜收，让人感到清凉高爽，飘然若仙。

① 石构件：主体石构件保存基本完好。

② 台基：条石台基。台明石走错，大城样一顺出散水松动。

③ 地面：条石地面走错。

④ 两侧围墙：花砖墙帽，方砖心雕刻，小停泥干摆下碱。墙体总体保存完好，大城样一顺出散水松动。

石牌坊正面

石牌坊侧面

7. 画中游正殿

画中游正殿位于石牌坊以北，游廊环抱而成的庭院中心，是整组建筑的最北端。坐北朝南，面阔三间，西接耳房两间，建筑面积 97.7 平方米。歇山顶，四角轻盈翘起，造型别致，玲珑精巧。

① 大木：踩步金位于山面上的金檩处，其外侧剔凿椽窝以搭置山面檐椽，梁身上安装柁墩以承接上面的梁架。大木梁架保存基本完好，主体结构稳定，仅局部构件有轻微拔榫劈裂现象，现局部瓜柱已用铁箍加固。

② 台基：砖砌台基，前、后檐均为大城砖干摆台帮，两山面为虎皮石台帮，水泥勾缝，叠石踏跺，石子散水。大城砖干摆台帮总体保存基本完好；两山面的虎皮石台帮现为水泥勾缝，勾缝灰松动脱落。台明石走闪；叠石踏跺局部石块松动，现已用水泥勾抹加固；石子散水保存基本完好。

③ 地面：尺四方砖地面。前檐廊内地面磨损较为严重，其余室内及后檐廊内地面保存基本完好。

④ 墙体：山墙上身丝缝下碱干摆做法，干摆槛墙，室内为木板墙。建筑干摆及丝缝墙体保存基本完好；室内木板墙因受潮变形，糟朽、开裂严重。

⑤ 屋面：六样蓝琉璃黄剪边筒瓦屋面（剪边为 2 块筒瓦、5 块底瓦），琉璃博缝。屋面起拱严重，琉璃瓦件脱釉和瓦件脱节、松动现象严重，檐头附件及瓦件吻兽尺寸、颜色凌乱不一。夹腮灰松动脱落，造成

画中游正殿

屋面长期渗雨，椽、望糟朽严重。屋面钉帽丢失70%，琉璃博缝松动。

⑥ 椽、望：檐椽、飞椽均为方形，望板、山花板均为木质。由于屋面渗雨，廊步及檐出位置的椽、望、连檐、瓦口糟朽极为严重，现多处已露出泥背，金步以上相对较好。木山花板及博缝板开裂、糟朽严重。

⑦ 木装修：主要包括门、窗、挂檐板、室内几腿罩。门为隔扇门，置帘架与横披窗，窗为支摘窗。外檐木装修变形、松动，帘架风门心屉缺损。室内几腿罩构件松动、缺损严重，仅存边框及少量棂条，吊顶为后做。倒挂楣子及花牙子变形、歪闪严重。

8. 西值房

西值房位于画中游正殿西侧，其山面与北游廊相接，二开间，建筑面积35平方米。六檩卷棚硬山顶，硬山裹垄屋面。

西值房

① 大木：大木梁架保存基本完好，主体结构稳定，局部构件有拔榫劈裂现象，现已用铁箍加固，后檐天沟处檩、垫、枋糟朽。

② 台基：砖砌台基。前檐台明石及踏跺石走闪。

③ 地面：室内现为水泥地面。

④ 墙体：山墙上身丝缝下碱干摆做法，干摆槛墙。墙体保存基本完好，室内墙体均后抹水泥外刷涂料。

⑤ 屋面：2 号裹垄屋面。裹垄灰松动、开裂，瓦件断裂，造成屋面漏雨，其中值房屋面与游廊连接的天沟处渗漏最为严重。檐头附件大小凌乱。

⑥ 椽、望：檐椽、飞椽均为方形，木望板。屋面漏雨造成椽、望、连檐、瓦口糟朽严重。

⑦ 木装修：室外木装修样式已被改变，室内吊顶也为后做。

9. 垂花门

画中游正殿后院东墙上有一座“二郎担山”式垂花门，悬山顶，布瓦裹垄屋面，建筑面积 10 平方米。门东西两侧随墙与北游廊相接，将画中游正殿和湖山真意前后联系。

① 大木：建筑梁与柱十字相交，柱子直通脊部。挑出于柱的前、后两侧和梁头两端各承担一根檐檩，梁头下端各悬一根垂莲柱。因采用“二郎担山”形式，头重脚轻，加之地震等外力作用，垂花门大木构件整体扭闪，下沉严重，达 7~9 厘米。并且由于屋面漏雨，脊檩上部有一定的糟朽。

② 台基：条石台基。台明石、踏跺石及周边叠石均有不同程度的走闪。

③ 地面：地面条石走闪。

垂花门东立面

垂花门西立面

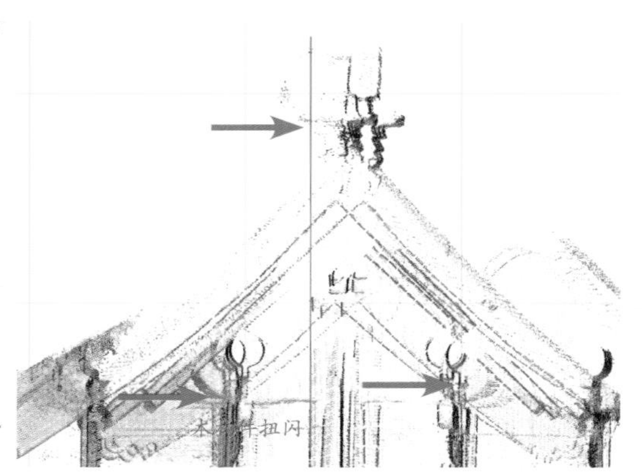

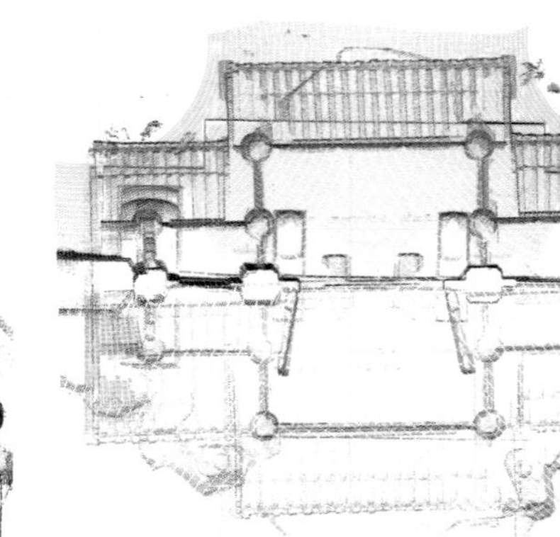

垂花门西立面扫描图（大木构件整体扭闪，下沉达 7~9 厘米）

④ 屋面：3 号裹垄屋面。裹垄灰松动、开裂，瓦件断裂，造成屋面漏雨。檐头附件大小样式凌乱。

⑤ 椽、望：檐椽、飞椽均为方形，木望板。因屋面漏雨，椽、望糟朽严重。

⑥ 木装修：攒边门两侧为余塞板，门变形下沉，下槛磨损严重，裙板、绦环板糟朽严重。

10. 湖山真意

湖山真意位于画中游建筑群的西北部，始建于乾隆年间，光绪时期重修，是一座带有落地罩的敞轩。坐北朝南，面阔三间，歇山顶，建筑面积 105.41 平方米，面南悬“湖山真意”匾。此轩地处万寿山前山山脊西部端头的地形转折点，西面的梁柱正好将远处的西山、玉泉山框成一幅绝妙的风景画。

① 大木：大木梁架保存基本完好，主体结构稳定，局部柱子柱根糟朽。

② 台基：大城样砖砌台基，石子散水。大城样干摆台帮，局部砌块酥碱、鼓闪。台明石及叠石踏跺走闪松动。石子散水用料凌乱，并且已大面积用水泥替代。

③ 地面：尺四方砖地面。地面砖碎裂、磨损严重，大部分已改为水泥砖铺墁。

④ 屋面：六样绿琉璃屋面，琉璃博缝。屋面夹腮灰松动脱落，瓦件脱节、松动、碎裂严重，檐头附件、瓦件及小跑的大小、花饰凌乱，琉璃博缝松动。

⑤ 椽、望：檐椽、飞椽均为方形，木望板。由于屋面漏雨，椽、望糟朽严重。

⑥ 木装修：坐凳楣子、倒挂楣子及夔龙花牙子变形、歪闪、松动严重，局部构件缺损，坐凳面磨损严重。山花板局部糟朽。

湖山真意

11. 北游廊

北游廊位于画中游正殿两侧，为爬山廊形式，东、西各有 18 间，建筑面积为 235 平方米。四檩卷棚式屋顶，蓝心黄剪边筒瓦屋面。东连爱山楼，西接借秋楼。

① 大木：北游廊依山势而建，东侧为一层，大木构件结构相对完好；西侧为两层，上层建于地上，下

东爬山廊西侧

西爬山廊南侧

层建于地下，紧邻山体，木构件糟朽严重。

② 台基：虎皮石台帮，石子散水。虎皮石台帮总体保存完好，勾缝灰松动。前檐台明石走错。现有石子散水用料凌乱，石子松动，并且现已大面积改为水泥。西侧后檐西北、西南转角处角柱石走闪。

③ 地面：方砖地面。地面现已大面积改为水泥砖，残留方砖也磨损、碎裂严重。

④ 墙体：干摆下碱，上身抹白灰。东侧游廊干摆墙体总体保存较好，抹灰墙面抹灰空鼓、脱落严重。西侧游廊下层下碱停泥砖酥碱严重，现全部外抹水泥，上身抹灰空鼓、脱落严重，局部已露出土体；上层游廊西北、西南转角处墙体均有开裂，干摆下碱局部砖砌块酥碱，上身抹灰空鼓、酥碱、脱落严重。

⑤ 屋面：七样蓝琉璃黄剪边筒瓦屋面（剪边为2块筒瓦、5块底瓦）。屋面起拱变形，瓦件形制尺寸凌乱，瓦件脱节严重，裹垄灰松动脱落。

⑥ 椽、望：檐椽、飞椽均为方形，木望板。由于屋面漏雨，椽、望糟朽严重。

⑦ 木装修：木博缝板、挂檐板。坐凳楣子、倒挂楣子、夔龙花牙子变形歪闪松动严重，局部构件缺损，坐凳面磨损严重，博缝板、挂檐板糟朽严重。

12. 南游廊

南游廊位于澄辉阁两侧，为爬山廊形式，东、西各有 7 间，建筑面积 50 平方米。四檩卷棚式屋顶，蓝心黄剪边琉璃屋面。东连爱山楼，西接借秋楼。

① 大木：南游廊依山势建于叠石之中。由于山体排水不畅，游廊木构件糟朽、变形走闪情况严重，尤其是柱根糟朽严重。

② 台基：台基均为叠石砌筑，水泥勾缝，个别叠石松动，水泥勾缝脱落。

③ 地面：天然原石地面。地面磨损严重，局部有坑洼，现用水泥找抹。

澄辉阁与爱山亭连廊

爱山亭与爱山楼连廊

④ 屋面：七样蓝琉璃瓦黄剪边筒瓦屋面。屋面起拱变形；瓦件脱节严重，形制、尺寸凌乱，裹垄灰松动脱落。

⑤ 椽、望：檐椽、飞椽均为方形，木望板。由于屋面漏雨，椽、望糟朽严重。

⑦ 木装修：倒挂楣子、夔龙花牙子变形、歪闪、松动严重，局部构件缺损，坐凳面磨损严重，博缝板糟朽严重。

木构件变形走闪

13. 宇墙及院墙

画中游建筑群宇墙总长 150 延米，院墙长 60 延米。

① 宇墙：馒头顶扶手墙。三层平台的宇墙均建于叠石之上，现一层平台的宇墙扭曲变形，其余保存基本完好。

② 院墙：虎皮石下碱，上身抹白灰；花砖墙帽；石子散水。院墙保存基本完好，虎皮石下碱局部砌块松动，水泥勾缝空鼓、松动；上身抹灰空鼓、脱落；花砖墙帽松动，局部缺损；石子散水用料凌乱。

宇墙

14. 院落地面及甬路

画中游建筑群三层平台方砖地面面积 470 平方米，自然土壤面积 1430 平方米，甬路长 60 延米。

① 三层平台地面：均为尺四方砖地面。现方砖地面大部分已改为水泥砖铺墁，残留方砖碎裂严重。

② 自然土壤地面：局部有碎石、植物；局部地面水土流失，泥土积于叠石之中，容易堵塞排水眼或造成建筑木构件的糟朽。

③ 甬路：三路尺四方砖甬路，石子散水。院内甬路现已坑洼不平，局部方砖已被水泥砖替换，石子散水用料杂乱。

方砖地面

甬路

15. 山石

画中游建筑群中的山石面积较大，约 430 平方米，局部叠石松动。

画中游建筑群中的山石

16. 院落排水

画中游建筑群第一层平台前方排水沟内有排水眼 1 个，第一层平台有排水口 23 个，第二层平台有排水口 20 个，第三层平台有排水口 14 个。原有暗排水沟 2 个，分别位于借秋楼西侧和爱山楼东侧，利用园林地形、地势条件进行排水。由于建筑群内有大面积的自然土壤地面，雨水的冲刷导致水土流失，排水口及暗排水沟阻塞不通，造成排水不畅，导致局部积水、淤泥严重。

院落排水口

17. 周边道路及扶手墙

画中游建筑群周边道路总长约 440 延米，前山自然土壤地面 516 平方米，扶手墙长度 251 延米。道路地面局部方砖被水泥砖替代，局部方砖碎裂、磨损严重；石子路面用料及铺设手法杂乱。

18. 小结

（1）土建部分残损现状

① 建筑本体：画中游建筑群中的主要建筑大木构架保存相对较好，但仍存在不同程度的变形、糟朽，建筑的主要残损部位为柱根、椽、望、木装修、屋面、局部大木构件、油饰地仗，其中垂花门、游廊等附属建筑残损较为严重。

② 庭院、附属设施：建筑群依山而建，形成五层院落，各层地面均存在大量积水现象。各单体建筑柱根及局部木构件、扶手墙等与建筑相连部位长期被雨水浸泡，残损比较普遍。

（2）主要残损原因分析

① 自然原因：由地震灾害、气候变化等自然因素造成。

② 年久失修：从历史修缮记录中可知，此建筑群自光绪时期重建后，虽有过多次零修，但从未进行过

大规模的修缮，零修也造成各建筑屋面琉璃瓦件的颜色、大小较为凌乱。

③ 排水不畅：建筑群倚山而建，多数建筑直接建于叠石之上，因缺乏排水口，雨天过后，可以发现建筑内侧、周边以及庭院中都存有大量积水，这是直接导致建筑残损的重要因素之一。同时，庭院土壤松动易流失，流失的水土又堆积于山石与建筑相连处，加剧了木构件的糟朽。

④ 人为损坏：颐和园对外开放后，每天游客众多，造成建筑坐凳等木装修的松动、磨损；游客的反复踩踏也造成局部山石的松动。此外，一些游客由于缺乏文物保护意识，在建筑、山石上随意刻划，人为造成了损坏。

（二）油饰地仗部分现状勘察

1. 油饰地仗部分残损现状

画中游建筑群分别于 1970 年、1977 年、1978 年、1984 年、1986 年进行过油饰整修，但均为零散的补修，各次修缮工艺不统一，导致建筑的油饰有不同程度的色差。各处匾额题字也因久经风化，褪色明显，如石牌坊南、北两面额题及配联共 48 个字，颜色全部褪去。此外，木构件地仗开裂、剥落现象也十分严重。

2. 主要残损原因分析

① 自然原因：受风吹、日照、雨淋、降尘、温湿度变化等气候条件作用，以及生物侵害的影响，油饰地仗部分产生老化损坏，其中对建筑损害最大的是潮湿与风化侵蚀。建筑群南侧面向昆明湖，北侧背阴面环境潮湿，加之近年来北京地区降雨量大，使木材含水率过高，容易产生损坏。另外，建筑物直接暴露于大气环境中，风蚀作用导致油饰地仗龟裂、脱落。

② 建筑本体原因：由大木开裂木构件变形、腐朽断裂拔榫引起地仗残坏。

③ 人为破坏：画中游景区游人密集，乱写、乱画、乱刻现象较为严重，局部柱子油饰地仗出现划痕。

三、方案设计文件的编制

以对画中游建筑群的整体勘察为基础，以建筑的残损现状及其残损原因分析为依据，综合考虑其他各种因素，本工程综合评定为修缮工程。

（一）方案综述

1. 大木构件

除垂花门、北游廊西侧游廊和南游廊整体大木结构变形、歪闪、糟朽严重外，其余建筑大木结构基本稳定，只需一般性现状整修，不进行大规模扰动。

垂花门由于自身构造特性，头重脚轻，同时屋面漏雨，檩、柱子等木构架糟朽，大木构件整体扭曲歪闪严重。北游廊西侧游廊为局部二层的建筑形式，下层柱子处于假山底部，长期受潮，木构件糟朽严重，造成游廊整体歪闪。南游廊依山而建，连接澄辉阁、爱山亭、爱山楼、借秋亭、借秋楼，柱子直接置于假山叠石之上，遭受山上自然流下的雨水侵蚀，糟朽严重，大木构件整体歪闪、变形。

此三组建筑需要重点打牮拨正。

2. 墙体

除北游廊西侧后檐墙体因歪闪严重及更换柱子，需要局部拆砌外，其余建筑墙体均为一般性现状整修。

一层平台宇墙歪闪严重。一层平台宇墙建于 2.7 米高的高台之上，这个平台是游客观赏昆明湖美景的主要场所之一，宇墙在此也起到防护栏的作用，游人多倚墙观景。同时宇墙下为画中游去往其他景区的主要通道，人流量也较大。此处存在重大安全隐患，需进行重葺归安，其余院墙及宇墙墙体进行一般性现状整修即可。

3. 山体

叠石假山基本保持了原状，后期修缮中未见进行大规模扰动的记载。历经百年，长期风化、冻胀，造成山体局部石块棱角处酥碱。景区对外开放后，人流量大、游人随意攀登，造成假山叠石出现松动、滑落现象，局部较小块的叠石碎裂严重。景区内山石以在现状基础上的整修为主，包括背撒松动的石块、归安滑落的石块以及局部添配、更换碎裂严重的石块，以确保安全。

4. 地面

现景区内地面大部分为后改的水泥砖地面，坑洼不平，易积水。地面修缮大体保持现有面貌，但在材质上恢复传统手工方砖，同时向排水口方向找泛水。

5. 院落排水

院落排水方式以自然高差排水为主，通过山石、地面由北向南依势排出；有组织排水为辅。目前景区内设有大小排水口 64 个，局部游廊、院墙下设暗排水。为了缓解该景区排水不畅的问题，后期修缮时在景区内北游廊南侧和爱山楼南侧新增渗水井。

本次修缮保留原排水系统，平台地面保留现有泛水及走势。检查疏通，在积水较为严重的位置新做排水槽，在水土易流失的地面处进行局部地面碎石硬化处理，依山势找泛水，以减弱水土流失造成的排水口堵塞。

（二）修缮设计——以澄辉阁为例

澄辉阁坐北朝南，二层双围柱八角亭式楼阁，重檐不等边八角攒尖顶，蓝绿琉璃黄剪边筒瓦屋面，建筑面积 170 平方米。建筑主体结构稳定，但屋面漏雨，柱根、椽、望残损严重，其余部位为一般性残损。修缮部位主要包括屋面挑顶、墩接柱根及糟朽的椽、望等，其余各处也进行相应修缮，属一般性修缮。

▼ 澄辉阁土建部分修缮详细做法表

部位	现状做法	残损情况	修缮做法及数量
大木	双围柱重檐八角亭式敞阁，采用趴梁构造，趴梁搭交在檩上，带斗拱。现一层柱子套顶均为水泥材质	现建筑主体大木构架总体稳定。建筑一层柱根糟朽极为严重；二层柱子基本完好，只是西北角檐柱下沉	虽然建筑向南有倾斜，但介于大木结构现已基本趋于稳定，此次修缮不再对其大木结构进行整体扰动，只进行局部构件的整修加固。墩接一层北侧金柱 2 根及北侧檐柱 4 根；剔除一层全部柱子水泥套顶，恢复石材套顶；修补角梁
台基	建筑周边均为叠石台基，水泥勾缝	叠石台基总体保存完好，局部叠石松动。现所有叠石均为水泥勾缝，水泥勾缝松动脱落	背撒松动的叠石；剔除水泥勾缝，恢复油灰勾缝
地面	一层为天然原石地面；二层为尺四方砖地面	天然原石地面保存基本完好；二层尺四方砖地面磨损、碎裂严重，现多处已改为水泥砖铺墁	揭墁二层尺四方砖地面，重做垫层，添配全部方砖
屋面	六样蓝绿琉璃黄剪边筒瓦屋面（剪边为 2 块筒瓦、5 块底瓦），琉璃博缝	屋面起拱，琉璃瓦件脱釉和瓦件脱节、松动现象严重；檐头附件及瓦件尺寸不一。夹腮灰松动脱落，造成屋面长期渗雨，椽、望糟朽严重。屋面钉帽丢失 98%，一层东北角缺损仙人 1 个	屋面挑顶（挑至椽子），重做泥灰背；瓦件统一为六样孔雀蓝绿琉璃黄剪边筒瓦屋面（剪边为 2 块筒瓦、5 块底瓦），添配瓦件 30%，添配檐头 40%，添配钉帽 240 个；拆安所有脊件吻兽，统一吻兽尺寸及样式，添配角梁套兽 4 个、一层东北角仙人 1 个；拆安宝顶

续表

部位	现状做法	残损情况	修缮做法及数量
椽、望及斗拱	檐椽为圆形，飞椽为方形，木望板；平座层为重昂五踩斗拱，内檐为七踩斗拱	望板糟朽严重，连檐、瓦口、椽子均有不同程度的糟朽；斗拱总体保存完好，只有平座层西北角斗拱变形、劈裂	更换望板 90%，更换连檐、瓦口 90%，更换椽子 30%；整修加固平座层西北角斗拱，检修其余斗拱
木装修	一层设有坐凳楣子；一、二层均设有倒挂楣子和落地罩；二层柱子间有木栏杆围合；木挂檐板；二层木楼板上铺方砖地面，顶棚为井口天花吊顶	坐凳糟朽、变形、损坏严重；倒挂楣子变形；一层落地罩变形，底部边抹糟朽；二层落地罩变形、松动；二层木栏杆栏板变形、松动、糟朽严重；木挂檐板变形、糟朽，尤其是北侧与山体相接处已全部糟朽；井口天花吊顶总体保存完好，局部支条开裂	拆安整修加固一层坐凳，更换糟朽断裂的边抹；整修倒挂楣子，拆安归位；整修加固一、二层落地罩，拆安归位，更换糟朽边抹及绦环板、裙板；拆安整修二层木栏杆栏板，更换糟朽严重的大边，更换全部绦环板及牙子；拆安木挂檐板及水泥压面砖，更换木挂檐板 40%，添配全部尺四方砖压面砖；整修井口天花，整修加固天花支条

澄辉阁油饰地仗部分修缮详细做法表

<table>
<tr><th>部位名称</th><th>地仗做法</th><th>油饰做法</th><th>彩画类别做法</th><th>贴金做法</th><th>修缮做法</th></tr>
<tr><td rowspan="2">连檐、瓦口</td><td>四道灰地仗</td><td>银朱色颜料光油</td><td>无</td><td>无</td><td rowspan="2">砍旧地仗，重做四道灰地仗，搓银朱色颜料光油三道（头道章丹垫底），罩光油一道</td></tr>
<tr><td colspan="4">残损情况：地仗大面积脱落见木</td></tr>
<tr><td rowspan="2">椽望、飞头、椽头</td><td>四道灰地仗</td><td>椽子望板上颜料光油，红帮绿底</td><td>飞头后改为黄线栀花，椽头后改为黄线圆红寿字</td><td>无</td><td rowspan="2">内、外檐砍旧地仗，重做四道灰地仗，飞头按原式重绘片金万字，檐椽头按原式重绘金边圆金寿字</td></tr>
<tr><td colspan="4">残损情况：地仗大面积脱落见木，油饰粉化失光；椽头、飞头彩画大面积褪色，纹饰模糊不清</td></tr>
<tr><td rowspan="2">上下架大木（柱、槛、框、迎风板、围脊板）</td><td>一麻五灰地仗</td><td>二朱色颜料光油</td><td>无</td><td>框线贴库金</td><td rowspan="2">内、外檐砍做一麻五灰地仗，搓二朱色颜料光油三道，罩光油一道；槛框转角处上下 150 毫米加糊布一道；框线（一炷香，宽 40 毫米）贴库金</td></tr>
<tr><td colspan="4">残损情况：地仗大面积龟裂至麻层，空鼓开裂，局部脱落见木，油皮褪色剥落</td></tr>
<tr><td rowspan="2">下架装修（含内侧）</td><td>一麻五灰地仗</td><td>二朱色颜料光油</td><td>无</td><td>无</td><td rowspan="2">内、外檐全部装修边抹砍做一麻五灰地仗，门窗大边岔角、心板、绦环板糊布（岔角糊布各长 150 毫米），二朱色颜料光油三道；心屉砍做三道灰地仗，绿色光油三道；裙板、绦环板贴库金。门窗五金件、面叶、挂钩等金属构件打磨后刷防锈漆两道，二朱色颜料光油两道</td></tr>
<tr><td colspan="4">残损情况：地仗大面积空鼓开裂，油皮褪色剥落</td></tr>
<tr><td rowspan="2">棂条、楣子、坐凳面</td><td></td><td>二朱色颜料光油</td><td>无</td><td>无</td><td rowspan="2">棂条砍做三道灰地仗，绿色光油三道；坐凳板砍做一麻五灰地仗，搓二朱色颜料光油三道；楣子（坐凳楣子、倒挂楣子）芯屉清理洗挠，重做三道灰地仗，坐凳楣子搓绿色颜料光油三道；重做苏装楣子，夔龙花牙子纠粉做法</td></tr>
<tr><td colspan="4">残损情况：棂条、楣子、坐凳面地仗大面积空鼓开裂，油皮褪色剥落</td></tr>
</table>

续表

部位名称	地仗做法	油饰做法	彩画类别做法	贴金做法	修缮做法
栏杆、栏板、挂檐板、楼板（底面）	栏杆、栏板四道灰地仗；挂檐板、楼板一麻五灰地仗	颜料光油	望柱头、荷叶净瓶做苏装做法	无	砍做栏杆、栏板四道灰地仗，栏板芯糊布一道，搓颜料光油四道，木望柱头、荷叶净瓶做苏装做法，栏板芯刷青绿色做法。挂檐板、楼板（底面）砍做一麻五灰地仗，板缝加糊布一道，搓二朱色颜料光油三道，罩光油一道
	残损情况：栏杆、栏板、挂檐板地仗大面积空鼓开裂，油皮褪色剥落				

（三）修缮重点

本次修缮的重点之一是屋面补漏及瓦件修复。由于历年修缮和园内日常保养局部而零散，导致琉璃瓦颜色不统一。本次修缮经过细致的前期调研，仔细分析了历年修缮档案资料，配合老照片，确定了各殿座琉璃瓦均为孔雀蓝绿琉璃瓦配黄剪边的色彩样式。在修缮中尽可能保留不同历史时期的遗存痕迹，对于有价值的瓦件，尽可能保留修复。添配部分按原瓦颜色、材质，重新烧制同色的板瓦及筒瓦，用于补配破损、缺失的瓦件。将新瓦用在后坡，且特别注意对棱花心聚锦图案瓦件的添配，调整了色彩有误的筒瓦，保证屋面聚锦图案的完整性和观赏性，以达到还原初建效果、恢复建筑历史风貌的目的。

此外，解决院落疏、排水问题是本次修缮的另一重点。画中游建筑群主要依靠自然高差排水，通过山石、地面由北向南依势排出；以有组织排水为辅。原设有大小排水口 64 个（一层平台 23 个、二层平台 20 个、三层平台 14 个、一层平台两侧及下方 3 个、北游廊两侧 4 个），局部游廊、院墙下设有暗排水，后期北游廊南侧和爱山楼南侧新增了渗水井。本次修缮对光绪时期及后期增设的排水系统予以保留并做检查疏通。于积水较为严重的澄辉阁二层后檐位置新做仿石材排水槽，上铺雨水箅子，用以缓解澄辉阁北侧与假山缝隙内雨水对木挂檐板及平座木构架的侵蚀；于石牌楼至爱山楼东侧新做碎石砌筑明排水沟，缓解雨水因地势高差较大对叠石山体造成的冲击；对水土易流失的地面进行局部碎石硬化处理，依山势找泛水，以减少水土流失造成的排水口堵塞。

遵循最小干预的原则，本次修缮未对建筑本体进行过大扰动，在保证结构安全的前提下，尽可能不做落架大修，只对大木构架歪闪严重的垂花门、北游廊西侧游廊、南游廊这三组建筑进行重点修复。整修大木构件，镶补糟朽的梁、檩、枋，添配椽子、望板、连檐、瓦口，对屋面挑顶至椽子打牮拨正。严格遵循“原结构、原形制、原材料、原工艺”的修缮原则，除因损坏无法保证结构强度而必须更换的构件外，均使用原构件原位安装，更换的木构件选用原材质，按原做法加工制作。施工中也对新添配的木构件和望板的含水率进行重点控制。

第二节 土建施工记录

颐和园画中游建筑群修缮工程在施工中遵循不改变文物原状的文物修缮原则，对现有文物建筑进行修缮时，尽量保留原有构件、传统工艺和原有做法。对原有形制已被改变的建筑进行恢复，对结构不稳定的建筑物采取必要措施，消除安全隐患。力争能够真实、准确地反映其原本状态，最大限度保存历史信息、修复残损。施工过程中的技术问题，由古建专家、建设单位、设计单位、监理单位、施工单位组成的技术小组在现场根据具体情况商定解决。

画中游建筑群的修缮主要包括一般性修缮和重点修缮两部分。一般性修缮是指对一般性损坏建筑进行的修缮，这类建筑的共性是主体结构完好，屋面一般没有明显漏雨，只是存在屋面裹垄灰开裂脱落、油饰彩画氧化褪色等现象。本次工程中进行一般性修缮的建筑包括澄辉阁、借秋楼、爱山楼、石牌坊、画中游正殿、值房、湖山真意、北游廊（东侧）等。重点修缮是针对残损严重的建筑进行的修缮，这些建筑的木构架、屋面等部位出现了糟朽、歪闪等影响建筑安全的情况。本次工程中进行重点修缮的建筑包括借秋亭、爱山亭、垂花门、北游廊（西侧）、南游廊等。

本次工程中除对建筑本体进行修缮外，对院落地面、排水、扶手墙、院墙、山石等也进行了全面修缮。

本次工程于 2018 年 9 月 17 日开工，2020 年 10 月 9 日竣工，2020 年 11 月 20 日总验收，历时 27 个月。由于画中游建筑群内建筑数量较多，本节将对所有建筑不同位置的修缮方法及技术要求整合进行介绍。

一、建筑修缮

（一）台基

1. 阶条石、踏跺

画中游内的踏跺分为石材踏跺和叠石踏跺两种，均保存较好，局部存在走闪松动、水泥勾缝脱落、破损等情况。因此，仅进行归安、打点勾缝、局部修补。

① 归安：拆卸走闪的石砌体，铺垫灰浆，将砌体背山铺垫平稳，用油灰勾缝（油灰比例为白灰：生桐油：麻刀 =100 : 20 : 8），预留浆口。之后灌注清水，清洗、湿润砌体缝隙，再分步灌注白灰浆至饱满成活，清理砌体表面。

② 打点勾缝：当台明石活的灰缝酥碱脱落或其他原因造成头缝空虚时，对石活进行打点勾缝。打点勾缝前将松动的灰皮铲净，浮土扫净，将石活的灰缝用水洇湿。勾缝时将灰缝塞实塞严，不可造成内部空虚。灰缝一般与石活勾平，最后要打水茬子、扫净。

③ 局部修补：对局部缺损的构件进行修补，添配的部分要与原有材质、规格、做法一致。

2. 台帮

画中游内建筑台基有叠石台帮和砖砌（虎皮石砌）台帮两种形式。

① 叠石台帮：总体保存完好，局部叠石松动。所有叠石均为水泥勾缝，勾缝松动脱落，此次修缮加固松动的叠石，剔除现有水泥勾缝，恢复油灰勾缝。对灰缝酥碱脱落造成碰头缝空虚处，先将松动的灰皮铲去，浮土扫净。塞缝时用“油灰勾抹”做法，将灰缝塞实塞严。

② 砖砌（虎皮石砌）台帮：保存较好。大城样干摆砌筑台帮局部剔补、摘砌，按原有材料和规格添配新砖，以灰浆灌砌，做到不空不鼓。酥碱大于 1 厘米处进行剔补，剔补深度小于 8 毫米。若酥碱严重应满剔满补，十字缝砌筑，每三层剔一丁砖，剔补深度大于 12 厘米，每三块一个拉结。砖砌台帮剔除现有水泥勾缝，恢复油灰勾缝，按传统做法用大麻刀灰喂缝，再勾荷叶梗缝。

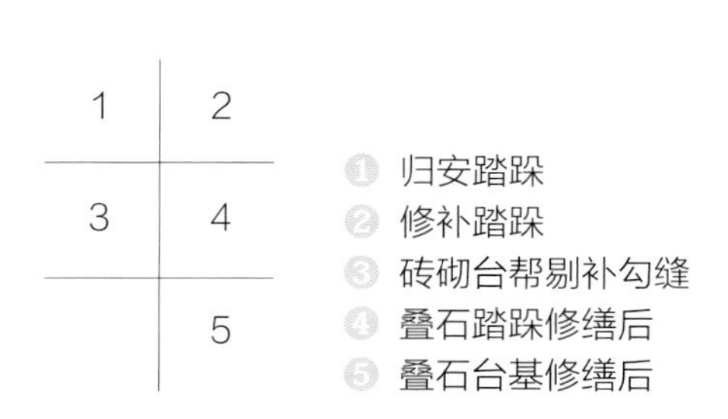

❶ 归安踏跺
❷ 修补踏跺
❸ 砖砌台帮剔补勾缝
❹ 叠石踏跺修缮后
❺ 叠石台基修缮后

（二）地面

画中游园内地面有方砖地面和叠石地面两种形式。

1. 方砖地面

由于使用强度不同，其残损程度亦有区别，为最大限度地减少对建筑的扰动，修缮中依据地面砖损坏的具体情况，采取了不同的修缮方案。保存较好的部分予以保留，部分残损的部分进行局部揭墁，对残损严重和改变原有做法的部分重新铺墁。

① 剔补及局部揭墁：将破碎砖剔除干净，按原做法和规格添砌新砖补墁，要求地面平整、缝子严实。

② 全部揭墁：重做垫层，按原做法和规格重新铺墁，重做垫层。做法自上至下为方砖细墁、50 毫米厚的三七掺灰泥、150 毫米厚的三七灰土垫层、素土夯实。

③ 地面揭墁原则：原地面砖能正常使用的尽量少更换；室内及廊内细墁新砖后钻生养护，在揭墁时适当调整缝隙。

④ 地面铺装原则：室内以明间中沿进深方向取中趟，向两侧按十字缝排活，如有破活必须打找时，要安排在里面和两端，门口、主要出入口处必须都是整砖。

2. 叠石地面

总体保存状况较好，此前的修缮对局部的磨损、坑洼用水泥找抹，此次修缮将水泥找抹处剔除，采用传统材料进行修补。

3. 柱顶石

拆除水泥抹砌的假柱顶石，恢复石柱顶石。

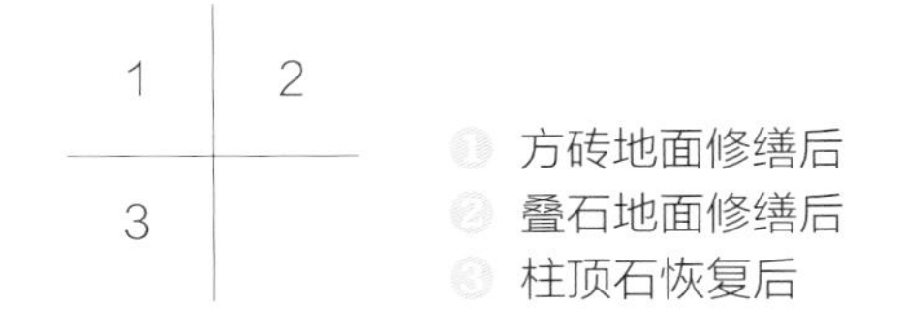

❶ 方砖地面修缮后
❷ 叠石地面修缮后
❸ 柱顶石恢复后

（三）墙体

大部分墙体保存较好，施工时注意保护，维持原状。部分墙体根据残损情况，采用以下几种相应的施工方法进行修缮。

① 剔凿挖补：针对保存较好、仅墙面砖局部酥碱的墙体，酥碱大于 1 厘米时进行剔补，剔补深度小于 8 毫米；若酥碱严重，则满剔满补，十字缝砌筑，每三层剔一丁砖，剔除深度大于 12 厘米，每三块一个拉结，灰浆灌砌，做到不空不鼓。

② 择砌：针对局部酥碱、空鼓的墙体，边拆过砌，并做与背里砖的拉接。

③ 局部拆砌：针对酥碱范围较大，变形鼓闪严重的墙体，采用传统方式重新拆砌。拆砌部位尽量利用旧料，原拆原砌，用小麻刀油灰及传统工艺勾瘪缝。

④ 墙面修复：游廊、画中游正殿西侧值房为抹灰墙面，现抹灰空鼓脱落严重。本次修缮中铲除现有抹灰或水泥砂浆面层至基底，麻刀灰（白灰：麻刀 =100：4）打底，以约 50 厘米间距打麻揪，麻长 250~300 毫米，麻与麻之间要搭接，布麻要均匀，抹灰压麻，再分三层赶轧坚实，外刷防水腻子两道加白色防水环保涂料三道。

墙面修缮后

（四）屋面

画中游建筑群大部分建筑屋面为琉璃瓦屋面（包括蓝琉璃黄剪边筒瓦屋面和绿琉璃屋面），勘察中发现屋面起拱，琉璃瓦件脱釉、脱节、松动严重，瓦件、檐头附件尺寸不一、部分缺失，夹腮灰松动脱落，屋面渗雨等现象。此外，由于在历年的局部修缮和日常零修保养中使用的琉璃瓦颜色均有差异，导致画中游景区建筑的琉璃瓦颜色不统一。根据勘察情况，屋面修缮方案为挑顶至椽子，重做泥灰背、瓦瓦，拆安脊件吻兽，统一构件尺寸样式，添配角梁套兽，有宝顶的建筑拆安宝顶。

本次工程中，北京市颐和园管理处与设计单位通过仔细分析历年修缮档案资料、查找老照片，确定了各殿座琉璃瓦为孔雀蓝绿琉璃瓦配黄剪边的色彩样式，并前往瓦厂进行实地考察以保证新瓦件的颜色和质量。

施工中要求最大限度保持建筑原状，屋面拆除前将垂兽、小兽、花盘等构件进行编号，并再次对屋面细部尺寸进行测量。拆除的瓦件按规格分别码放，将符合使用要求的旧瓦全部再次使用。不同历史时期的瓦件在符合使用标准的前提下尽可能继续使用，将旧瓦尽量集中用在前坡，新瓦用在后坡。据统计，使用

画中游建筑群旧影

旧瓦件的比例约为50%。

① 木基层：所有建筑屋面拆除至椽子，更换糟朽严重、不符合使用要求的椽子、望板、连檐、瓦口。建筑翼角椽拆卸前进行编号、拍照，椽子就近码放，以免归安时发生混乱。对于糟朽、开裂的椽子，依残损程度分类处理，局部糟朽不超过原有直径⅖、劈裂深度不超过直径½、长度不超过全长⅔的，可继续使用；另裂缝大于0.5厘米时，需对损坏部分进行清理、嵌补。更换望板时对原有望板进行检查，较为完好的继续使用，新做望板须做防腐处理，用宽15~30、厚2~2.5厘米的松木或杉木板，上下接缝用齐口缝或斜缝。本次工程共更换了约60%的椽子和全部的连檐、瓦口、望板。

② 泥灰背：苫背前首先在望板上涂刷ACQ防腐溶液四道，望板勾缝，苫抹厚20毫米的护板灰一道，泥被平均厚80毫米，分两层苫抹，晾至八成干后用拍子拍打密实。青灰背厚30毫米，分两层赶光轧实，苫抹后在灰背表面拍入麻刀绒，以增加拉力、防止开裂。晾晒时用抹子沾青灰浆反复赶轧五遍以上，达到光亮、坚实的效果。

③ 锡背：锡背耐久性好于灰背，且质地软、有韧性，能够更好地贴合屋面曲线，防水效果更佳。由于

屋面修缮前

屋面修缮后

游廊屋面修缮

① 望板糟朽　② 翼角椽编号、拍照　③ 更换椽子　④ 更换望板　⑤ 苫泥背
⑥ 灰背使麻　⑦ 苫灰背　⑧ 做锡背　⑨ 瓦瓦　⑩ 修缮后

爱山楼屋面修缮

① 脊件编号　② 屋面挑顶　③ 更换椽子　④ 更换望板　⑤ 苫护板灰
⑥ 苫泥背　⑦ 灰背使麻　⑧ 苫灰背　⑨ 瓦瓦　⑩ 修缮后

建筑角梁、天沟、窝角沟等位置易出现渗漏现象，因此在灰背中增加一层锡背，增加屋面的防水性。

④ 瓦瓦：首先分中号垄，瓦好边垄后分间冲垄，并在檐头和脊部挂线。3 : 7 掺灰泥瓦瓦，放瓦时要求不摘不偏，瓦面不喝风。夹垄时将灰切实夹入盖瓦内，塞严拍实，分糙细两遍进行，高低不平处用灰堵平，夹垄灰赶光轧实，捉节时要求勾缝严实，随时检查瓦垄直顺程度。

画中游景区中，画中游正殿屋面比较特别，蓝琉璃花心黄剪边筒瓦屋面有棱花心聚锦图案（剪边为 2 块筒瓦、5 块底瓦），修缮前琉璃瓦件脱釉和瓦件脱节、松动现象严重，瓦件尺寸、颜色凌乱不一。修缮时特别注意对棱花心聚锦图案瓦件的添配，将色彩有误的筒瓦进行调整，保证屋面聚锦图案的完整性和观赏性，最终还原建筑初建时的效果，恢复其历史风貌。

（五）大木结构

画中游建筑群倚山而建，多数建筑直接坐落在叠石上，排水不畅造成建筑柱根及局部木构件长期被雨水浸泡；同时庭院土壤滑落，流失的水土堆积于山石与建筑相连处，加上年久失修，建筑木构件存在不同程度的变形、糟朽现象。但景区内建筑的大木结构基本保存较好，本次工程中未做较大修补，个别建筑木构架虽有倾斜，但已基本趋于稳定，此次修缮也不再对其进行扰动，仅着重对糟朽较严重处进行修整。

1. 柱子

① 墩接：检修大木构件及加固铁箍，对铁箍进行防锈处理，更换已锈蚀严重、无法受力的铁箍。墩接柱根糟朽严重的柱子，柱子糟朽高度不超过总高度的⅓时，采用巴掌榫墩接的方法，墩接柱与旧柱搭接长度不少于 1.5 倍柱径，最少应为 400 毫米，用 4 毫米 ×40 毫米扁钢和直径 12 毫米的螺栓加固，在墩接墙内柱子时尽量减小柱门两侧墙体的拆除范围。

② 包镶：当柱根圆周的一半或一半以上表面糟朽，糟朽深度不超过柱径的⅕时，可采取包镶的办法。包镶是用锯、扁铲等工具将糟朽的部分剔除干净，然后按剔凿深度、长度及柱子周长，制作出包镶料，包在柱心外围，使之与柱子原本的外径一样，平圆浑厚，然后用铁箍将包镶部分缠箍结实。柱根包镶所用的铁箍在包镶前刷防锈漆进行防锈处理。露明处的包镶部分与原柱衔接平顺，以便进行木作油饰。

2. 梁檩

归安歪闪的梁架，修补局部糟朽的木构件，更换糟朽严重的木构件。

梁架产生拔榫移位超过 3 厘米，需进行归安。无法有效归位时，采用铁活加固的方法使其固定，避免进一步回位。如有劈裂，裂缝长度不超过梁长度的½、深度不超过梁高的¼时，可用铁箍加固。

施工过程中，在拆除爱山亭宝顶时，发现雷公柱脊桩子糟朽严重，如不更换会存在很大的安全隐患，经现场各方共同确认，确定更换糟朽的雷公柱。

3. 山花博缝

山花博缝开裂糟朽严重的，清除油饰地仗后，按照原图案采用镶嵌、粘补、嵌缝等方法将其一一修补齐全，有雕花处尽量保留原有雕刻纹饰。同时将个别严重突出的铁扒锔向下刻槽落平，以减小后期油饰工程的难度。

（六）装修

1. 外檐装修

整修归安门、窗、倒挂楣子、花牙子、围脊楣子、坐凳、坐凳楣子等外檐装修，缺损的构件按原样、原材质配齐，添配风门心屉及支摘窗，内侧加平开扇窗。园内建筑下槛统一包铜皮，装修内侧做跨口扇。

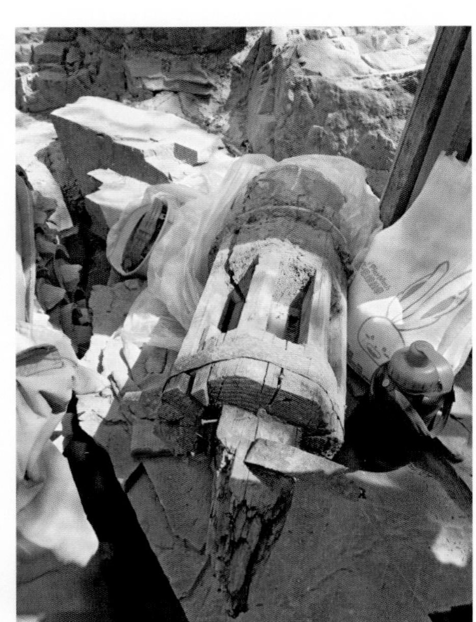

糟朽的雷公柱

大木结构修缮
① 墩接柱子 ② 更换糟朽檩条 ③ 修补糟朽梁架 ④ 修补糟朽角梁
⑤ 更换糟朽雷公柱 ⑥ 修补山花板 ⑦ 修补博缝板

装修中面页、合页、匾托、挂钩需打磨，而后刷两遍防锈漆并贴金。挺钩打磨后刷两遍防锈漆，再刷铁红漆。拆安整修木栏杆栏板，更换糟朽严重的大边，更换绦环板及牙子。拆安、更换木挂檐板，将水泥压面砖全部更换为传统青砖压面砖。整修井口天花，整修加固天花支条。所有坐凳面均加做护板。

2. 内檐装修

首先拆除所有现代装修，恢复传统木装修。整修归安室内所有落地罩、几腿罩等木装修，添配缺损棂条、团花、卡子花、花牙子、小五金、蓝绫子。室内重做白樘箅子吊顶。门窗内侧做软硬博缝。更换所有木挂檐板。拆除后做吊顶，恢复传统白樘箅子吊顶。更换木楼板。部分建筑室内木板墙因受潮变形，糟朽、开裂严重，此次修缮拆除现有糟朽、变形的室内木板墙，按原样重新制作安装。

内檐装修应参照同一建筑上团花、卡子花、卧蚕的式样，进行雕刻加工和安装，安装时必须做榫，严禁用寸钉钉安。线条要直顺光洁、深浅一致，相交处肩角严实，交榫饱满、无松动。大框与仔屉绞套严实，松紧适度，棂条空档均匀一致，对应棂条直顺，交点光平。团花、卡子花、卧蚕位置要准确对称，无疵病。缺损的按原样、原材质配齐，包括团花、卡子花、挺钩、面叶、转轴及金属配件。

室内装修均为双面花饰，均要恢复蓝绫子。蓝绫子要求采用传统工艺，用仿乾隆造传统湖蓝芝麻纱，按照传统粘贴技法操作（要求对花），施工前提供样品经设计同意后方可实施。

整修室内木墙板

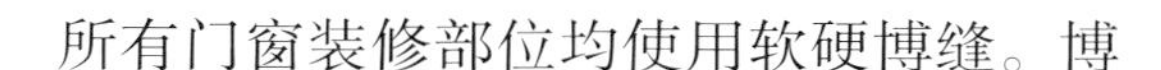

所有门窗装修部位均使用软硬博缝。博缝糊饰，指钉镶于隔扇和槛窗缝隙处具有保温、防尘功能的护缝纸板。硬博缝，指内衬袼褙的博缝，是用多层纸张托裱而成的厚纸板，剪裁拼接后宽约 200 毫米，与隔扇、槛窗等高或等宽，一般厚 5~6 毫米，钉于隔扇、槛窗缝隙处，亮钉压锭；袼褙用裱料纸托裱约 40 层，厚达 5~6 毫米，其外包裹浅色粗纺着色纯棉布一层。软博缝指不衬袼褙（合背），只用托裱绫缎包钉于隔扇、槛窗轴部的博缝。如隔扇一槽四扇，用硬竖博缝 3 条、硬横博缝 8 条，以此类推。凡隔扇、槛窗轴部均钉软博缝。棉布为红色系。可使用裘皮钉和炮子钉，将软硬博缝钉于相应位置。

▼ **装修材料指标要求表**

项目	标准值	单位
抗张强度（纵横）	6.25 / 5.37	KN/m
耐折度（纵横）	>5200 / >4800	次
撕裂度（纵横）	1.33×10^3 / 2.15×10^3	mN
pH 值	8.7	
纤维配比	桑皮纤维 100	%
纤维平均长度	6.86	mm

添配装修糟朽构件

外檐装修修缮后

二、周边环境整治

（一）地面

画中游建筑群的院落地面有方砖地面和自然土壤地面两种形式。

1. 方砖地面

方砖地面分为甬路和海墁地面两种形式。画中游周边山路和画中游正殿至湖山真意为三路尺四方砖甬路、

甬路铺墁

石子散水，第一、二、三层平台为尺四方砖海墁地面。因人为磨损和自然因素的影响，地面砖坑洼不平，局部方砖碎裂、磨损严重，被替换为水泥砖，石子路面用料及铺设手法也较为杂乱。本次的修缮内容包括整修路面，剔除水泥方砖和碎裂、磨损严重的方砖及石子散水；重做垫层，采用统一的石子形制和铺设手法。

海墁地面铺墁

云片石地面铺墁

2. 自然土壤地面

修缮前，前山自然土壤地面杂乱，局部有碎石及植物残骸，雨后易积水。本次的修缮内容包括整理前山自然土壤地面，做好排水，铺设云片石。

3. 院落排水

画中游建筑群依山而建，地形起伏较大，南北高差为20.66米，园内排水以自然高差排水为主，即积水通过山石、地面由北向南依势排出，以有组织排水为辅。景区内原设排水口64个，局部游廊、院墙下设有暗排水。但由于景区庭院土壤滑落，水土出现流失，土壤等物堆积于山石与建筑相连处，导致景区无法正常排水。

修缮采用疏排结合的方式，平台地面保留了原有泛水和走势，检查疏通后，也保留原有排水系统。为进一步解决景区排水不畅的问题，在积水较为严重的位置新做排水槽、渗水井；对水土易流失的地面进行局部碎石硬化处理，依山势找泛水。

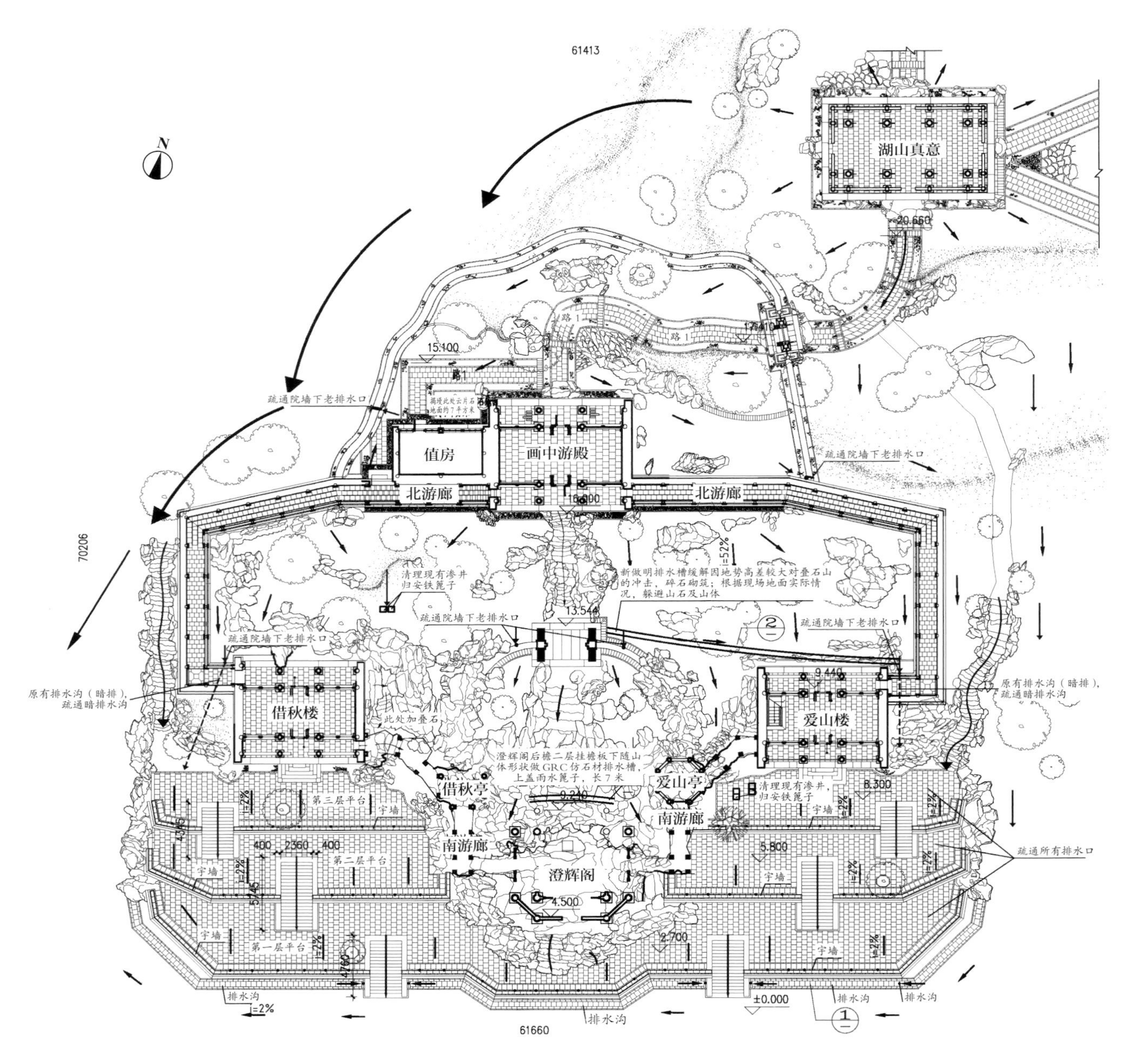

画中游景区排水走向示意图

（二）院落墙体

1. 院墙

院墙保存基本完好，针对部分虎皮石下碱局部砌块松动的墙体，采用剔除水泥勾缝，恢复油灰勾缝的修补方法；针对水泥勾缝空鼓松动、上身抹灰空鼓脱落的墙体，铲除现有抹灰或水泥砂浆面层至基底，之后依次用麻刀灰打底，打麻揪，抹灰，压麻，分三层赶轧坚实，抹防水腻子两道，外刷白色防水环保涂料

打麻揪

墙面抹灰

三道；针对花砖墙帽局部松动缺损的墙体，整修花砖墙帽，按原样补配花砖。

2. 宇墙

宇墙分为三层，均建于叠石之上，叠石局部松动，一层平台宇墙扭曲变形，二层、三层平台宇墙保存较好。本次修缮拆砌归安了一层平台宇墙，对其余宇墙则整修剔补酥碱砌块，疏通排水眼，清除料石挡土墙墙面污渍并归安加固松动的叠石。

整修叠石

拆砌归安一层平台宇墙

修缮后的宇墙

（三）材料要求

1. 砖

砖的规格、质量、品种必须符合设计要求，有出厂合格证或试验报告。加工后砖料表面应完整、无明显缺棱掉角，尺寸应符合质量验收标准。添配的地面砖全部为高强度青砖，符合文物质量要求。

画中游建筑群砖形尺寸较凌乱，凡需拆砌、剔补之处，砖的尺寸必须在现场对原砖核准后方可定制。

2. 石材

石材的品种、规格、尺寸必须符合设计要求或古建常规做法，要求质地坚实，无裂纹、隐残和石瑕。

3. 木料

木料材质要求应符合质量检验评定标准的规定，无腐朽、无虫蛀，使用干燥的一等材。大木用料的含水率 <20%；板材和斗拱的装修用料为一级红松，含水率 <12%。

4. 瓦

瓦的规格、品种、质量必须符合要求，有出厂合格证或试验报告。尽量使用旧瓦件，但使用旧瓦不得用破碎瓦，新瓦不得有裂缝、隐残。勾头等旧瓦使用在后坡或隐蔽处。

5. 石灰膏

用优质生石灰熟化，熟化时间不少于 7 天，采用空洞不大于 3 毫米 ×3 毫米的网过滤。沉淀中的石灰膏，应防止干燥和污染，严禁使用脱水硬化的石灰膏。

6. 灰土

选用压实系数为 0.9~0.93 的三七灰土。

第三节 油饰施工记录

画中游建筑群油饰地仗部分的残损主要是由风吹、日照、雨淋、温湿度变换等气候条件作用及生物侵害导致的，其中影响最为显著的是潮湿与风化侵蚀。该建筑群位于颐和园万寿山西南侧，南临昆明湖，北靠山体阴面，气候潮湿，加之近年来北京地区降雨量增大，建筑木材的含水量也逐渐增大，导致老化、损坏。另外，建筑直接暴露于大气环境中，木构件也更易出现开裂、变形、腐朽、脱榫等情况，油饰出现地仗龟裂、脱落等现象。此外还有人为原因，画中游建筑群游客量较大，南北游廊处乱写乱刻现象较为严重，部分柱子划刻痕迹较深，直接损害油饰地仗。画中游建筑群于1970年、1977年、1984年、1985年均进行过油饰修缮，但基本上为局部零修，导致该建筑群内不同建筑的油饰存在不同程度的色差。

画中游正殿

一、油饰修缮内容

油饰地仗修缮做法需根据被修缮单体建筑的具体损害情况而定。将建筑的山花板旧地仗砍除，重做一麻五灰地仗，山花板接缝处加糊布一道，二朱色颜料光油三道，罩光油一道，金钱绶带山花沥粉贴库金。将建筑的连檐、瓦口旧地仗砍除，重做四道灰地仗，搓银朱红颜料光油三道，头道章丹垫底，罩光油一道；将建筑的椽望、飞头以及椽头的内、外檐旧地仗砍除，重做四道灰地仗，红帮绿底，颜料光油三道，罩光油一道。飞头按原式重绘片金万字，椽头按原式重绘金边方金寿字。将建筑的下架大木（柱、槛、框、廊心门筒子板）内、外檐旧地仗砍除，重做一麻五灰地仗，搓二朱色颜料光油三道，罩光油一道。槛框转角处上下150毫米加糊布一道，框线为一炷香，贴40毫米宽库金。廊心门筒子板搓黑色颜料光油，室内及木板墙按原做法全部重新裱糊。对建筑的下架装修（含内侧），将内、外檐全部装修边砍除，重做一麻五灰地仗，门窗大边岔角糊布各长150毫米。心板、绦环板糊布，二朱色颜料光油三道；心屉砍做三道灰地仗，绿色光油三道；裙板、绦环板贴库金。门窗五金件、面叶、挂钩等金属构件打磨后刷防锈漆两道，二朱色颜料光油两道。下槛新包铜皮及铜钉，铜皮厚3毫米。门窗内侧及白樘箅子吊顶按原做法全部重新裱糊。内檐装修全部重新烫蜡提色，将建筑的桪条旧地仗砍除，重做三道灰地仗，绿色光油三道。坐凳板砍除，重做一麻五灰地仗，搓二朱颜料油三道。楣子（坐凳楣子、倒挂楣子）芯屉清理洗挠，重做三道灰地仗，坐凳楣子搓绿色颜料光油三道。重做苏装楣子，花牙子纠粉做法。建筑的挂檐板、楞木、楼板（底面）砍做一麻五灰地仗，板缝加糊布一道。搓二朱色颜料光油三道，罩光油一道。建筑的栏杆、栏板砍净重做四道灰地仗，栏板芯糊布一道，搓二朱色颜料光油四道。

二、油饰地仗做法

地仗是对油饰彩画的基础保障，又是对大木结构本体的保护。此次修缮的原则是维持传统，地仗采用一麻五灰、四道灰、三道灰工艺。以下是对本工程所使用的材料种类、配比，主要机具，施工工艺流程，操作工艺及验收标准的详细分析。

（一）材料

本次修缮工程主要使用的材料有石灰块、血料、砖灰（中灰、细灰、籽灰）、线麻、麻布（夏布）、桐油、章丹、土籽粉、定粉、深广红、黑烟子等。线麻使用黄色微有光亮的上等线麻，长度不小于10厘米；麻布（夏布）需要柔软洁净，无跳线、破洞，每厘米长度内以10~18根线为宜；桐油选择色泽金黄的三到四年桐籽制成，质量最佳。其中章丹、土籽粉、黑烟子、佛青、石黄、银朱等均为矿物颜料。填充料需要滑石粉、石膏粉、大白粉等。

在油满配制中，先将白面粉倒入桶内搅拌，陆续加入稀石灰水搅拌成糊状，搅拌后不能有面疙瘩，然后加入熬好的灰油调匀即成油满。本工程油满多采用一个半油一水调制，即白面：石灰水：灰油=1∶1.3∶1.95。

地仗材料以油满、血料和砖灰配制而成，其配合比（重量比）依腻子的用途和使用位置而定，配合比见下表。

▼ 油灰配合比表

灰类材料	油满	血料	砖灰	备注
捉缝灰通灰	1	1	1.5	
亚麻灰	1	1.5	2.3	
中灰	1	1.8	3.2	

续表

灰类材料	油满	血料	砖灰	备注
细灰	1	10	3.9	加光油 2 和水 6
头浆	1	1.2		
汁浆	1	1		加水 20
使麻灰	1	1.2		
血料腻子	1	3		大白粉 6 和适量水

▼ **灰料配合比表**

种类	配合比	
捉缝灰通灰	大籽 70%	中灰 30%
压麻灰	中籽 60%	中灰 40%
中灰	中籽 20%	中灰 80%

（二）工具

皮子（插灰用）、板子（过板子用）、铁板子（刮灰用）、把桶（盛灰容器）、扎子（扎线用）、金刚石（磨灰用）、丝头（搓油用）、刷子（刷油用）、斧子（砍活用）、铲刀（除铲用）、挠子（挠活用）、尺棍（扎线用）、油桶（盛油容器）、细罗（过油用）、毛巾（出水串油用）、喷水壶（喷水用）、笤帚（清理用）、筛灰斗（筛灰用）等。

（三）地仗工艺

1. 基层处理

木基层旧地仗清除，俗称“砍活”。清除时用锋利的小斧子，与木纹垂直斩砍旧油灰皮，砍时用力均匀，

基层处理

砍净挠白后的木基层

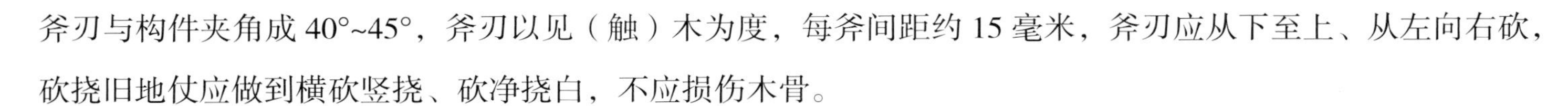

斧刃与构件夹角成 40°~45°，斧刃以见（触）木为度，每斧间距约 15 毫米，斧刃应从下至上、从左向右砍，砍挠旧地仗应做到横砍竖挠、砍净挠白，不应损伤木骨。

2. 下竹钉

竹钉需要先削成宝剑头状插入木缝中，其长短、粗细需根据木缝宽窄而定，下钉时应由缝的两端向中间敲击。每条缝的两端必须有一支钉，各钉间距约 15 厘米，每两钉之间再下竹扁，确保质量。下架柱框的缝隙为 5~10 毫米时下竹钉，竹钉严实，间距均匀，无松动。10 毫米以上缝隙则用干木材植实，表面与构件的原平面或弧度一致。

下竹钉

汁浆

3. 汁浆

原构件木材经砍挠打扫并下入竹钉后，为清除木缝中的尘土，必须进行汁浆这一道工序，即用糊刷蘸油浆，将木件及缝内全部刷到，使油灰与木材更易衔接牢固。此工序是木基层处理的关键，不得马虎。汁浆时先将木构件表面的灰尘清除干净，再用树棕糊刷施涂油浆，油浆需饱满、无遗漏。

4. 捉缝灰

捉缝灰需待汁浆的油浆晾干后，用笤帚将表面打扫干净，再用铁板将缝灰向缝内捉之，“横掖竖划”使缝内油灰饱满，切忌蒙头灰。遇铁箍时需将铁箍除锈后分层填平。木件的缺损处用铁板垫平，满刮靠骨灰一道，铁楞少角的照原样补齐，线口鞅角处贴平，干后用金刚石研磨，并以铲刀修理整齐，扫净，用水布掸去浮灰。缝灰应饱满严实，无蒙头灰和残损，变形部位初步衬形、衬平。

5. 通灰（扫荡灰）

通灰也叫扫荡灰。在捉缝灰上做通灰，是披麻的基础，须衬平刮直。施工时应三人在场进行同时流水作业，一人用皮子在前抹灰，称为“插灰”；一人以板子刮平直圆，称为“过板子”；另一人以铁板打找拣灰，称为“拣灰”。灰干后用金刚石磨去飞翅及浮灰，笤帚打扫，水布掸净。注意的是这道灰必须将凹凸之处找平整，严防麻后修整。表面浮灰、粉灰清除干净，残损变形部位衬平、找圆，不能遗漏，做到表面平整、线角直顺。

6. 使麻、轧麻、磨麻

使麻，先刷开头浆，用糊刷蘸头浆涂于通灰上，不宜过厚，以能浸透麻筋为准。开头浆刷好后，即可将梳好的麻粘于其上，要垂直于木纹粘，在接缝和阴阳角处，也要随两处木纹不同，按缝横粘，麻的厚薄

捉缝灰

通灰

需均匀。粘好麻后从鞅角着手，用麻压子逐次压实，称为“轧干压”，也叫“轧麻”。再压两侧，以防鞅角翘起，干后出现断裂崩鞅。潲生以油满和水 1∶1 混合调匀，以糊刷均匀涂于麻上，以不露麻为限，不宜过厚。潲生后，开始水压，用麻压子尖将麻翻虚，检查有无干麻或未浸透处及存浆，然后再度扎实，并将余浆压出，防止空鼓现象发生。水压后再复压一遍，并详细检查有无鞅角崩起、棱线浮起或麻筋松动，有则要进行修理。在麻砸实干燥后，用石片或缸瓦片将麻磨到断斑，使麻茸浮起，然后水布掸净。

7. 压麻灰

压麻灰，用皮子将压麻灰涂于麻上，先抹一遍后再度复抹，以扳子顺麻丝横推裹衬，达到平、直、圆。如遇边框有线时，应用扎子扎出线角，扎线要粗细匀且直、平。需要两道麻或一麻一布时不扎线，待最后一道压麻时再扎线。待灰干透后，用瓦片或石片磨好，此次打磨需精心细磨，打扫干净，水布掸净。表面浮灰清理干净，做到无脱层空鼓现象、大面平整，棱线、秧角必须平、直、顺。

磨麻

压麻灰

8. 中灰

中灰，用板子满刮中灰一道，不宜过厚，如有线脚者，再以中灰扎线，灰干后用瓦片磨平板迹接头，打扫并水布掸净。表面浮灰、粉尘清理干净，用铁板将表面刮至平整光圆，秧角干净利落，棱线宽窄一致，线路平整顺直。

9. 细灰

用铁板将秧角、边框、顶根围脖、线口等不能用皮子的部位全部找齐、贴好、找细，厚度 5 毫米左右。干后再满刮细灰一道，厚度 2 毫米左右。接头平整，平面用铁板，大面用板子，圆柱用皮子，遇到线脚再以细灰扎线。表面浮灰、粉尘清除干净，无脱层、空鼓龟裂现象，大面平整，棱线宽度一致，直线平整直顺，曲线圆润对称。磨细钻生，在细灰干后用金刚石或细停泥砖磨至断斑，即全部磨去一层。要求该平的要平，该直的要直，该圆的要圆。用丝头蘸生桐油，跟着磨细灰的后面随磨随钻，且必须一次钻透，防止潜炸，同时修理线脚及找补生油，柱子要一次磨完钻完，待表面浮油不再渗入时，证明已喝足，用干麻头擦净。待油全部干透后，用细砂纸精心细磨，并打扫干净，至此一麻五灰全部完成。

中灰

细灰

（四）油饰工艺

在油饰之前要先清扫地仗表面，用湿布擦净，在磨细钻生的地仗上满刮血料腻子，将腻子来回刮实，干后用砂纸打磨，清理干净。之后刷头道油，头道油以“搓油”为主，施工中要注意油均匀整齐。油量需适当，过多则会出现流坠，过少则不能托亮。检查头道油是否出现裂纹、砂眼，出现则找补油腻子，且用砂纸打磨，清理干净，再刷二道油，上油方法和头道油一致。最后刷三道油，用干布把木构件清理干净，用油刷一遍成活，不能间断，力道均匀一致，油饰表面无流坠，颜色一致，光亮饱满。

血料腻子

刷油

（五）贴金工艺

① 磨生：过水布，在生油地仗沥粉上贴金，用砂纸将地仗磨一遍，去杂质，使地仗光洁平整，并过水布一遍。

刷金胶

贴金

② 呛粉：在油皮上贴金，用粉袋装上滑石粉，在贴金的周围油皮上轻轻拍擦一遍。

③ 沥粉：使用动物胶液与土粉子、滑石粉等材料调和制成膏状，用沥粉工具将图案绘制成凸起线条。

④ 包黄胶：在打金胶之前，用动物胶液加入黄色颜料，将沥粉贴金的纹饰描涂覆盖。

⑤ 打金胶：在金胶油中勾兑少量色油，在油皮上打一到两遍金胶，用毛笔或油画笔蘸金胶涂抹在黄胶上，涂抹均匀即可；贴金前先试金胶，用手指外侧轻轻接触金胶油，金胶油不离手时暂不贴金，待不粘手时再可以贴金。

⑥ 叠金：金箔“一把”为 10 张，将金箔连同隔金纸对折，码放整齐，除了手中的一把以外，其他待用金箔应置于容器内用重物压住。

⑦ 撕金：按贴金部位线条的宽窄，用金夹子折出印迹后将金箔撕成条，随贴随撕。

⑧ 贴金：用金夹子将折叠的金箔条再打开，将金连护纸一起向上捻，使金与下护纸分开后，夹起一条金箔连同上护纸一起贴于金胶上，沿线条方向轻捋。

（六）施工注意事项

施工中应特别注意一麻五灰等各道工序的隐蔽检查，每道工序完工后，须经几方参建单位验收，合格后方可进行下一道工序。为每一个单体建筑分别制作各道工序时间控制表，注明各个施工部位的每道工序的开始时间和完成时间，由施工负责人按照实际情况填写。这样既能把控工程施工进度，又能保证各隐蔽工序得到及时验收。

用麻布地仗时，使麻的麻丝长度应与木件长度或木构件节点缝交叉垂直，麻层应密实，圆柱应缠绕糊布，无变质麻、漏籽、干麻、干麻包、崩仰、窝浆等缺陷。磨麻应断斑出绒，无漏磨。麻布地仗的各遍灰层之间和麻或布之间与基层应粘接牢固。磨细灰应断斑，钻生桐油应一次性连续钻透，不应间歇。无脱层、空鼓、翘皮、漏刷、挂甲、裂缝等缺陷。表面平整、光滑、颜色一致，接头平整，棱角、秧角整齐，合棱大小与木件协调一致。圆面手感无凹凸缺陷、无龟裂纹，表面洁净。线口表面规矩、光滑、颜色一致，线肚饱满匀称，线仰清晰，秧角、棱角整齐，线角交圈方正、规矩，曲线圆润、自然、流畅，均匀对称，肩角匀称、规矩；油皮洁净、光亮，基本无起包、无栓迹、无超亮。贴金要求线路纹饰整齐，色泽纯正一致，无漏地儿、无绽口、无崩鞅。

三、裱糊修缮

画中游建筑群中建筑室内裱糊出现的破损、水渍、局部脱落等现象，主要是由建筑瓦木等构件出现损害以及房屋使用不当导致的。在本次修缮中，借秋楼、爱山楼、画中游正殿重做室内裱糊。裱糊做法保持传统手工操作，符合修缮要求。裱作在木作、油作等其他项目施工完成验收后再进行施工。裱糊修缮施工时正处于多雨的夏季，根据工艺要求，避免高温、高湿作业，控制室内相对湿度不大于 70%。

（一）基层处理

基层需要彻底清除影响棚壁结构和纸张粘接的物质，并且对顶棚和墙壁的结构牢固程度进行检查确认，此项工序影响到裱糊的牢固度和耐久性，检查无误后在顶棚铺设草席。

基层处理

（二）糨糊制作

将小麦淀粉放进容器中，用40℃的温水浸泡，使用搅糊棒顺着一个方向搅动，直至将小麦淀粉浸透且搅拌均匀。待冲好的糨糊温度下降后，将糨糊抟成团状放入另一容器中，缓慢地向容器中注入清水，封存备用，清水应漫过糨糊团。

使用时将糨糊团取出放在容器中，使用捣糊棒反复砸捻，使其黏度增大，即"椎捣调糊、捣到烂熟"。将捣好的糨糊用清水稀释到所需的不同浓度。根据不同工序的需要，糨糊由稠到稀分为四种，依次为稠糊、次稠糊、稀糊、浆水。

（三）顶棚、墙面裱糊

顶棚、墙面裱糊前，要先在木顶格交接处裱糊一道底纸，然后从房屋顶棚一侧开始逐行向外进行底纸粘贴，将纸根据白樘箅子木格尺寸对角下料，用浆水润平纸张，在纸张的四边刷抹稠糊，跳格贴裹在白樘箅子木格木枨上，四角纸张向上、向后裹紧贴实，绷平粘牢。扒蹬儿纸张干透并检查完好后，用相同的纸张进行补蹬儿，此工艺称梅花盘布。按照木箅子空格尺寸下料，用浆水润平纸张，在纸张的四边刷抹稠糊，将纸张粘贴、绷平在木箅子空格处，纸张四边不超过木格框。顶棚部位的纸张采用"两纸一布"的做法，即在两层纸之间夹一层苎麻布。待梅花盘布的纸张稍加干燥后，将整张通片纸满刷稀糊，按白樘箅子的长

扒蹬儿

挂布

边方向将通片纸粘贴于梅花盘布之上。待上一道的纸张完全干燥后，将相邻两边齐口后的整张通片纸满刷稀糊，用棕刷从纸的一侧开始排实，使两张纸充分黏合在一起。两道通片用纸，纹理纵横交错，搭接口相互错开，面层样活从后檐墙体中心（房间的中心）向两侧依次排列，每行做标识线。有不合模数的情况，应将半张纸放在前檐。面阔方向不合模数，将半张纸放在明间左右两侧，次间、梢间不合模数，将半张纸放在靠明间方向的梁的位置。裱糊顺序应先顶棚后墙壁，顶棚从后檐依次、依行向前檐糊饰；墙壁从后檐墙起经两侧墙壁至前檐。糊饰墙壁应从下向上操作。墙壁的面纸搭口应上口压下口，外侧压内侧。画中游面层纸采用的是万字不到头银花纸。

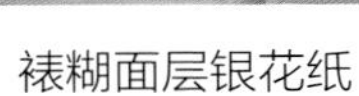

裱糊面层银花纸

顶棚、墙面裱糊完成

（四）门窗糊饰

首先清理木构件，将活扇取下，对活扇、死扇除尘除污。下料裁兰陵，将兰陵绸缎按糊饰部位的木格尺寸四口裁齐，帘纹的方向按“横糊窗户竖糊门”的要求剪裁；断纱应经纬端正，确定花纹方向和主纹饰位置后再剪裁；冷布应采抽丝后再剪裁。在门窗木格内侧刷蹭稠糊，形成糊膜，将裁好尺寸的兰陵粘贴在门窗木格位置。拼接搭口应在木格处，上口压下口。

四、烫蜡修缮

烫蜡工艺不仅能起到装饰作用，还能起到很好的保护作用。首先，烫蜡可以减小木材的干缩湿胀，防止翘曲变形。蜡有一定的拒水性能，在高温烘烤下，渗透到木材中，一定程度上降低其吸水、失水的作用，从而减小木材因外界环境变化而引起的形变。其次，可以减小木材的热胀冷缩。冬季气候寒冷，木材受其影响收缩，因此原本烫进木材中的蜡会被挤压出一部分；夏季气候温热，木材又会扩胀，这时被挤压出的蜡又会重新渗入木材中，反复微调节。此外，由于蜂蜡的主要成分为高级脂肪酸和高级一元醇所形成的酯，所以对防腐、防虫蛀有一定的作用，能延长木材的使用寿命。

（一）材料和基层处理

烫蜡的材料选用川蜡和蜂蜡，以 7∶3 的比例进行配比混合。烫蜡前应对烫蜡部位进行清土去污，用刷子和布把尘土清除干净，特别是带有花饰的部位要重点处理。并且要把原有旧蜡起干净、后刷油漆部位清理干净，这样才能保持纹理清晰美观。

（二）烫蜡工艺

着色及补色时，颜料要露出木材本身的纹理和光泽，还原文物的本来面貌。烫蜡要求薄厚一致，火候均匀，不得有斑秃和起泡，纹饰沟槽和棱角不能存在蜡疙瘩。第一遍烫完后对存在以上问题和蜡比较厚的部位应起蜡重做。起蜡时先用竹片和木片刮光，然后用火机或吹风机轻轻过一下，用布轻赶过，待干后再用板刷和布进行抛光打磨。

❶ 重点处理构件
❷ 着色、补色及上蜡
❸ 烫蜡

第三章 彩画保护篇

第一节 彩画勘察设计

一、现状勘察

颐和园是目前中国苏式彩画较为集中的古建园林之一，在园内众多古建筑中，苏式彩画主要集中在长廊、谐趣园、听鹂馆和画中游这五个建筑群里，这几处建筑群的彩画基本代表了 1949 年后颐和园苏式彩画绘制的最高水平。

画中游建筑群的主要建筑始建于乾隆时期，光绪时期重修，属清晚期建筑。建筑彩画经过多次修缮，现存彩画为 20 世纪 70~80 年代重做，包含包袱式苏画、方心式苏画、海墁式苏画三种形式。画中游建筑群彩画的历史沿革可大致分为以下六个阶段。

第一阶段：光绪十九年四月，画中游正殿并东、西游廊垂花门均油饰彩画。湖山真意、爱山楼、借秋楼均油饰彩画。

第二阶段：光绪十九年七月，东、西垂花门以及湖山真意、爱山楼、借秋楼均油饰彩画。

第三阶段：光绪二十年十月，画中游建筑群前八角亭并迤东廊油饰彩画。

第四阶段：光绪二十一年四月，画中游建筑群八方亭油饰彩画。

第五阶段：1953 年，照原样油饰整修画中游，山石加固整修。

第六阶段：1970 年、1977 年、1978 年、1984 年、1986 年进行油饰整修。

包袱式苏画总体构图基本相同，均由箍头、卡子、找头、烟云、包袱几部分组成，只是由于建筑体量、位置不同，同一设计的做法略有不同。彩画内容主要可以归纳为人物、山水、建筑线法和花鸟（花卉、动物等）四类，其中人物和建筑线法多见于建筑主要部位及易观赏处。表现技法有落墨搭色、硬抹实开、作染等。

画中游建筑群彩画体现了近现代的彩画特点。绘画风格和手法虽基本满足苏式彩画的绘制特征，但与清晚期彩画仍存在一定差距，建筑群不同区域彩画质量也不一。

湖山真意外檐包袱式苏画

湖山真意内檐包袱式苏画

澄辉阁外檐方心式苏画

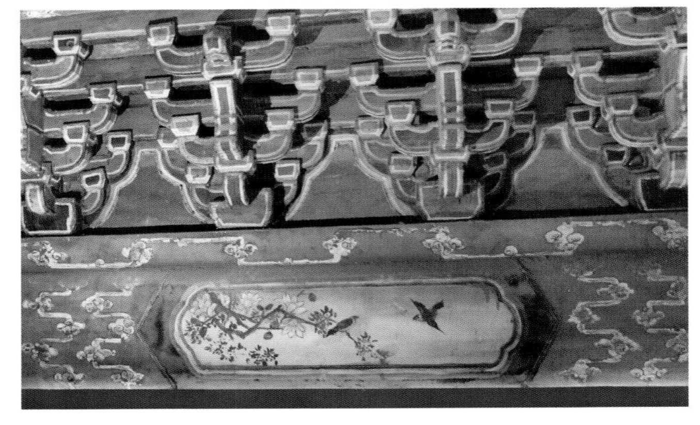

澄辉阁内檐方心式苏画

北游廊海墁式苏画

南游廊海墁式苏画

画中游正殿、值房、借秋亭、爱山亭以及南、北游廊地仗残损严重，已失去了对木构件的保护作用，彩画绘制较为粗糙，错活较多，缺乏对历史信息的体现。其中画中游正殿包袱心采用软活的做法，大面积脱落褪色。

澄辉阁、湖山真意、垂花门地仗部分残损较轻，彩画绘制质量较高，具有较高的保护价值。借秋楼仅局部地仗残损较为严重，楼上彩画绘制质量基本符合清晚期苏式彩画的标准。但澄辉楼和借秋楼的椽头彩画现为黄线栀花纹饰。这两座建筑上所绘均为金线包袱式苏画，而飞头绘黄线栀花的做法主要应用于绘旋子彩画的建筑，应搭配片金万字。在 20 世纪 70 年代的修缮中，用黄线代替金线，主要是出于资金方面的考虑，没有理论依据，属于上次修缮中的错误做法，颐和园内已修缮完成的谐趣园项目、德和园项目、南湖岛项目都对此进行了更正。

二、病害调查

画中游建筑群彩画以 20 世纪 70~80 年代修缮的苏式彩画为主。地仗层基本为一麻五灰和单皮灰，现已大面积剥离、脱落，木基体暴露。由于缺乏保护，木基体已出现不同程度的损坏，彩画损害也日趋严重。外檐彩画同样损坏严重，受自然环境和制作材料及手法的影响，彩画颜料已粉化脱落，纹样模糊不清；因使用了劣质金箔，现存外檐彩画的点金、金线部位大部分已经失色、变黑。

（一）典型病害种类

① 地仗层脱落：地仗层全部脱落，露出其下的木基体。

② 颜料剥落：颜料层局部脱离基底层的现象。

③ 空鼓：地仗层局部脱离基底层，形成中空现象。

④ 龟裂：地仗层、颜料层表层产生的微小网状开裂。

⑤ 裂缝：木构件、地仗层、颜料层开裂形成缝隙。

⑥ 起翘：地仗层、颜料层在龟裂、裂缝的基础上，沿其边缘翘起、外卷。

⑦ 剥离：地仗层局部脱离木基体，但尚未掉落。

⑧ 积尘：灰尘在彩画表面形成的沉积现象。

⑨ 粉化：因颜料层胶结材料劣化导致的颜料呈粉末状的现象。

⑩ 结垢：彩画表面由老化产物、积尘和空气中的其他成分等形成的混合垢层。

⑪ 水渍：因雨水侵蚀及渗漏而在彩画表面留下的痕迹。

⑫ 其他污染：油漆、涂料、沥青、石灰等材料污损彩画表面的现象。

⑬ 人为损害：彩画表面人为附加的管线、钉子等对彩画表面造成的损害。

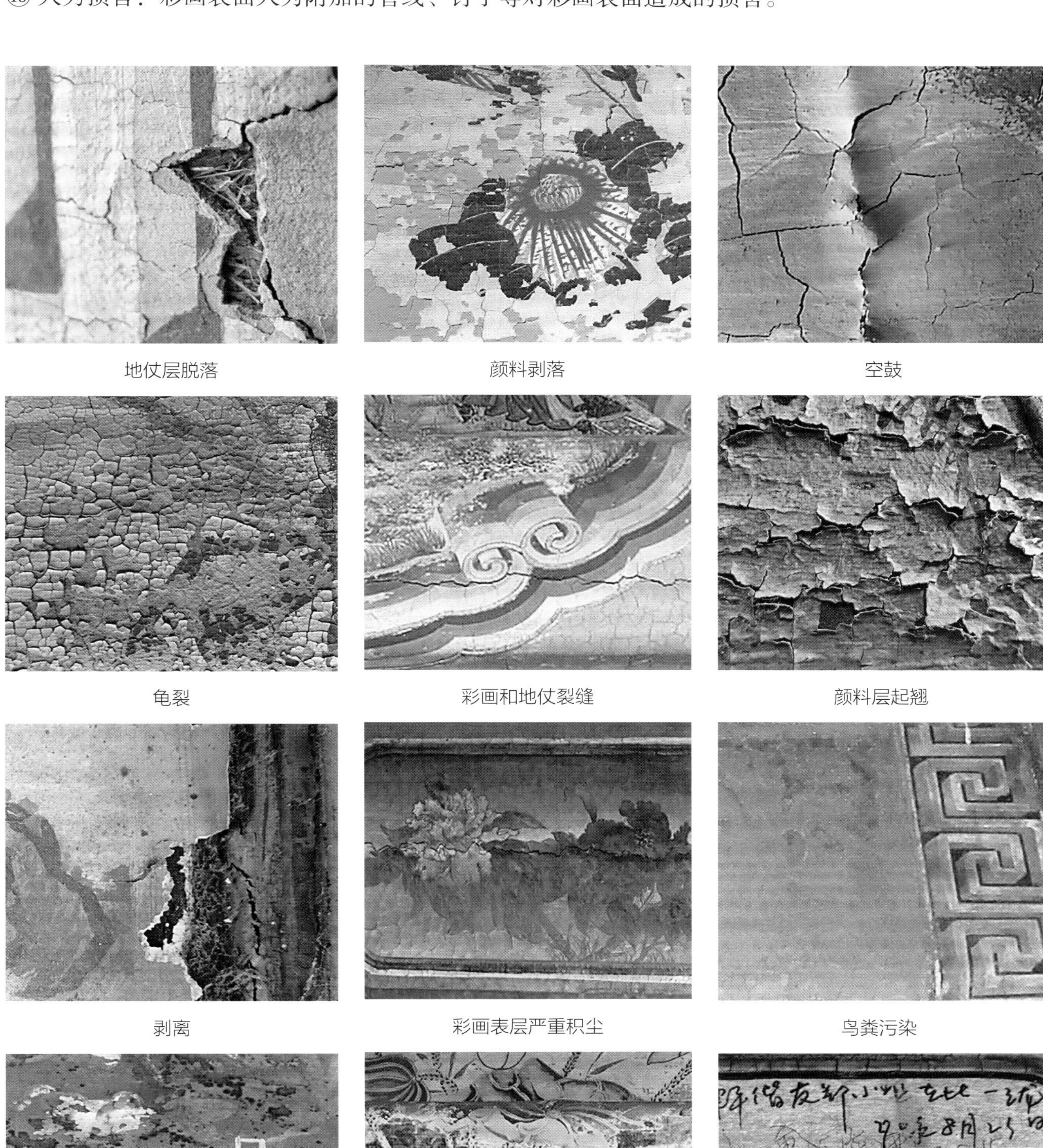

地仗层脱落　颜料剥落　空鼓

龟裂　彩画和地仗裂缝　颜料层起翘

剥离　彩画表层严重积尘　鸟粪污染

水渍和生物病害　褪色或脱色　人为损害

（二）病害原因

颐和园画中游建筑群彩画病害形成的原因主要有自然因素、长期疏于维护导致的污染与积尘、建筑漏雨、木构件开裂变形、绘制工艺不当和人为损坏六点。

① 自然因素：自然环境对古代彩画的主要影响因素包括温湿度、光辐射、空气环境以及微生物等。北京的气候为典型的暖温带半湿润大陆性季风气候，夏季高温多雨，冬季寒冷干燥，春、秋两季短促。全年无霜期 180~200 天。2007 年平均降雨量 483.9 毫米，为华北地区降雨最多的地区之一。且降水季节性分配很不均匀，全年降水的 80% 集中在夏季 6~8 月，其中 7、8 月有大雨。全年中有四个月平均温度在 0℃以下，相对湿度变化也较大。这种气候条件极易造成水分在彩画中的循环和冻融，夏天强烈的光照也会造成彩画中胶结材料的降解，严重破坏彩画本身的强度，引发彩画地仗层和颜料层的剥离、空鼓、脱落等病害。

② 长期疏于维护导致的污染与积尘：大气中的灰尘不仅数量巨大，而且具有相当活泼的理化特性，与大气的正常组分（如氧气）之间，通过光化学氧化反应、催化氧化反应或其他化学反应转化生成颗粒物，如二氧化硫可转化生成硫酸盐。积尘的危害是缓慢、长期的，也是显而易见的。灰尘的堆积会造成画面纹样不清晰，在温湿度适宜的条件下还会在彩画表面生成霉变，使画面变色黑化。

③ 建筑漏雨：部分建筑有漏雨现象，造成彩画表面产生大面积水渍，并变色和生长霉斑。

④ 木构件开裂变形：内檐彩画有因建筑构件的开裂变形而造成的彩画的脱落缺失。

⑤ 绘制工艺不当：画中游建筑群彩画在 20 世纪 70~80 年代重绘时使用了部分软活工艺，即将彩画先画在纸上，然后再裱糊贴到建筑上。虽然工艺简单、节省时间，但纸张非常怕水，一旦遇水即整张脱落，或者脱色、霉变，是引发彩画病害的隐患，尤其用于外檐处时，不利于彩画的长期保护。

⑥ 人为损坏：颐和园作为世界文化遗产，全年参观游客数量巨大。位置较低的彩画游客触手可及，因此留下了大量的人为刻划痕迹和各种字迹的污染，如南、北游廊。

三、材料分析

（一）彩画制作工艺与材料调查

画中游建筑群各建筑内、外檐彩画均采用清代官式彩画做法。彩画地仗基本使用了一麻五灰地仗，斗拱、垫拱板，部分建筑内檐彩画为单披灰地仗，还有一部分彩画、天花（软天花）和支条为纸地仗。

通过对彩画取样分析，可以更清晰地了解彩画的绘制工艺和使用材料，更科学地剖析病害形成原因，为保护修复提供更有力的依据。

1. 分析取样

此次分析共用彩画样品 94 个，采集于 2018 年 12 月，主要取自内、外檐彩画破损部位。彩画颜料颜色主要有红色、绿色、蓝色和白色。分析目的是确定各种颜料的显色成分、地仗材料成分、绘画技法与画层结构及表面污染物等。

▼ 彩画样品统计表

样品编号	颜色	三维超景深显微镜观察结果
HS-1	绿色	绿色颜料层
HS-2	蓝色	蓝色→黄色→地仗

续表

样品编号	颜色	三维超景深显微镜观察结果
HS-3	白色	绿色→地仗
HS-4	红色、绿色	红色→绿色→地仗
HS-5	黄色	黄色→地仗
HS-6	沥粉	绿色→白粉层
HS-7	沥粉	绿色→黄色
HS-8	绿色	绿色→黑色
HS-9	绿色	绿色颜料层
HS-10	淡蓝色	蓝色→绿色
HS-11	粉色	红色→绿色
HS-12	白色、绿色	白色→绿色→地仗

2. 分析方法

利用实体显微镜、偏光显微镜、X- 射线荧光（XRF）、X- 射线衍射、扫描电子显微镜、激光拉曼等仪器对样品进行结构观察和成分分析。通过调查和分析检测，基本查明了画中游建筑群现存彩画的结构、材料和制作工艺。但由于采集的样品数量少、污染严重，给分析检测带来一定的困难。因此在实际操作中使用多种分析仪器测试，相互校验分析结果，以弥补样品量的不足。

3. 样品记录与观察

为了解颜料种类、颜料层厚度和地仗层结构，用环氧树脂包埋法制作了剖面样品，利用实体显微镜（Nikon MZ-10）、偏光显微镜（Nikon HFX-Ⅱ）对样品表面、颜料颗粒和剖面进行观察并拍照。

（1）X- 射线荧光（XRF）分析

利用能量色散型 X- 射线荧光光谱仪测定彩画颜料和地仗层中的元素组成，颜料量少的样品无法进行此项分析。分析检测条件如下：

仪器名称：大腔体微束 X- 射线荧光光谱仪

仪器型号：EDX-800HS（日本岛津公司制造）

测量条件：铑（Rh）靶；电压 Ti-U50kV、Na-Sc15kV

测量环境：真空

测量时间：200s

（2）X- 射线衍射（XRD）分析

采用 X- 射线衍射测定颜料和地仗层中的矿物组成。因颜料量少的样品无法进行此项分析，故多层颜料的样品只进行了表面颜料层的分析检测。分析测试条件如下：

仪器名称：X- 射线衍射仪

仪器型号①：（Mac Science）M18XHF

靶：铜靶

管电压：40kV

管电流：100mA

测量时间：2θ=5~100deg

测量环境：4deg/min

仪器型号②：RINT2000（日本理学制造）

靶：铜靶

狭缝：DS=SS=1°，RS=0.15mm

管电压：40kV

管电流：40mA

（3）扫描电子显微镜分析

利用日本日立公司生产的Hitachi S-3600N型扫描电子显微镜（SEM）观察其显微结构，同时利用能谱仪（EDS）对颜料层、地仗层中所含元素进行半定量分析。检测方法为切割小块样品，用环氧树脂包埋，经磨制、抛光处理后，在样品表面喷碳，然后用导电胶直接粘在样品台上观察。

（4）激光拉曼光谱分析

利用美国Thermo Nicolet公司的ALMEGA显微共焦激光拉曼光谱仪对部分颜料量少的样品进行成分分析，光谱仪激光波长780nm时能量为50mw，532nm时为25mw。

（二）分析结果

1. 颜料分析结果

（1）湖山真意样品

取自湖山真意内檐彩画。分析结果表明，彩画使用的绿色颜料为天狼星绿（Sirius green），淡蓝色颜料为酞菁蓝，黄色颜料为铬黄，属现代颜料。其余颜料均为传统颜料，其中蓝色颜料为群青，红色颜料为朱砂和铁红。

（2）澄辉阁样品

取自澄辉阁内檐彩画。分析结果表明，彩画使用的绿色颜料为天狼星绿，红色颜料为甲苯胺红，黄色颜料为铬黄，白色颜料为钛白，属现代颜料。使用的传统颜料中，蓝色颜料为群青，黑色颜料为墨。贴金部位的金箔主要使用了含金量较低的赤金，金含量约为72.08%，银含量约为18.54%。

（3）爱山亭样品

取自爱山亭一层彩画。分析结果表明，彩画使用的黄色颜料为铬黄，白色颜料为钛白，属现代颜料。使用的传统颜料中，蓝色颜料为群青，红色颜料为朱砂。

（4）爱山楼样品

取自爱山楼二层彩画。分析结果表明，彩画使用的绿色颜料为天狼星绿，黄色颜料为铬黄，白色颜料为钛白，属现代颜料。使用的传统颜料中，蓝色颜料为群青，红色颜料为铅丹。

（5）北游廊样品

取自北游廊彩画。分析结果表明，彩画使用的包袱纸上的红色颜料为甲苯胺红，黄色颜料为铬黄，白色颜料为钛白和硫酸铅，属现代颜料。使用的传统颜料中，蓝色颜料为群青，红色颜料为铅丹和铁红。

（6）画中游正殿南廊样品

取自画中游正殿南廊彩画。分析结果表明，彩画使用的绿色颜料为天狼星绿，包袱纸上的红色颜料为甲苯胺红，白色颜料为铅硼钙石，黄色颜料为铬黄，属现代颜料。使用的传统颜料中，蓝色颜料为群青。

（7）南游廊样品

取自南游廊彩画，地仗为一麻五灰。分析结果表明，彩画使用的传统颜料中，黄色颜料为铬黄，蓝色颜料为群青，红色颜料为铅丹，白色颜料为铅白。

（8）借秋楼样品

取自借秋楼一层外檐彩画。分析结果表明，彩画使用的黄色颜料为铬黄，属现代颜料。使用的传统颜料中，蓝色颜料为群青，黑色颜料为墨。

（9）借秋亭内檐样品

取自借秋亭内檐彩画。分析结果表明，彩画使用的黄色颜料为铬黄，属现代颜料。使用的传统颜料中，蓝色颜料为群青，红色颜料为铅丹。

▼ 彩画使用颜料分析检测结果表

所属建筑	颜料颜色	显色成分
湖山真意	蓝色	群青（$Na_3CaAl_3Si_3O_{12}S$）
	淡蓝色	酞菁蓝
	绿色	天狼星绿（Sirius green）、直接耐晒绿（BLL CAS No.6388-26-7）
	黄色	铬黄（$PbCrO_4$）
	红色	朱砂（HgS）、铁红（Fe_2O_3）
澄辉阁	蓝色	群青（Na3CaAl3Si3O12S）
	绿色	天狼星绿（Sirius green）
	深绿	群青（$Na_3CaAl_3Si_3O_{12}S$）
	黄色	铬黄（$PbCrO_4$）
	红色	甲苯胺红
	白色	钛白（TiO_2）
	黑色	碳
爱山亭	蓝色	群青（$Na_3CaAl_3Si_3O_{12}S$）
	绿色	Disperse green
	黄色	铬黄（$PbCrO_4$）
	深红色	朱砂（HgS）
	白色	钛白（TiO_2）
爱山楼彩画	蓝色	群青（$Na_3CaAl_3Si_3O_{12}S$）、酞菁蓝
	绿色	天狼星绿（Sirius green）、直接耐晒绿（BLL CAS No.6388-26-7）
	黄色	铬黄（$PbCrO_4$）
	红色	铅丹（Pb_3O_4）、铁红（Fe_2O_3）
	白色	钛白（TiO_2）
北游廊东侧第二梁架	蓝色	群青（$Na_3CaAl_3Si_3O_{12}S$）
	绿色	Helizarin Green BT
	黄色	铬黄（$PbCrO_4$）
	红色	铅丹（Pb_3O_4）、甲苯胺红
	深红色	铁红（Fe_2O_3）
	白色	钛白（TiO_2）、硫酸铅（$PbSO_4$）
画中游正殿南廊	蓝色	群青（$Na_3CaAl_3Si_3O_{12}S$）
	绿色	天狼星绿（Sirius green）

续表

所属建筑	颜料颜色	显色成分
画中游正殿南廊	黄色	铬黄（$PbCrO_4$）、铅硼钙石（plumbonacrite）
	柠檬黄	CAS 2512-29-0 耐晒黄 G
	红色	甲苯胺红
	白色	硫酸铅（$PbSO_4$）
南游廊西侧	蓝色	群青（$Na_3CaAl_3Si_3O_{12}S$）
	黄色	铬黄（$PbCrO_4$）
	红色	铅丹（Pb_3O_4）
	白色	硫酸铅（$PbSO_4$）
借秋楼一层外檐廊子	蓝色	群青（$Na_3CaAl_3Si_3O_{12}S$）
	黄色	铬黄（$PbCrO_4$）
	黑色	碳
借秋亭内檐	蓝色	群青（$Na_3CaAl_3Si_3O_{12}S$）
	绿色	酞菁绿、Disperse green 85-0117
	黄色	铬黄（$PbCrO_4$）
	红色	铅丹（Pb_3O_4）、48：1 颜料红（7585-41-3 C.I.）

2. 地仗分析结果

画中游建筑群彩画大部分地仗为典型的一麻五灰传统做法，内檐彩画地仗部分为单披灰做法。地仗元素成分分析表明骨料中含砖灰，而传统油满使用的材料为小麦面粉、灰油和石灰水。

画中游现存彩画中，蓝色颜料使用了群青；绿色颜料使用了现代化工颜料；白色颜料主要使用了铅白和钛白；沥粉表面以赤金贴金，并使用了滑石粉加碳酸钙。地仗层材料是砖灰、麻和油满。通过以上分析调查，证明彩画虽以传统工艺绘制，但使用的颜料全部为现代化工颜料。

四、研究性保护试验

（一）试验目的

彩画保护修复实施前需要对其材料及方法开展实验室研究与现场试验，针对颐和园画中游建筑群彩画的不同病害种类，通过试验筛选出治理病害的针对性保护材料和修复技术，以提高彩画自身的强度和与支撑体之间的粘接强度，保持彩画的稳定性。想达到上述目的，既要结合传统的制作工艺，也要兼顾修复需求，利用各种材料的不同性能，将两者进行科学的融合。保护修复中优先使用传统或与传统兼容的材料和技术，以最小干预为原则，借鉴历史资料、照片，尽可能重现文物原本的状态，恢复一个完整的形象。

首先在实验室中筛选出几种相对效果较好的材料，继而通过现场试验进一步检测，最终选择出更适合在保护修复施工中使用的材料和工艺方法。通过探寻材料、工艺使用规律和评估修复效果，为保护修复工程提供依据和技术支撑。

（二）试验内容

本次试验内容主要包括筛选颜料层回软技术；筛选颜料层表面除尘及清洗方法和材料；筛选加固提高

其粘接强度的保护材料；针对画中游建筑群中部分彩画包袱为纸画的特点，选取一副包袱纸画进行加固保护试验。

在以往的试验效果评估中，传统粘接材料油满作为地仗加固材料效果最好，此外本次试验还选用了五种效果显著的清洗、加固材料在同一块彩画区域对颜料层污染、积尘、粉化、起翘等病害进行清洗、加固试验。评估标准包括粘接强度、对彩画外观的影响及可操作性等。

（三）试验材料

根据前期测试及清代建筑彩画保护相关工程的既有经验，选取加固效果较好、性能较稳定的六种不同的材料，针对画中游建筑群建筑彩画开展了进一步的材料适应性测试及操作方法筛选试验。加固前选用50% 乙醇水溶液作为清洗溶液，清除试验区彩画表面的污染物。

保护材料中，骨胶是古建筑彩画颜料的粘接材料，使用最多；桃胶是中国绘画中常与颜料共同使用的黏结剂，近几年在北方干燥地区彩画保护加固中常被使用，性能表现良好；AC33 丙烯酸乳液、有机硅改性丙烯酸乳液、改性丙烯酸乳液及聚醋酸乙烯乳液（白乳胶）则是彩画、壁画颜料层保护中常用的现代加固材料。其中 AC33 丙烯酸乳液更多用于壁画彩画保护加固工程；聚醋酸乙烯酯乳液可操作性强，取代了传统粘接材料明胶，用于彩画绘制中。材料试验表明，当环境温度在 20℃以上时，这六种材料的操作及渗透效果都较好，尤其加有渗透剂的改性丙烯酸，在不同地仗的彩画上渗透都比较理想；但当环境温度在 10℃以下时，明胶、桃胶使用时就需要加温保温，操作没有现代加固材料方便。

▼ 保护试验材料使用情况表

材料名称	生产国（厂）家 / 牌号	原始状态	溶剂	使用比例（%）	备注
无水乙醇	北京化工厂	液态	去离子水	50	清洗彩画表面
骨胶	中国 / 绘画用	固态	去离子水	1~3	
桃胶	中国 / 绘画用	固态	去离子水	3~5	
丙烯酸乳液	英国 /AC33	乳液	去离子水	7	颜料层表面清洗、加固
改性丙烯酸乳液	中国 / 兰州知本化工	乳液	去离子水	3	
聚醋酸乙烯酯	北京市大郊亭黏合剂厂	乳液	去离子水	5	
有机硅改性丙烯酸乳液	中国 / 兰州知本化工	乳液	去离子水	3	

（四）试验步骤

在实验室中筛选出的几种效果较好的材料，开展彩画保护的现场试验。

第一步是彩画颜料层的除尘清洗试验；第二步是使用不同加固材料对彩画颜料层的加固试验；第三步是试验效果评估。

（五）现场保护试验

现场保护试验位置的选择主要考虑了四个因素：第一，试验区应涵盖主要建筑及其彩画；第二，试验位置应区分内檐彩画和外檐彩画；第三，试验区域应包含主要病害现象或病害种类；第四，试验区域的彩画应包括主要的颜料颜色。

基于此，选取了澄辉阁的内、外檐以及借秋楼、借秋亭、南游廊四处作为现场保护试验点。试验内容主要包括颜料层与地仗层的回软试验、借秋楼彩画颜料层的清洗加固试验和借秋楼彩画起翘颜料层的加固试验。

1. 颜料层与地仗层的回软试验

借鉴以往清代彩画保护经验，在针对一麻五灰地仗的彩画颜料层起翘、剥离病害的保护加固中，彩画地仗层、颜料层及沥粉贴金都需要回软。在各种回软方法中，热蒸汽回软效果最为明显，同时现场可操作性强。本次现场试验使用热蒸汽回软设备有效回软起翘颜料层及变形的地仗层，操作过程中蒸汽温度控制在 60℃左右，间接喷雾，酌情控制喷雾量，以彩画表面不积水为限，喷至颜料层、地仗层软化后进行归位。

在试验中发现，热蒸汽回软过程中，要使用脱脂棉隔绵纸轻轻按压热蒸汽回软过的部位，使颜料层逐渐归位。回软后马上注入黏结剂，黏结剂基本渗入颜料层后，使用脱脂棉隔绵纸轻轻按压，使颜料层粘接到位。使用热蒸汽回软剥离、起翘彩画效果良好。

颜料层回软

地仗层回软

2. 借秋楼彩画颜料层的清洗加固试验

本次试验选择了一块积尘、污染较严重的彩画进行清洗，同时加固表面颜料层。

试验表面共分为三个区域，每个区域的面积为 100~200 平方厘米。挑选清洗试验区域有两点要求：一是具有典型的病害，二是包含彩画中的主要颜料。

清洗与加固位置编号：50% 乙醇水溶液污染物清除试验区域为 $1^{\#}$；3% 改性丙烯酸溶液加固试验区域为 $2^{\#}$；1%~3% 骨胶水溶液加固试验区域为 $3^{\#}$。

借秋楼彩画颜料层清洗加固试验区域示意图

清洗加固前，彩画试验区域布满厚厚的尘土和蜘蛛网，颜料层有微小裂隙。试验时首先使用软毛刷、洗耳球等工具清除表面灰尘，在细微的龟裂和起甲缝隙处用小毛刷或洗耳球扫、吹灰尘，因为裂隙处本身非常脆弱，所以无论用毛刷还是洗耳球清除灰尘，都需要小心不要刮伤表面。在除尘时自上而下，在清除上层构件的积尘时在下层未除尘的彩画上覆盖绵纸做简单保护，以防掉落灰尘的再次污染，同时避免剐碰到彩画。然后使用毛刷或注射器将清洗或加固溶液置于试验区内，待干后用脱脂棉隔着中性绵纸按压吸附多余的水分。

（1）1# 试验区域积尘清洗

使用洗耳球、毛刷等工具清除彩画表面灰尘。因鸟粪结垢比较坚硬，使用物理方法直接剔除容易伤及颜料层，故先用 50% 乙醇水溶液轻涂在鸟粪上，使其逐渐软化，再用手术刀慢慢清除，等到剩下紧挨彩画表面薄薄一层时停下，改用软毛刷或脱脂棉等工具擦洗。此方法也适用于其他较坚固的污染物结垢。

效果评估：50% 乙醇水溶液可清除大部分积尘和油垢，效果较好，对绿色颜料的清洗效果理想，清洗沥粉贴金表面老化的油垢时无掉色现象，但清洗表面结垢不够干净。

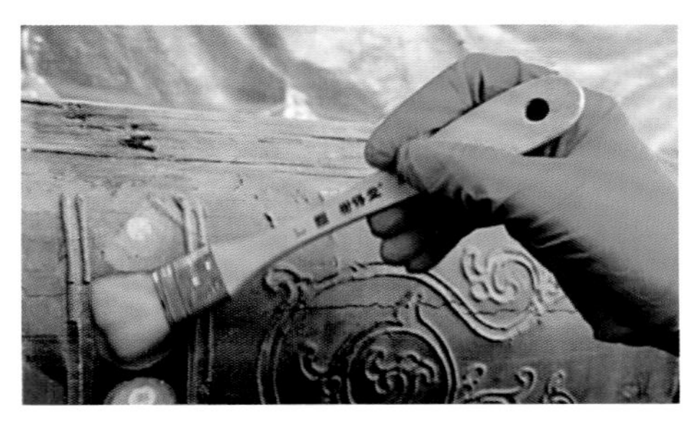

软毛刷清理

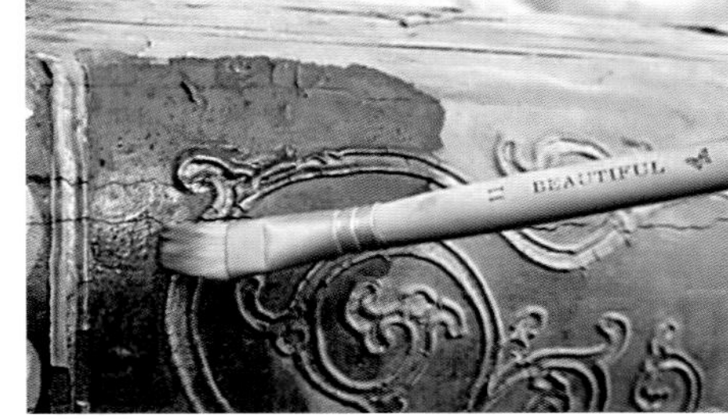

毛笔蘸去离子水清洗

洗耳球清理浮尘

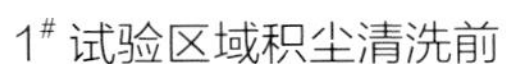

1# 试验区域积尘清洗前

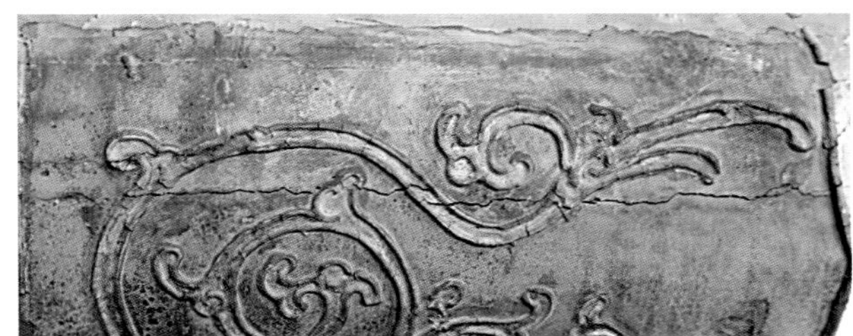

1# 试验区域积尘清洗后

（2）2# 试验区域清洗加固试验

试验首先使用洗耳球、软毛刷等工具清除表面浮尘，在细微的缝隙部分用小毛刷或洗耳球扫、吹灰尘。使用 50% 乙醇水溶液清洗软化结垢，刷涂清洗液，然后用中性绵纸包裹脱脂棉球，隔着绵纸轻轻蘸吸颜料层表面的清洗溶液，逐渐将软化的沉积灰尘吸在绵纸上。整个操作过程中不能大力抹擦，防止伤害彩画表面。绵纸一旦沾上污渍应马上更换，防止二次污染，直至绵纸再也沾不上任何污渍，再用干棉球蘸除剩余溶液，保证彩画表面无残留溶液。用乙醇溶液清洗后，使用软毛刷蘸取 3% 有机硅改性丙烯酸水溶液轻轻刷涂颜料层。

有机硅改性丙烯酸水溶液是近些年在壁画保护中常用的颜料层加固材料，由于其中含有硅原子，与沙土、石质材料具有更好的亲和性，所以它的渗透性更好，对砖灰地仗的加固效果应该更为理想。此次选用此材料进行加固，将其与以往使用的加固材料的效果进行了对比。

效果评估：3% 有机硅改性丙烯酸水溶液与其他加固材料相比清洗作用不大，清洗顽固污垢层的同时会造成颜料脱落。

（3）3# 试验区域清洗及加固试验

与 2# 试验区域清洗方法相同，首先使用洗耳球、软毛刷等工具清除表面浮尘，物理清除后，用 1.5% 骨胶水溶液边清洗边加固，以防止脆弱的颜料层在清洗过程中脱落。将适量的骨胶水涂刷于颜料层表面，再用中性绵纸包裹脱脂棉球隔着绵纸轻轻按压，可以起到清洗吸附表面软化的污垢以及加固起翘颜料层的作用。裂隙边缘处等不易清洗或灰垢较厚的部位，也可使用 50% 乙醇水溶液，用细小的棉签进行清洗，注意棉签也应及时更换，避免再次污染。之后使用注射器吸取同样的 1.5% 骨胶水溶液滴在裂隙处，慢慢渗透，加固颜料层，再用中性绵纸包裹脱脂棉球，隔着绵纸轻轻按压，使颜料层归位，画面平整。所有加固区域

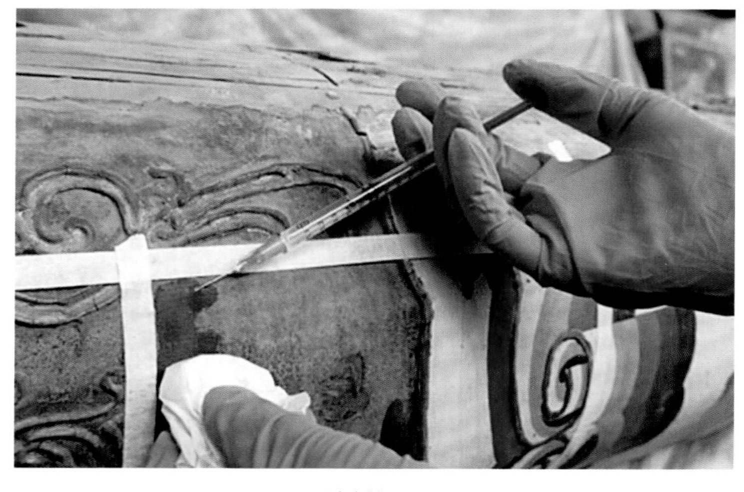
注射加固

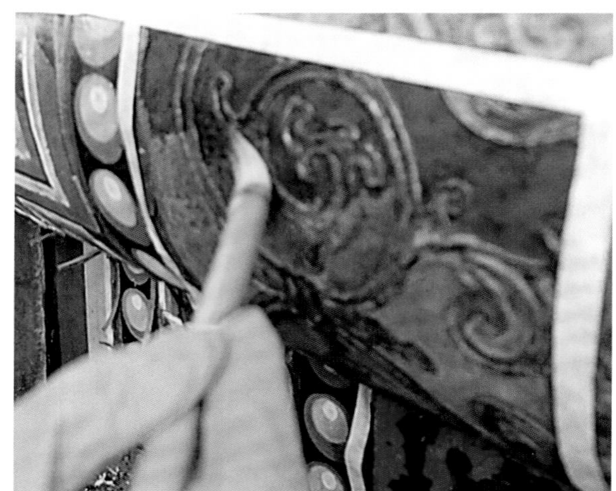
毛笔加固清洗

2# 试验区域清洗加固前

2# 试验区域清洗加固后

3# 试验区域清洗加固前

3# 试验区域清洗加固后

干燥后再观察其加固效果。

效果评估：1.5% 骨胶水溶液对绿色颜料清洗加固效果较好，颜料层粘接强度明显提高，表面颜色略有加深，颜料基本没有发生脱色现象。

3. 借秋楼彩画起翘颜料层的加固试验

本次选择了一块起翘明显的彩画进行加固试验。试验表面按照不同保护材料分为四个试验区。其中50% 乙醇水溶液用于所有试验区域的污染物清除，3%~5% 的聚醋酸乙烯水溶液用于 4# 试验区域，1%~3% 骨胶水溶液加固试验区域为 5#，3% 桃胶水溶液加固试验区域为 6#，3% 有机硅改性丙烯酸水溶液加固试验区域为 7#。

加固试验之前，还需要完成再次除尘、软化起翘颜料层和沥粉贴金层、加固及回粘等几个步骤的准备工作。

再次除尘：用软毛刷、洗耳球等工具再次仔细清除细微的龟裂和起翘缝隙处的灰尘；起翘缝隙处本身非常脆弱，并且有松动，所以无论用软毛刷还是洗耳球清除灰尘，都需要小心不要刮掉起翘部位。

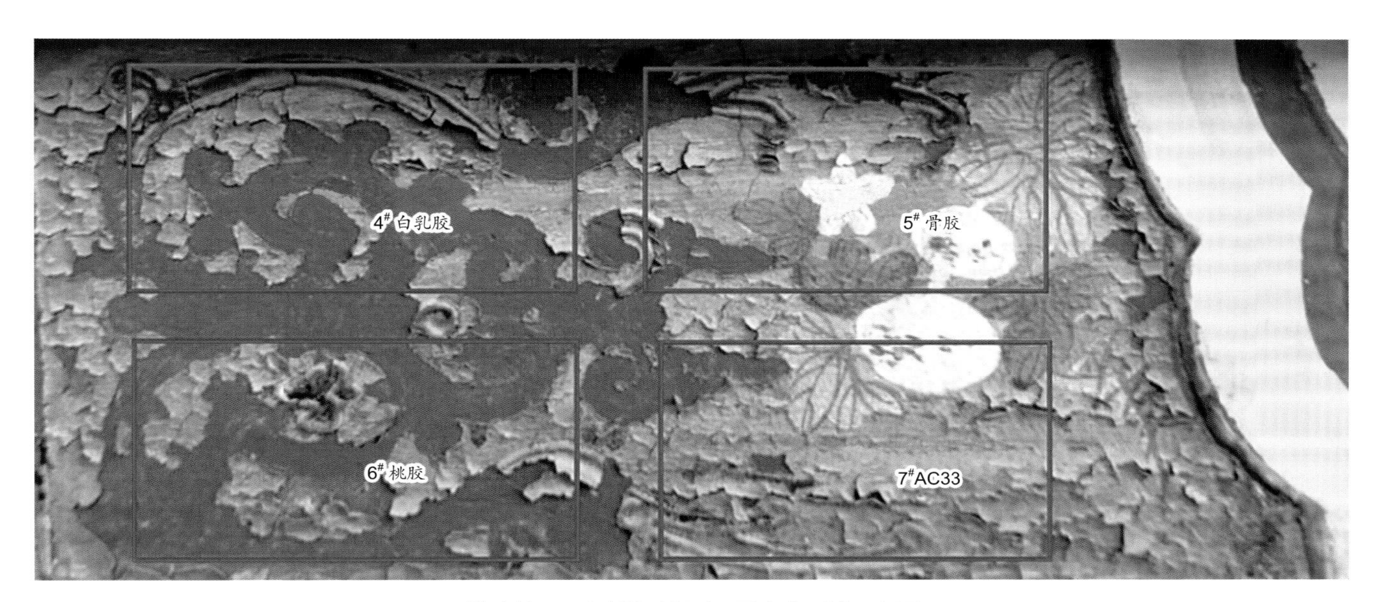

借秋楼彩画起翘颜料层加固试验区域示意图

软化起翘颜料层和沥粉贴金层：采用 50% 乙醇水溶液轻轻涂刷或喷涂彩画表面，软化起翘颜料和沥粉贴金层，并疏通颜料孔隙，便于加固材料的渗透；起翘的沥粉贴金层及较厚颜料层，使用热蒸汽回软设备进行回软，蒸汽温度控制在 65℃左右，中喷雾量，间接喷雾，直到起翘颜料层和沥粉贴金层回软；回软后马上把加固材料顺起翘、龟裂的缝隙注入渗透进颜料层，加固材料基本渗入颜料层后，再用中性绵纸包裹脱脂棉球按压，直至回粘归位；特别脆弱、粉化严重的颜料层可以用粘接材料直接加固。

加固及回粘：用注射器滴加或轻涂加固材料到颜料表面，待加固材料渗入后，贴附中性绵纸，用中性绵纸包裹脱脂棉球，隔着绵纸轻轻按压画面，吸附多余溶液的同时，使软化了的起翘颜料层归位回粘；颜料层加固的同时逐渐将表面灰尘、水渍吸附于绵纸上，可用低浓度溶液按此方法反复操作，使清洗和加固同时进行。特别需要注意的是，吸附用绵纸要及时更换，防止二次污染；并且起翘颜料层没有完全软化时，强行按压会使颜料片碎裂甚至脱落，为确保画面的完整，要谨慎处理。

洗耳球除尘

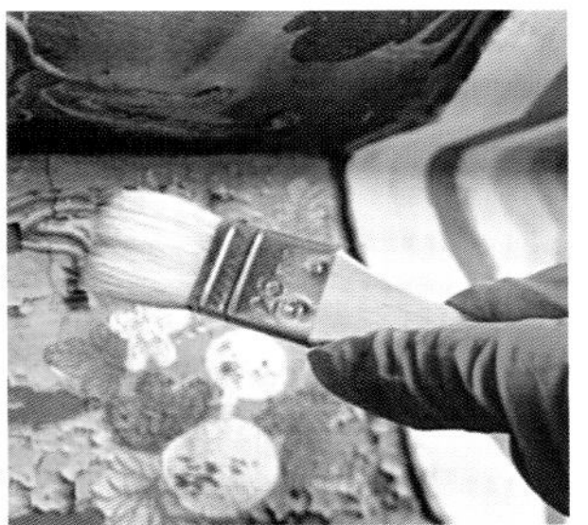
软毛刷除尘

热蒸汽回软

毛笔刷涂加固材料

（1）4# 试验区域清洗及加固试验

4# 试验区域在清除表面灰尘后，使用 5% 聚醋酸乙烯乳液水溶液进行清洗加固。聚醋酸乙烯乳液是古建筑彩画保护中最早使用的化工材料，对提高表面颜料层的粘接强度有一定效果。

效果评估：5% 聚醋酸乙烯乳液水溶液表面加固效果良好，画面颜色略有加深。

（2）5# 试验区域清洗及加固试验

5# 试验区域首先使用洗耳球、软毛刷等工具清除表面浮尘，使用 1.5% 骨胶水溶液边清洗边加固，防止脆弱的颜料层在清洗过程中脱落。操作方法是用适量的 1.5% 骨胶水溶液涂刷于颜料层表面，再用中性绵纸包裹脱脂棉球，隔着绵纸轻轻按压，这样既可以清洗吸附表面软化的污垢，又能起到加固起翘颜料层的作用。裂隙边缘处等不易清洗部位或灰垢较厚部位，用细小的棉签蘸 50% 乙醇水溶液进行清洗，期间及时更换棉签，避免再次污染。之后用注射器吸取同样的 1.5% 骨胶水溶液滴在裂隙处加固颜料层，慢慢渗透，再

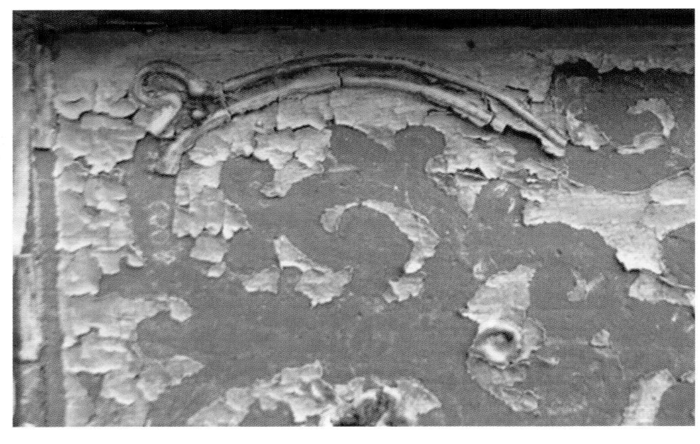
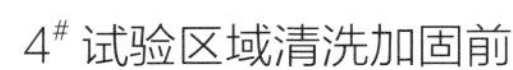

4# 试验区域清洗加固前

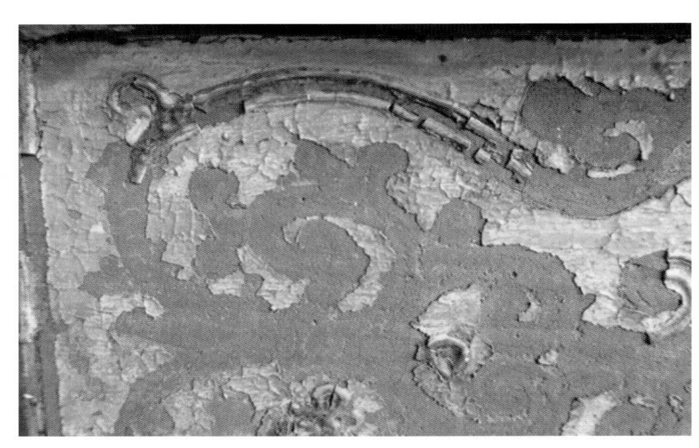

4# 试验区域清洗加固后

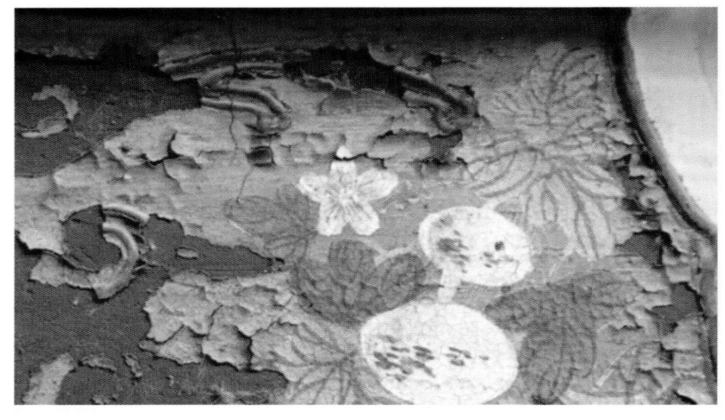

5# 试验区域清洗加固前

5# 试验区域清洗加固后

用中性绵纸包裹脱脂棉球，隔着绵纸轻轻按压，使颜料层归位，画面平整。所有加固区域干燥后再观察其加固效果。

效果评估：1.5% 骨胶水溶液针对各种颜色的清洗加固效果都比较好，颜料层粘接强度明显提高，表面颜色略有加深，颜料基本没有发生脱色现象。

（3）6# 试验区域清洗及加固试验

6# 试验区域首先使用洗耳球、软毛刷等工具清除表面浮尘，使用 50% 乙醇水溶液清洗软化结垢，刷涂清洗液，然后用中性绵纸包裹脱脂棉球，隔着绵纸轻轻蘸吸颜料层表面的清洗溶液，逐渐将软化的沉积灰尘吸附在绵纸上，操作过程中避免大力抹擦，防止伤害彩画表面。清洗后，使用软毛刷蘸取 3% 桃胶水溶液加固颜料层。

效果评估：颜料、沥粉贴金都未发现有脱落、掉色现象，颜料层表面平整，干燥后粘接强度有所提高，清洗加固效果良好。需要注意的是，当环境温度较低时，桃胶初始粘接强度略低，不利于迅速粘接。

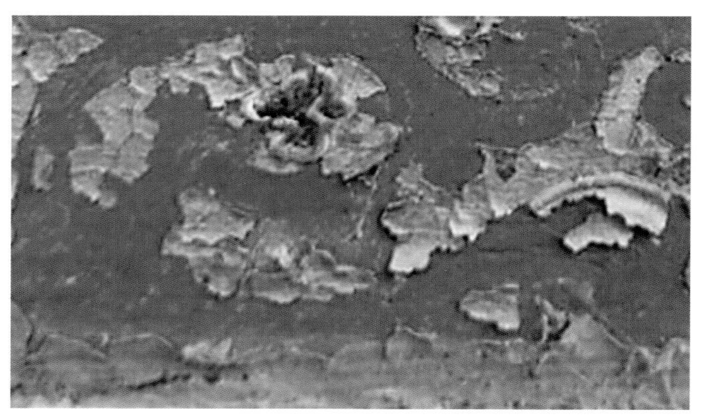

6# 试验区域清洗加固前

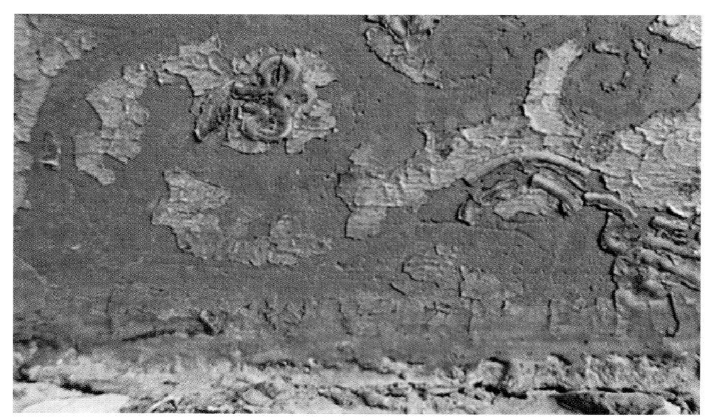

6# 试验区域清洗加固后

（4）7# 试验区域清洗及加固试验

7# 试验区域使用 5%AC33 乳液作为清洗加固材料，使用注射器取 5%AC33 乳液滴在颜料层表面慢慢渗透，再用中性绵纸包裹脱脂棉球，隔着绵纸轻轻按压，使颜料层归位，画面平整。因颜料粉化严重，按压工序要在加固液基本渗入颜料层后进行。

效果评估：5%AC33 乳液加固效果良好，其渗透速度较桃胶、骨胶水溶液更快，并且不太受环境因素影响，颜料层粘接强度有所提高，但随着颜料表面污垢的清除，部分颜料产生脱落现象。

4. 澄辉阁内檐彩画颜料层的清洗加固试验

试验区域位于澄辉阁一层西侧额枋。彩画表面积尘较多，无明显颜料层和地仗层病害现象。

试验表面按照不同保护材料分为五个试验区域，从左到右依次使用 3%AC33 水溶液、3% 桃胶水溶液、1.5% 骨胶水溶液、1.5% 渗丙水溶液、5% 聚醋酸乙烯水溶液进行加固试验。

澄辉阁内檐彩画颜料层的清洗加固试验位置

试验前，先对试验区域进行污染物清除。用软毛刷、洗耳球等工具仔细清除细微的龟裂和起翘缝隙处灰尘，之后采用 50% 乙醇水溶液轻轻涂刷或喷涂彩画表面，软化颜料层和沥粉贴金层，并疏通颜料孔隙，以便加固材料的渗透。清洁完成后，将不同的加固材料轻涂到颜料表面，待加固材料渗入后，贴附中性绵纸，用中性绵纸包裹脱脂棉球，隔着绵纸轻轻按压画面，吸附多余溶液的同时，使软化了的起翘颜料层归位回粘。同时也将表面灰尘、水渍吸附于绵纸上。

本次试验结果显示，在表面颜料层的加固中，3%AC33 水溶液清洗加固效果良好，颜色有加重；3% 桃胶水溶液清洗加固效果良好，无明显变色、脱色现象；1.5% 骨胶水溶液清洗加固效果良好，颜色有略微加重；1.5% 渗丙水溶液加固效果良好，但清洗效果一般；5% 聚醋酸乙烯水溶液清洗加固效果良好，无明显变色、脱色现象。

5. 澄辉阁外檐彩画颜料层的清洗加固试验

本试验区域位于澄辉阁一层东侧外檐额枋。彩画表面积尘，有明显的龟裂或裂隙分布，有轻微颜料脱落现象。

试验表面按照不同保护材料分为六个试验区，从左到右依次使用 5% 聚醋酸乙烯水溶液、3%AC33 水溶液、1.5% 骨胶水溶液、1.5% 渗丙水溶液和 3% 桃胶水溶液进行加固试验，最后是仅用乙醇水溶液清洗区域。

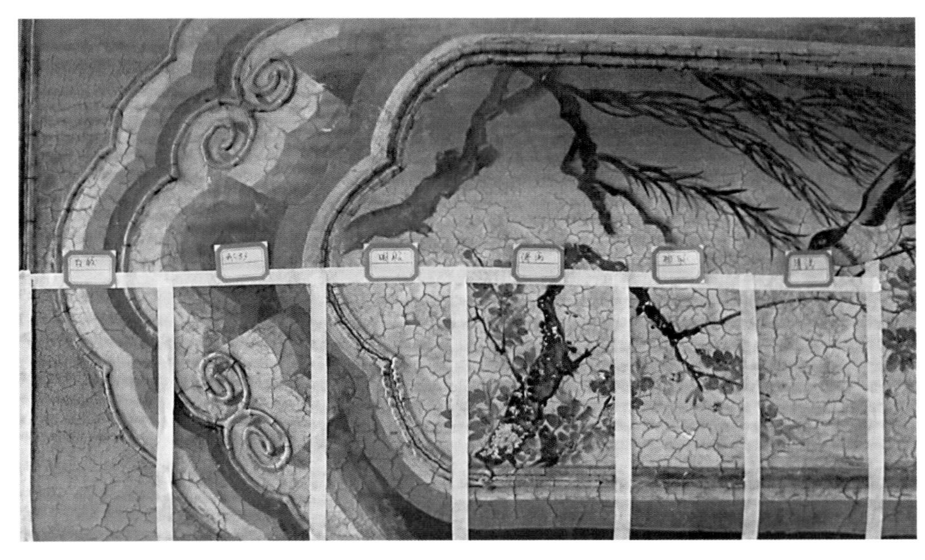

澄辉阁外檐彩画颜料层清洗加固试验区域分区图

试验前，先对试验区域进行污染物清除。用软毛刷、洗耳球等工具仔细清除细微的龟

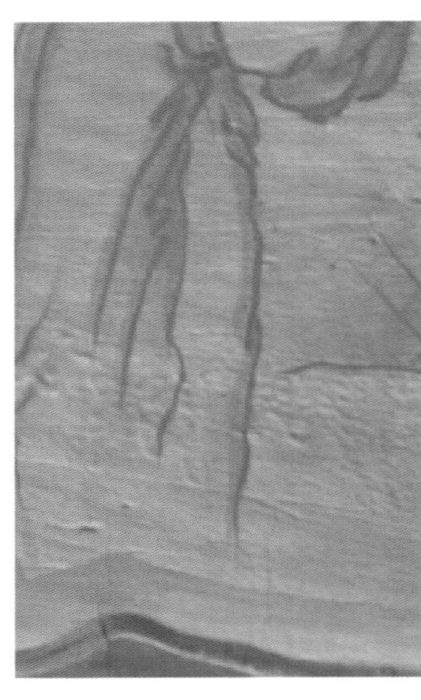

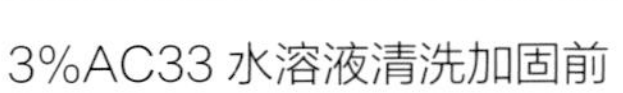

3%AC33 水溶液清洗加固前

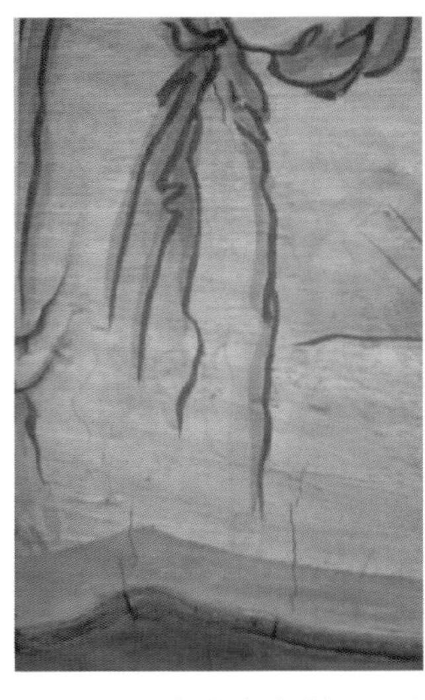

3%AC33 水溶液清洗加固后

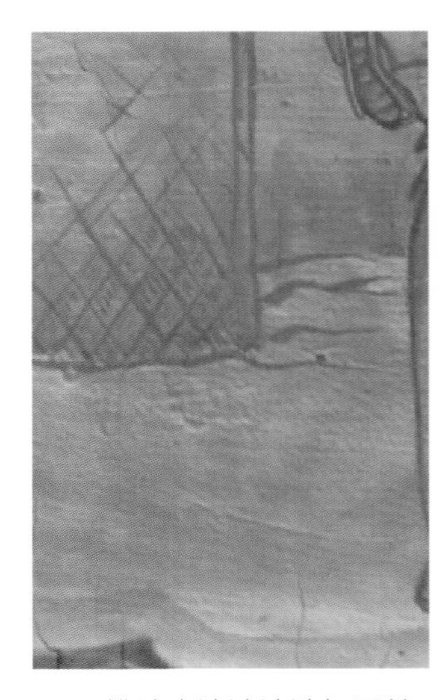

3% 桃胶水溶液清洗加固前

3% 桃胶水溶液清洗加固后

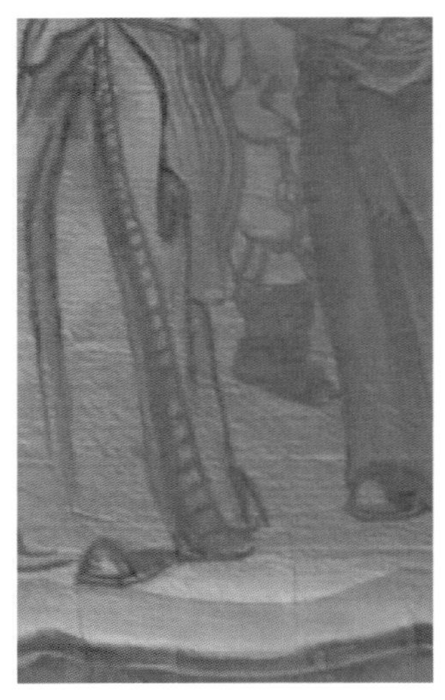

1.5% 骨胶水溶液清洗加固前

1.5% 骨胶水溶液清洗加固后

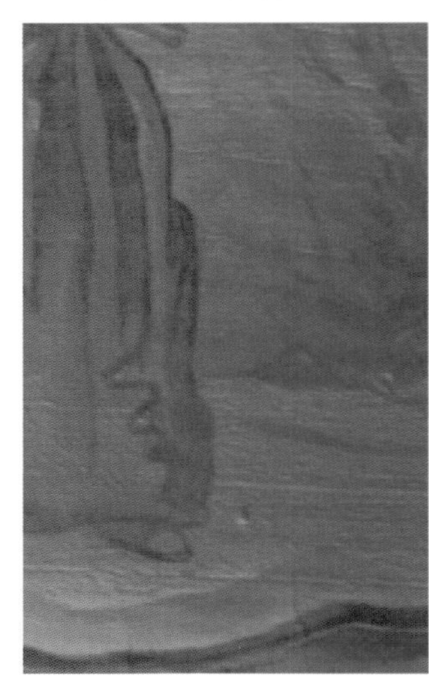

1.5% 渗丙水溶液清洗加固前

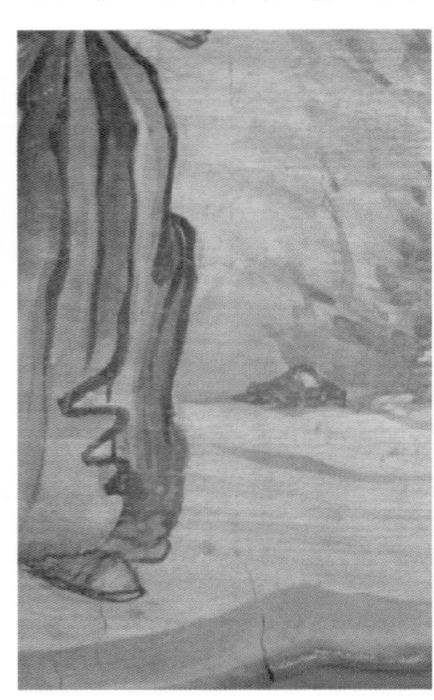

1.5% 渗丙水溶液清洗加固后

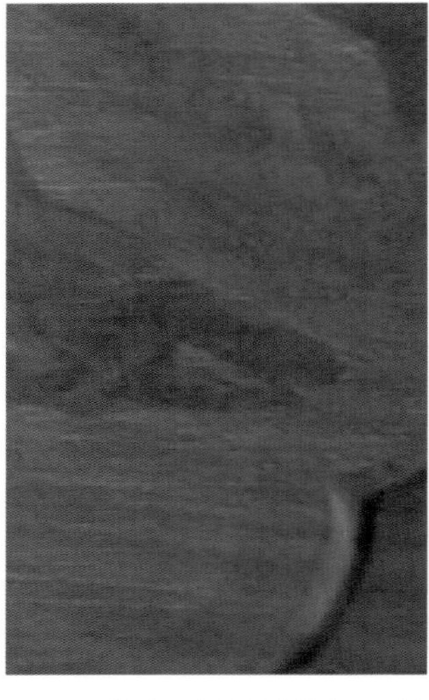

5% 聚醋酸乙烯水溶液加固前

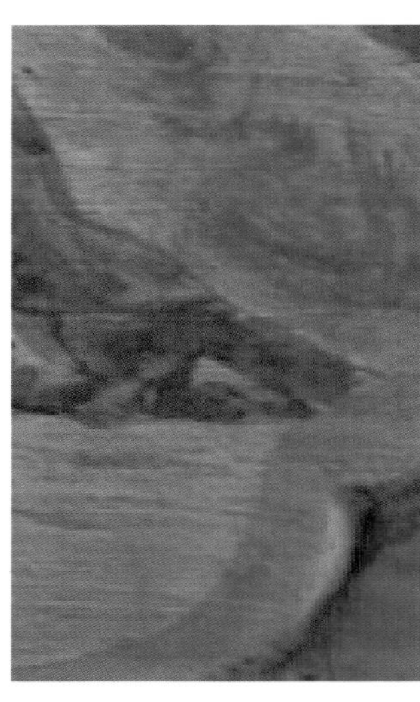

5% 聚醋酸乙烯水溶液加固后

澄辉阁内檐清洗加固前

澄辉阁内檐清洗加固后

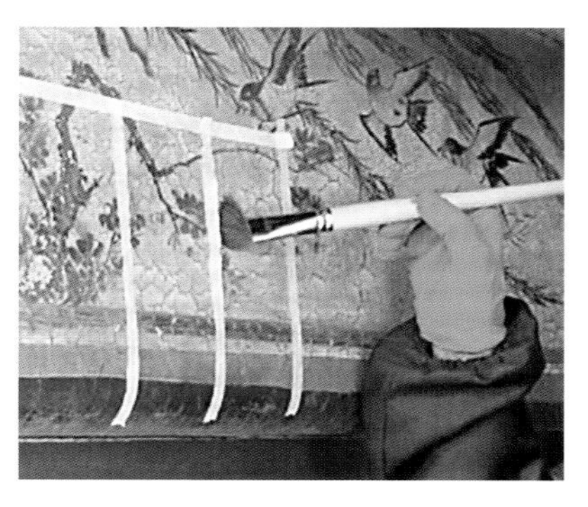

毛笔涂刷加固材料

洗耳球除尘

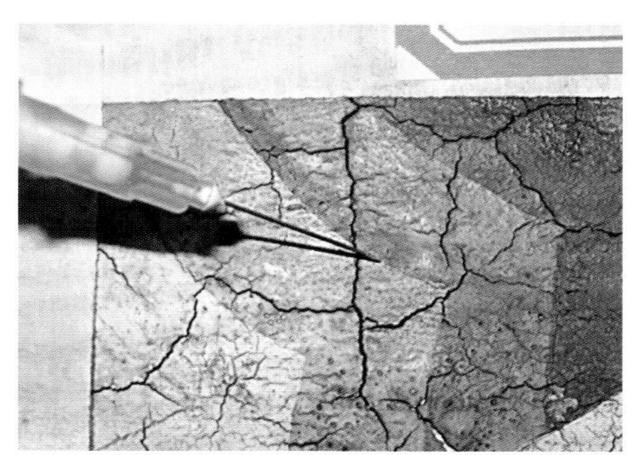

注射加固材料至裂隙

澄辉阁一层东侧外檐额枋清洗加固前

澄辉阁一层东侧外檐额枋清洗加固后

裂和起翘缝隙处灰尘。之后用50%乙醇水溶液轻轻涂刷或喷涂彩画表面，软化颜料和沥粉贴金层，并疏通颜料孔隙，以便加固材料的渗透。轻涂加固材料到颜料表面，待加固材料渗入后，贴附中性绵纸，用中性绵纸包裹脱脂棉球，隔着绵纸轻轻按压画面，吸附多余溶液的同时，使软化了的起翘颜料层归位回粘。加固颜料层的同时，将表面灰尘、水渍吸附于绵纸上。

本次试验结果显示，在表面颜料层的加固中，5%聚醋酸乙烯水溶液清洗加固效果良好；3%AC33水溶液加固效果良好，但清洗效果一般；1.5%骨胶水溶液清洗加固效果良好，无明显变色、脱色现象；1.5%渗丙水溶液清洗加固效果一般；3%桃胶水溶液清洗加固效果良好，若清洗加固次数增多，则有轻微眩光现象。

6. 借秋亭包袱纸彩画的清洗加固试验

本试验样本位于借秋亭一层内檐额枋，包袱纸彩画是先将彩画画在纸上，然后再贴在建筑上，即所谓的软活。彩画表面积尘，有明显的开裂，边角起翘明显，画面中部有空鼓区域。

试验表面按照不同保护材料分为四个试验区，从左到右依次使用3%改性聚醋酸乙烯水溶液、3%桃胶水溶液、1.5%骨胶水溶液和3%AC33水溶液进行加固试验。

试验前，先对试验区域进行污染物清除。用软毛刷、洗耳球等工具仔细清除细微的龟裂和起翘缝隙处灰尘。然后用50%乙醇水溶液轻轻涂刷或喷涂彩画表面，软化颜料层和沥粉贴金层，并疏通颜料孔隙，便于加固材料的渗透。轻涂加固材料到颜料表面，待加固材料渗入后，贴附中性绵纸，用

借秋亭包袱纸彩画清洗加固试验区域分区图

毛笔涂刷加固材料

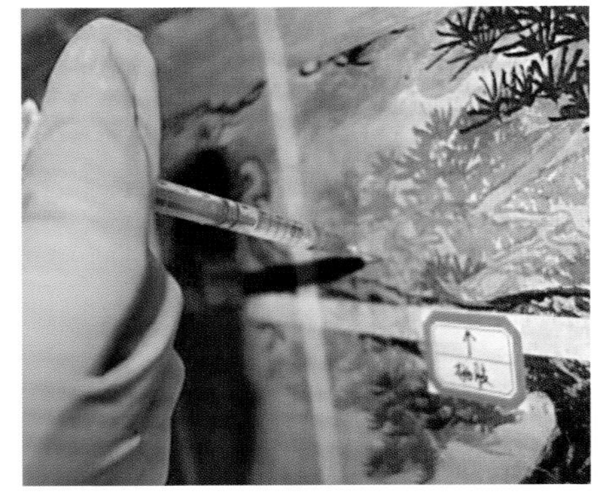
注射加固材料至裂隙

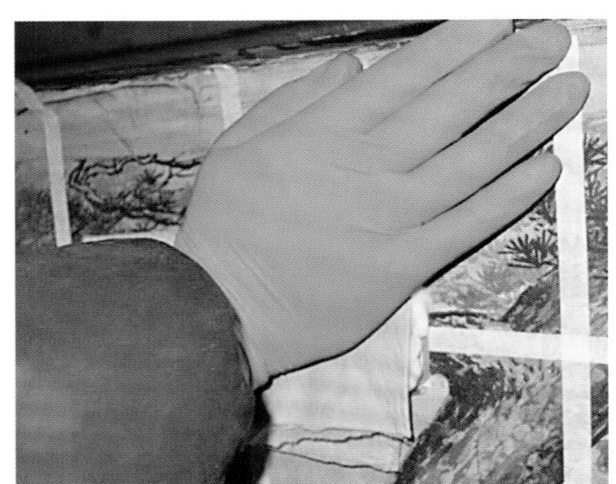
按压加固

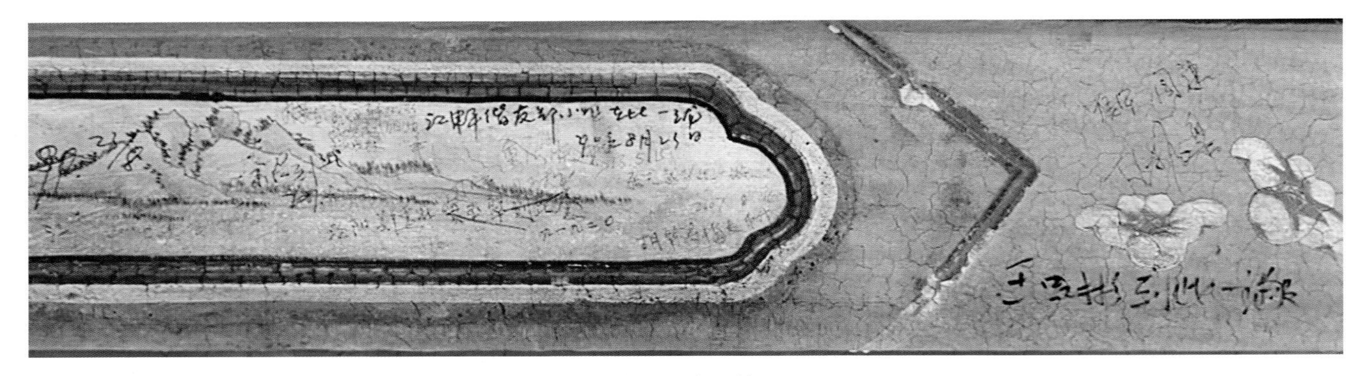
字迹污染区域

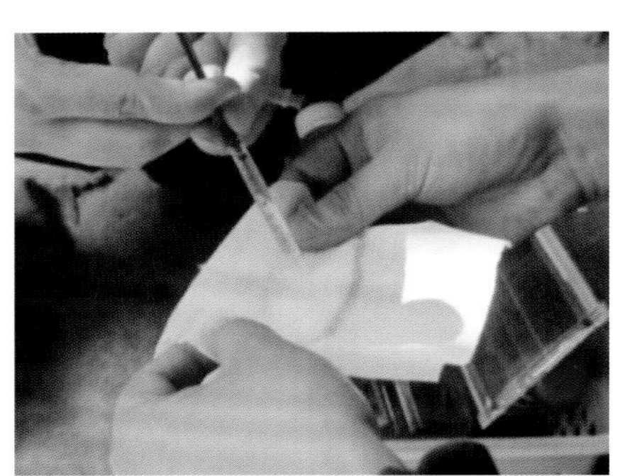
用脱脂棉吸收清洗材料

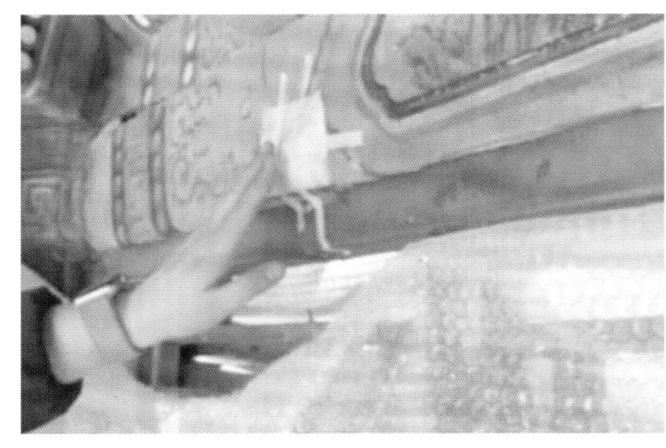
用绵纸包裹浸润清洗材料的脱脂棉敷于字迹上

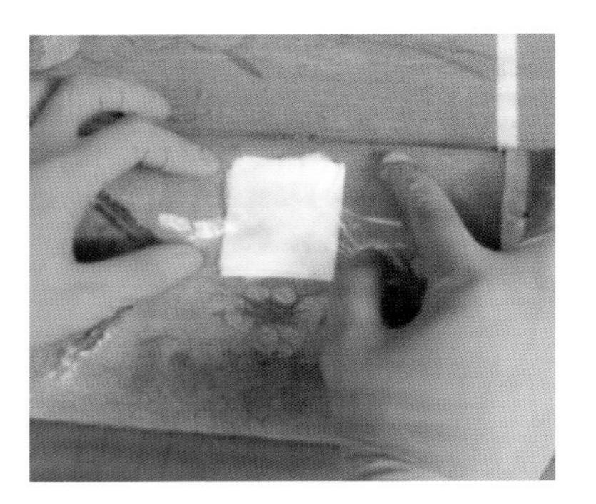
纸胶带固定

棉签清理

涂鸦字迹清洗试验前

涂鸦字迹清洗试验后

中性绵纸包裹脱脂棉球，隔着绵纸轻轻按压画面，吸附多余溶液，同时使软化了的起翘颜料层归位回粘。颜料层加固的同时逐渐将表面灰尘、水渍吸附于绵纸上。

本次试验结果显示，在表面颜料层的加固中，3% 改性聚醋酸乙烯水溶液清洗加固效果良好，颜色有轻微发白现象；3% 桃胶水溶液清洗加固效果良好，无明显变色、脱色现象；1.5% 骨胶水溶液清洗加固效果良好，颜料颜色略微变浅；3%AC33 水溶液加固效果良好，无明显变色、脱色现象。

7. 南游廊西侧涂鸦字迹清洗试验

在南游廊西侧区域有比较典型且集中的字迹污染，字迹书写使用的笔有毛笔、记号笔、钢笔、签字笔、圆珠笔、铅笔等种类。本次分别使用 50% 乙醇水溶液、丙酮和涂鸦去除剂进行清除试验。

操作方法是用脱脂棉吸收清洗材料，然后用绵纸包裹浸润清洗材料的脱脂棉，敷于字迹上一段时间，期间使用纸胶带帮助固定，一般贴敷时间在 15~30 分钟。取下脱脂棉后，用棉签清洗字迹。

试验效果并不理想。字迹本身的颜料非常容易透过颜料层渗入地仗层，且彩画地仗孔隙较大，相对松软，大部分字的痕迹已嵌入地仗层中，通过表面的清洗很难将字迹完全清除干净。即使表层字迹被清洗，仍然有一定厚度的字迹颜色留在下层地仗中，这种表面清除的方法也会伤及彩画颜料层。故彩画表面字迹污染的去除方法需要进一步研究。

（六）试验效果评估

现场保护试验结束一个月后，对试验效果进行了观察和评估。

回软试验效果证明，热蒸汽回软法对于地仗层、颜料层起翘和空鼓的软化回粘效果良好。

各区域彩画加固试验效果证明，彩画表面的积尘和鸟粪可用毛刷、硬海绵、竹刀等工具进行物理清除；表面较厚的结垢及其他污染物使用50% 乙醇水溶液清除效果较明显，并且无变色、脱色现象；50% 乙醇水溶液可以清除一部分沥粉贴金表面老化的油垢和积尘，无脱色现象。

清洗加固试验效果证明，六种加固材料渗透的效果均较好，对彩画颜料层、粉底层以及单皮灰地仗层、纸地仗层都有较好的加固作用，提高了画面的粘接强度。其中骨胶、桃胶水溶液针对各种颜色颜料的加固效果都比较理想，无掉色现象，颜料层加固后外观颜色变化不大，但强度增加，且在加固的同时起到了清污的作用，提高了图案、颜色的清晰度，画面平整。其他高分子加固材料对画面清污效果一般，加固后颜料层粘接强度都有提高，但表面颜色略有加深，使用后个别颜色颜料略有掉色、眩光现象。无水乙醇、丙烯酸乳液、聚醋酸乙烯酯这三种现代高分子加固材料的加固效果也比较理想，尤其在环境温度低于10℃时，现代材料的可操作性、渗透性没有太大变化，但是在对颜料层表面污垢的软化清除效果不如使用骨胶、桃胶水溶液明显。同时，使用现代材料对蓝色、绿色颜料进行加固时会引起掉色，如使用5% 聚醋酸乙烯乳液水溶液加固后，绿色颜料层表面略微泛白。但在操作上，现代材料受环境因素影响较小，使用较方便。

综合对比七种材料的加固实验效果，本着文物保护中应遵循的不改变文物原状、最小干预和可逆性原则，建议针对彩画起甲、粉化等病害的治理，选用传统粘接材料 1.5% 骨胶水溶液。在操作过程中可以使用浓度低于 1% 的骨胶水溶液进行多次加固，这样对颜料层的回软及表面污垢的清除很有帮助。尤其对于蓝色

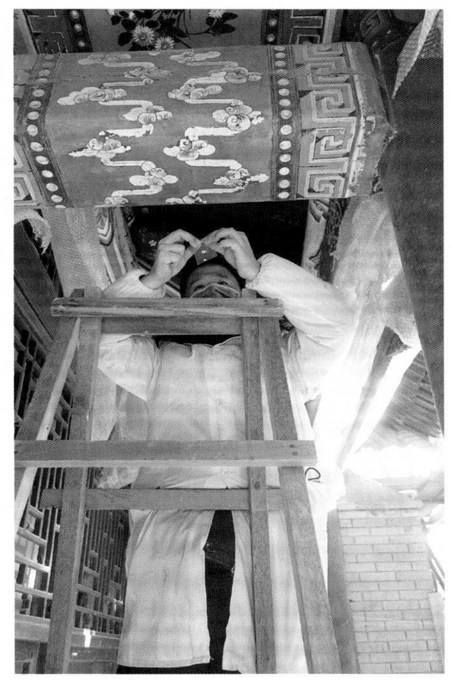

现场调查

颜料，在前面的清洗试验中，使用其他材料加固都会造成不同程度的脱落，而直接使用1.5%骨胶水溶液做清洗加固处理，则可回软结垢层，适量注入1.5%骨胶水溶液后再用脱脂棉隔绵纸按压，既回软、回粘了颜料层，又可将污垢吸附在绵纸上，反复多次吸附可以达到清除蓝色颜料表面污垢和加固颜料层的效果。对于沥粉贴金表面老化产生的油垢及鸟粪、泥浆等较难清除的污垢，也可先用50%乙醇水溶液清除后再使用骨胶水溶液加固。同时，配合清洗加固，可用60℃左右的热蒸汽回软空鼓、剥离、起翘颜料层，使颜料层更容易回归原位。针对地仗层空鼓、剥离等病害的治理，首先使用60℃左右的热蒸汽回软地仗层，再使用油满水溶液进行灌浆等回粘处理，能达到较好的保护加固效果。画中游建筑群中绘在纸上的包袱彩画更加脆弱，本着现状保护的原则，适度除尘清洗即可，适宜使用低浓度骨胶溶液进行加固。

经过试验确定的保护方法和材料应完全适用于现场原位保护工程。现场操作中，地仗层回软可根据情况选用蒸汽量大的回软设备，并在加固后支顶干燥。

五、方案设计文件的编制

（一）保护修复方案

颐和园作为世界文化遗产和全国重点文物保护单位，其修缮工程应在坚持遵守不改变文物原状原则的基础上，采取保护性的修缮措施，做到最少干预，尽可能保存原有材料构件，恢复文物原状，以使古建筑在修缮中保存更多历史信息，最大限度地保留古建筑的文物价值。保护修复方案的编制严格遵照世界文化遗产有关公约和我国有关文物保护的法律法规，同时注意与颐和园的总体风格保持一致，力求方案科学、合理。

针对目前程度不同的彩画损害情况，提出了两种处理方法：一是地仗完好的部位保留不动，彩画保留现状，只进行除尘清理；二是有缺损的部位，分A、B、C三类情况处理。

A类情况为地仗仅局部空鼓部位。空鼓部位进行注胶回粘；包袱、聚锦、黑叶花、垫板博古、垫板花、柁头博古、柁头帮保留现状；所有建筑外檐沥粉线按原部位补接。

B类情况为地仗龟裂至麻层部位。包袱心、聚锦心内容保留；其余部位表层彩画砍至麻层，汁浆再做压麻灰、中灰、细灰；箍头、联珠、副箍头、黑叶子花全部补绘，找头青、绿大色、垫板红满剔地刷色；所有建筑外檐沥粉线按原部位补接。

C类情况为地仗残损严重，大面积空鼓、剥落部位。重做地仗，彩画全部补绘。

经过初步研究判断，画中游建筑群中，澄辉阁、湖山真意和垂花门彩画地仗残损程度较轻，绘画质量较高，具有较高的保护价值；借秋楼彩画仅局部地仗残损较为严重，绘画质量基本符合清晚期苏式彩画的绘画标准；画中游正殿、值房、借秋亭、爱山亭以及南、北游廊彩画地仗残损严重，已失去了对木构件的保护作用，彩画绘制较为粗糙，错活较多。

进一步调研后，最终对各个单体建筑不同部位彩画的情况进行分类判定。

澄辉阁：内檐现状保护，仅除尘；外檐补绘按B类情况处理。

借秋楼：二层廊步补绘按A类情况处理；一层南外檐及廊步、二层外檐补绘按B类情况处理；一层北外檐及廊步补绘按C类情况处理。

借秋亭：外檐补绘按B类情况处理；内檐仅除尘。

爱山楼：北侧廊内掏空补绘按A类情况处理；南侧外檐及廊内掏空、北侧外檐地仗补绘按B类情况处理。

爱山亭：外檐补绘按 B 类情况处理，内檐仅除尘。

画中游正殿：外檐及廊内掏空补绘按 C 类情况处理。

值房：外檐补绘按 C 类情况处理。

垂花门：内、外檐现状保护，仅除尘。

湖山真意：内檐现状保护，仅除尘；外檐及廊内掏空补绘按 B 类情况处理。

北游廊及南游廊：内、外檐补绘按 C 类情况处理。

（二）保护修复实施做法

1. 除尘

采取传统工艺技术与现代科学方法相结合的思路，对于一般的灰尘可以用软毛刷或吸尘器直接清除，彩画画面、背面的灰尘及其他污染物必须清除干净，包括脱骨地仗的背面、大木表面等部位；对于彩画画面起翘不严重的部位，可以采用面团滚擦干净（禁止使用易产生霉菌的材料），滚擦三遍以上须在除尘过程中采取支、顶、托等防范措施，防止彩画画面脱落。

2. 局部地仗修补

（1）缝隙修复

即修复彩画表面的缝隙使其愈合。方法是注入符合文物保护规范的保护试剂。如果裂缝宽大，需要加相应的调制颜料，使修复后彩画的颜色接近原有彩画的颜色，视觉效果整体协调。

（2）空鼓修复

彩画背面的地仗空鼓有两种情况，一是大面积空鼓，一是小面积空鼓。对于彩画空鼓的回粘修复，视具体情况有多种方式。大面积地仗空鼓，如果用大量的传统材料修复，会加重地仗的重量，造成彩画的损坏，一般采用符合文物保护规范的填充轻质黏合胶的方法修复。小面积空鼓的修复是在不拆开原有地仗的基础上采用注胶的方法加以修复。如果裂缝宽度在 2 毫米以上，则注入空鼓修复胶（轻质黏合胶）；如果裂缝很小，则使用轻质黏合胶回粘修复。

（3）补配、随色修复

补绘的仿旧彩画应采用传统材料和工艺修复，补绘时应强调整体涂刷颜色。重绘前用硫酸纸进行实物描拓，并在硫酸纸上补齐缺失图案。待硫酸图绘制完并经相关部门认可后，方可进行重绘。重绘前先用胶矾水进行高压雾化喷罩，喷罩时不能造成流坠。

① 除尘：用羊毛排刷和毛笔手工除尘，清除表面浮土，再用可以调节吸力的小型吸尘器进行细部除尘。由于原彩画表面粗糙，缝隙中的灰尘不易清除，最后要用荞麦面在有灰尘的缝隙中轻搓，将尘土粘掉，以达到最好的除尘效果。

② 加固：对轻微开裂、空鼓的地仗以及游离、粉化的颜料层，使用小毛刷蘸取少量胶结材料对其进行加固，恢复或加强地仗层以及颜料颗粒之间的结合力，防止其进一步粉化。

③ 软化：对于已经起翘、脱落的坚硬地仗，如果生硬的回粘，很有可能会使地仗更加酥碎。因此，应使用可调节温度的轻型喷雾蒸汽机，对彩画地仗加热，使其变软后进行回粘。

④ 回粘：使用针管等工具将胶结材料适量注入缝隙内，用专用支架辅助固定，待胶结材料凝固后将支架撤掉，达到原位回粘的效果。

⑤ 清洗：对于比较顽固的污渍，用小毛笔先蘸取少量纯净水清洗，局部也可以使用蒸汽机加温辅助清洗，一些油性污渍使用含有酒精、丙酮的混合溶液清洗。清洗前先在不显眼的位置进行小面积试验，确保

安全有效后再大面积清洗。

⑥ 修复：彩画回粘后会有一些缝隙和部分色差，而且外观破旧，观感不是十分理想。对此，需要采用修复手段，用胶结材料将缝隙尽量填平，再调制与其周围彩画颜色接近的颜色补绘修复，使整体观感具有统一性，取得较好的视觉效果。

第二节 彩画施工记录

画中游建筑群以楼、阁为重点，以亭、台为陪衬，以游廊上下串联，是颐和园一处极具山地特色的园中园。其彩画包含了清官式苏画的所有类别，具有与园林建筑融合、构图形式灵活多变等特点，是研究清代晚期苏式彩画的重要依据，是中国古典园林文化的精华。但画中游各处建筑上的彩画常年受风吹日晒及雨雪的侵蚀，许多精美纹样，尤其是外檐彩画，已模糊不清。如何既保证彩画传承的原真性，又达到良好的观赏效果，是古建筑彩画保护性修缮过程中需要解决的重要问题。

为了更好地保护古建筑，最大限度保留彩画原有的历史信息，此次修缮以除尘和加固为主，尽可能减少对彩画及现存建筑的不必要干预。在修缮工程中，不但注重运用传统工艺，还以对非传统做法的分析研究作为现状保护及彩画补绘、重绘的基本依据。修缮工程兼具理论依据和技术保证，将彩画的保护工作上升到了一个新高度。

一、彩画现状分析及修缮基本做法

根据文物保护工程勘察设计各阶段的要求，在保护修缮工程施工之前，首先要对各个建筑彩画残损情况进行详细的专业性检查、记录和鉴别，全面认识和掌握彩画现状，如彩画的各种法式特征、做法特点及损坏状态，从而准确分析工程特点、施工重点及难点，制定合理、有效的施工方案和管理措施。

经过系统的普查，画中游建筑群现存 12 座古建筑，除石牌坊无彩画外，其余 11 座建筑内、外檐统一绘制苏式彩画，包括包袱式苏画、方心式苏画、海墁式苏画三种类型。画中游建筑群内檐彩画整体保存状况较好，受自然环境的影响，彩画表面积尘、结垢，颜料层粉化、龟裂、起翘、裂隙病害较普遍，因建筑漏雨造成的水渍、变色、微生物污染病害较为严重。外檐彩画整体保存状况较差，由于光线、粉尘、漏雨等自然环境的影响，制作材料自然老化、木构件开裂，彩画地仗层大面积剥离、空鼓，颜料层脱落、粉化病害严重，部分彩画图案模糊或完全脱落。此外，内、外檐彩画均存在较为严重的人为损害，如游人的随意涂写对彩画造成的不可挽回的损伤。20 世纪 70~80 年代重做彩画时，很多包袱画心采用了在木构件上贴敷纸画的方法，这些本就脆弱的纸画，在外界环境的侵蚀下迅速老化、残损，各种病害不断发展，导致彩画地仗脆弱、纹样模糊不清。

根据实际工作需要，施工前还对具有代表性的原有彩画进行锤拓、取样、拍照、录像，为保护修缮工作的具体实施提供了重要依据。主要包括以下两项：一是将所有建筑苏式彩画中的包袱和方心逐间、逐幅标注并编号，之后按照每段编号顺序进行拍照，并做文字记录；二是对南游廊苏式彩画的包袱线、箍头线、卡子和纹饰造型做拓片记录。

▼ **画中游建筑群彩画病害统计表**

彩画病害类型	彩画病害面积 / 长度
地仗层脱落	91.89 平方米
颜料层剥落	275.67 平方米
空鼓	1102.68 平方米
起翘	1776.54 平方米
龟裂	2542.29 平方米
粉化	2971.11 平方米
水渍、油渍	1684.65 平方米
积尘	3032.37 平方米
鸟粪污染	673.86 平方米
人为损害	61.26 平方米
裂隙	370 米
剥离	459.45 平方米
合计	14671.77 平方米

根据设计要求及现状残损情况，对画中游建筑群中 11 座建筑不同部位彩画的保护修缮方法分为三类。

一是除尘清洗、颜料层加固。包括澄辉阁内檐上架大木、借秋亭内檐上架大木、爰山亭内檐上架大木、垂花门上架大木、湖山真意内檐上架大木。

二是除尘清洗、颜料层加固、地仗回粘。包括澄辉阁外檐上架大木、借秋亭外檐上架大木、爰山亭外檐上架大木、借秋楼外檐及廊内掏空上架大木、爰山楼外檐及廊内掏空上架大木、画中游正殿外檐及廊内掏空上架大木、湖山真意外檐上架大木、北游廊上架大木。

三是地仗、彩画重做。包括南游廊上架大木、西值房外檐上架大木、北游廊西侧东数第八和第九间双脊檩、澄辉阁斗拱及部分天花、所有建筑的椽头和飞头。

二、彩画保护部分施工记录

施工进场后，首先选取借秋楼二层明间和东、西次间的南、北立面作为样板间，在彩画上对不同病害进行标注，明确各部位的修缮做法，进行除尘、清洗、加固、回粘等不同的处理实验。经设计单位、建设单位、监理单位、质量监督部门审查认可后，方可进行大面积施工，从而保证工程质量。

借秋楼北侧西次间外檐样板间修缮做法标注

（一）彩画除尘

在进行所有彩画施工之前，对所有施工区域和施工彩画进行整体除尘（物理清除），也包括施工区域内没有彩画只有油饰的所有建筑构件，以防在彩画施工的过程中有其他构件上的积尘落下污染施工区域。

所用工具有羊毛刷、洗耳球、小型吸尘器等。除尘时用羊毛刷把木构件开裂部分的尘土、地仗层剥离部分及空鼓内的尘土、彩画颜料层及起翘内部的尘土、沥粉贴金部位及缝隙中的尘土等由里而外、从上至下、从左至右刷除。羊毛刷清扫的同时用洗耳球辅助吹去扫下的尘土，做到随扫随吹，直至全部清除干净。对于裂隙和起翘处较脆弱的部位，直接用洗耳球轻轻吹除，把画面及缝隙中的尘土顺一个方向刷除或吹出。由于起翘裂缝处本身已松动且非常脆弱，所以无论用羊毛刷还是洗耳球清除灰尘，都要小心，避免刮掉起翘部位。针对布满大量积尘和蛛网处，在不影响画面安全的情况下，使用小型吸尘器吸尘。如在除尘过程中有颜料碎片掉落，应全部收集并记录脱落位置，以便在加固颜料层时粘贴回原位。

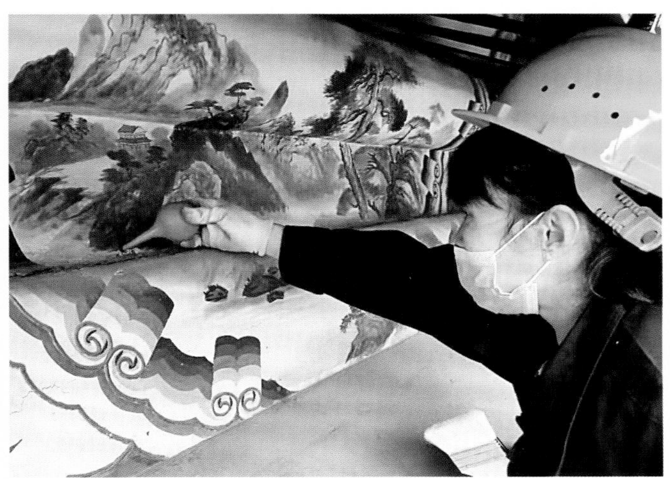

彩画除尘

（二）彩画污渍清理

在除尘操作后、加固操作前增加清洗步骤，可以清除细小缝隙中的灰尘，使黏结剂更好地渗透。针对不同污染物，应以不同的清除材料和工艺处理，所用的材料有去离子水、乙醇、骨胶，工具包括中性绵纸、脱脂棉、棉签、纸胶带、竹刀、硬海绵、喷壶等。

1. 水渍清理

处理彩画表面因雨水渗漏、侵蚀而留下的痕迹时，先用去离子水把绵纸粘于污染部位，然后用脱脂棉球按压绵纸，使绵纸与画面紧密贴合在一起，逐层增加，贴敷 4~6 层绵纸，待绵纸自然干燥后取下，必要时使用乙醇水溶液把中性绵纸粘于污染部位。在保证颜料不脱落的前提下，可多次操作，直到水渍及烟熏痕迹颜色变淡或彩画颜色变得清晰为止。

2. 涂鸦字迹清理

用脱脂棉吸收 50% 乙醇水溶液，然后用绵纸包裹浸润溶液的脱脂棉，敷于字迹上一段时间（一般贴敷时间在 15~30 分钟），可以使用纸胶带帮助固定。取下脱脂棉后，用棉签清洗字迹。

由于字迹颜料本身非常容易透过颜料层渗入地仗层，表面的清洗很难将字迹完全清除干净，即使表层字迹被清洗，仍然有一定厚度的字迹颜色留在下层的地仗中。

水渍清理

涂鸦字迹清理前（一）

涂鸦字迹清理后（一）

涂鸦字迹清理前（二）

涂鸦字迹清理后（二）

3. 沥粉贴金部位清理

用绵纸、脱脂棉及棉签蘸 50% 乙醇水溶液清洗沥粉贴金部位。

4. 鸟粪、泥浆等较厚污垢清除

较厚污垢附着顽固，不易去除，为防止脆弱的颜料层在清洗过程中发生脱落、掉色，在处理厚污垢时，采用颜料层初步加固→清理污垢→颜料层再加固的步骤。

（1）颜料层初步加固

物理清除后，用喷壶将 1% 骨胶水溶液均匀喷洒在彩画颜料层上，对颜料层进行初步加固，如加固后颜料层依然掉色，则改用 1.5% 骨胶水溶液继续加固，直至不掉色为止。

沥粉贴金部位清理

（2）清理鸟粪、泥浆等污垢

先软化再清理，避免把彩画表层带下来。用50%乙醇水溶液对鸟粪、泥浆等污垢进行多次回软，再用竹刀慢慢清除，将鸟粪、泥浆等污垢削到剩下紧挨彩画表面约2毫米厚时停下，用硬海绵蘸取50%乙醇水溶液进行擦拭，接近颜料层后采用绵纸、脱脂棉或棉签等进行进一步擦拭，直至颜料层显露。清洗时注意及时更换棉球和绵纸，清洗一种颜色的棉球和绵纸不要再次用到别的颜色上，避免串色。

（3）颜料层加固

用喷壶将1.5%骨胶水溶液均匀喷洒在彩画颜料层上进行二次加固，干透后继续用1.5%骨胶水溶液进行第三、四次加固，直至颜料层不脱落为止。

鸟粪清理前

鸟粪清理后

（三）彩画颜料层加固

1.起翘病害保护加固

颜料层的起翘是指在木构件表面龟裂、裂缝的基础上，彩画沿其边缘的翘起、外卷。施工所用的工具材料有乙醇、骨胶、桃胶、注射器、中性绵纸、脱脂棉、热蒸汽设备、羊毛刷、喷壶等。

（1）起翘颜料层软化

使用热蒸汽回软设备将空鼓、剥离、起翘的颜料层、沥粉贴金层多次回软，蒸汽温度控制在65℃左右，小喷雾量，间接喷雾，以彩画表面不积水为限，直至颜料层起翘部分软化，能够回弯到地仗层上。之后使用脱脂棉隔绵纸轻轻按压，使颜料层逐渐归位。需要注意的是，起翘颜料层没有完全软化时，强行按压会使颜料片碎裂脱落，要谨慎处理。回软起翘颜料层不用提前清洗，因为在回软过程中，大量的水蒸气湿润颜料层，在使用绵纸回压的过程中绵纸会吸附多余的水分，同时带走污垢。

起翘颜料层软化

（2）沥粉回粘

回软后，马上使用注射器把5%桃胶水溶液顺起翘、龟裂的颜料缝隙注入颜料层，待表面加固材料完全渗透后，使用脱脂棉隔绵纸按压，使沥粉回粘归位，对颜料层较厚部位可进行2~3次注胶，沥粉贴金部位一定要在沥粉回软后再注胶按压。

（3）起翘颜料层回粘

使用注射器把 5% 桃胶水溶液顺起翘、龟裂的颜料缝隙注入颜料层，待表面加固材料完全渗透后，使用脱脂棉隔绵纸按压画面，将起翘、剥离部位的颜料层压回地仗层，直至粘牢为止。

（4）彩画清洗

用 50% 乙醇水溶液清洗软化结垢后，用中性绵纸蘸吸颜料层表面，逐渐将软化的沉积灰尘吸附在绵纸上。操作时应避免大力抹擦，以免伤害彩画表面。此方法可以反复操作，操作时应及时更换吸附用绵纸，防止画面二次污染。

沥粉回粘

颜料层回粘

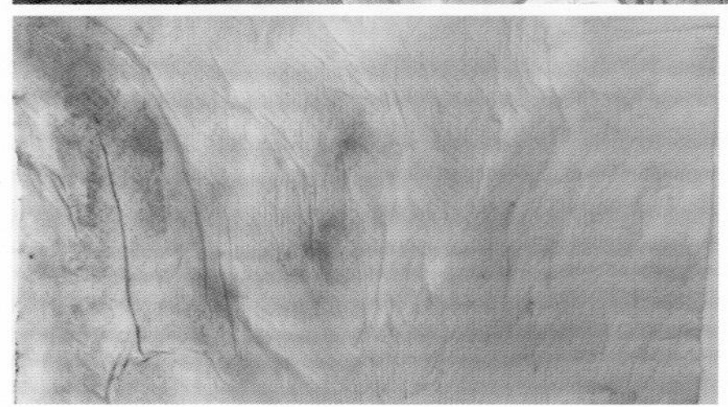

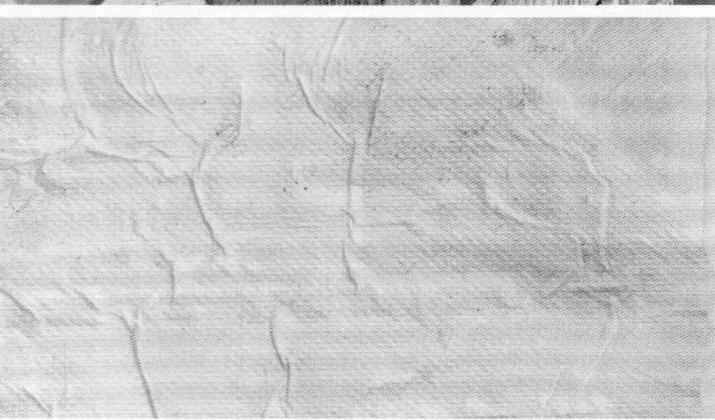

彩画清洗

（5）起翘颜料层加固

用喷壶将 1.5% 骨胶水溶液均匀喷洒在彩画起翘的颜料层上，直至不起亮、不挂甲、不掉色。

2. 粉化、龟裂等病害保护加固

用羊毛刷轻涂 1.5% 骨胶水溶液到颜料表面，待加固材料渗入后，用脱脂棉隔绵纸按压，使颜料回粘。对龟裂病害较严重的部位也可用注射器滴渗加固材料，待加固材料渗入后，贴附中性绵纸，用中性绵纸包裹脱脂棉球，隔着绵纸轻轻按压画面，吸附多余溶液的同时，使软化了的起翘颜料层以及起翘纸地仗归位回粘。颜料层加固的同时会将溶有污染物的多余加固材料吸附于绵纸上，所以用低浓度溶液反复操作，可同时起到清洗和加固的作用。操作时需注意以下两点：一是及时更换吸附用绵纸，防止画面二次污染；二是龟裂、起翘颜料层没有完全软化时，强行按压会使颜料片碎裂，甚至脱落，要谨慎处理。

起翘颜料层加固

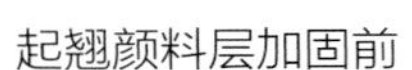

起翘颜料层加固前

起翘颜料层加固后

（四）彩画地仗回粘

此工序所使用的材料为骨胶、乙醇、油浆、油满、砖灰，使用的工具包括注射器、羊毛刷、洗耳球、热蒸汽设备、喷壶、灌浆管、支顶工具等。

1. 地仗空鼓部分修整

对地仗层局部脱离基底层形成中空的部分进行处理，主要包括以下步骤。

（1）清理除尘

用洗耳球将空鼓内的尘土吹出，用羊毛刷把画面及缝隙中的尘土顺一个方向（从上至下或从左至右）刷除，羊毛刷清扫的同时用洗耳球辅助吹去扫下的尘土，做到随扫随吹，直至尘土全部清除干净。

（2）颜料层加固

用喷壶将 1.5% 骨胶水溶液均匀喷洒在彩画颜料层上进行加固，干透后继续用 1.5% 骨胶水溶液进行第

二、三、四次加固。

（3）插灌浆管

先用手敲击画面确定空鼓范围，在画面破损处或颜料层脱落位置开灌浆孔，根据空鼓面积大小确定灌浆孔的数量。根据空鼓形状由上向下斜插灌浆管，灌浆管要找好方向放到位，便于浆液流动到位。

（4）空鼓地仗软化

用70℃左右的热蒸汽将起鼓部位的地仗层多次回软，中喷雾量，间接喷雾，直至空鼓部分软化。操作时要严格控制热蒸汽中的水量，以最少量为佳。

（5）地仗加固回粘

用注射器将油满与水体积比为10∶3的油满水溶液灌入空鼓部位，在注入浆液的同时，用手轻轻按压画面，使浆液流动到位，使空鼓地仗层回粘，再用支顶设备对灌浆部位进行支顶加固。具体方法为使用与空鼓地仗大小一致的脱脂棉、软胶皮、木板分层垫在需要加固的部位，支顶撑前端顶在木板上，后端顶在脚手架固定的木方上，4~5天油满基本干燥后取下支顶。操作过程中要严格控制注入浆液的使用量，以最少量为佳，同时浆液不能污染彩画表面。

对于大面积空鼓部位不需要全面注满，点状粘接即可。用脱脂棉封堵灌浆孔，以防在支顶期间有微量浆液挤出污染彩画。修补灌浆孔及小面积的地仗灰层缺失时，使用油满水加细砖灰修补回粘部位地仗层表面缺失的灰层及裂隙的表面缝隙，干燥后按周围旧地仗的色调做随色处理。

空鼓地仗回粘

2. 彩画地仗剥离部分修整

对地仗层局部脱离木基层但尚未掉落的部分进行处理，主要包括以下步骤。

（1）清理除尘

先将剥离的木构件用挠子清理干净，用羊毛刷把剥离部分的地仗层及颜料层的尘土顺一个方向（从上至下或从左至右）刷除，羊毛刷清扫的同时用洗耳球辅助吹去扫下的尘土，做到随扫随吹。

（2）颜料层加固

用喷壶将1.5%骨胶水溶液均匀喷洒在彩画颜料层上进行加固，干透后继续用1.5%骨胶水溶液进行第二、三、四次加固。

（3）支浆

使用油浆（灰油∶生桐油∶稀料=1∶2∶3）涂刷一遍，起到除尘清洁回粘层的作用；同时支浆后粘接材料油满更容易渗入木基层中，材料亲和性得到提高。

（4）剥离地仗层软化

用60℃左右的热蒸汽将剥离的地仗层多次回软，少量、间接喷雾，直至地仗剥离部分软化，能够回弯到木构件上。

（5）剥离的地仗层及颜料层回粘

干燥后，在剥离的地仗层及木构件上涂刷油满后，将剥离的地仗层粘回木构件上，用支顶设备对有剥离地仗层的部位进行支顶加固。具体支顶方法为使用与剥离的地仗层及颜料层大小一致的脱脂棉、软胶皮、木板分层垫在需要加固的部位，支顶撑前端顶在木板上，后端顶在脚手架固定的木方上，4~5天油满基本干燥后取下支顶。使用油满水加细砖灰修补回粘部位地仗层表面缺失的灰层及裂隙回粘后的表面缝隙，干燥后按照与原绘画材料相同的材料进行补色和随色。

稀释油满的水量要严格控制，注入或涂刷油满的使用量也要以最少量为佳。对于大面积空鼓部位不需要全面注满，点状粘接即可。支顶用木板与画面之间铺两层绵纸和厚2厘米以上的海绵，防止损害画面，支顶结构为彩画—绵纸—海绵—五合板—木块—压杆装置。在所有粘接区域都要施加一定的压力并持续数天，保证油满干燥，并产生足够的黏结力。对剥离、空鼓地仗层回粘后的彩画颜料层，尤其灌浆孔、裂隙附近的颜料层，根据情况使用5%桃胶水溶液补做一次颜料层加固，操作方法与颜料层加固相同。

对于不能够再服帖于木基层表面的鼓胀和变形彩画，可以使用填充材料来填补变形的部位，填充材料主要是麻和砖灰。外檐彩画为两麻六灰地仗，回粘空鼓、剥离地仗层，也使用原地仗中的传统粘接材料油满做黏结剂。内、外檐操作方法和步骤相同，只不过外檐彩画需要先加固木基体上的第一层麻，回粘干燥后，再用同样的操作回粘第二层麻。填充材料完全回粘干燥后，使用油满水加细砖灰修补回粘部位地仗层表面缺失的灰层及裂隙回粘后的表面缝隙，待其干燥后按原地仗色调做全色处理。

剥离地仗回粘

（五）缺失颜料层、地仗层修补

为保证现存内、外檐原有彩画加固回粘后的稳定性，同时保护建筑木构件不受外界环境的损坏，在原有彩画加固完成后，对彩画周边地仗层脱落缺失部位及后期更换木构件未补做地仗部位，使用原工艺和与原材料相同的制作材料补做地仗。补做一麻五灰地仗时，新做麻层要与原有彩画地仗麻层搭接，新补地仗厚度不能超过原有地仗厚度，做到表面平整，接缝紧密，与原有彩画地仗层形成一体，灰层不能污染原有彩画。

新补地仗层不光要能够保护木基层，也要起到保护原有彩画易损边缘的作用。新补地仗干燥后，要进行磨细钻生处理，磨细要磨严、磨到、断斑，表面平整，棱角整齐；钻生要钻透（连续两遍），钻生时过量的油及时擦净，防止挂甲和污染原有彩画。施工过程中要做好防晒、防风、防雨围挡措施，避免出现地仗疾裂纹。新补地仗干燥后，按照原纹样，使用与原绘画材料相同的材料进行补色和随色，使修复后的彩画色调基本统一，新旧呼应，浑然一体。

缺失颜料层、地仗层修补

（六）包袱内纸质白活彩画回粘

本工序所用的材料为明胶、桃胶，所用工具包括羊毛刷、洗耳球、喷壶等。

首先进行清理除尘。纸地仗回粘之前，先要把其剥离和起翘的背面以及回粘回去的表面上的灰尘再次全部清理干净，以保证纸地仗的回粘强度。用洗耳球吹去尘土（从上至下或从左至右），直至尘土全部清除

包袱内纸质白活彩画回粘

彩画保护后

干净。操作时要注意以下两点：一是纸地仗本身非常脆弱，又长期悬挂，稍微不注意就会在清理的时候将这些纸地仗带落，所以用洗耳球清除背面灰尘时需要小心，不要使纸地仗再次剥离；二是清洗次数不用过多，因为在加固过程中，加固剂湿润纸地仗，在使用绵纸回压的过程中，绵纸吸附多余水分的同时也能带走污垢，达到清洗的效果。

其次对包袱内纸质白活彩画进行回粘。用羊毛刷将低浓度明胶溶液分别涂抹在包袱内纸质白活彩画背面及地仗上，将其回粘到地仗上。此项操作要求包袱内纸质白活彩画粘实、粘牢，大面平整，无褶皱。

最后对包袱内纸质白活彩画颜料层进行加固。用喷壶将桃胶水溶液均匀喷洒在包袱内纸质白活彩画上进行加固，干透后继续用桃胶水溶液进行第二、三、四次加固，直至达到设计标准。

三、彩画重绘部分施工记录

（一）南游廊彩画重绘施工记录

本次工程中大面积重绘彩画的区域主要包括南、北游廊的外檐金线包袱式苏画、内檐金线方心式苏画以及西值房的金线掐箍头苏画。下面以南游廊的重绘工程为例，详细说明彩画重绘的施工过程。

1. 锤拓

对有沥粉纹饰的原有彩画进行取样。为使拓片清晰准确，先用羊毛刷清扫彩画表面，进行除尘清理。将高丽纸固定在彩画表面，用棉花布包进行拍打，从而将高丽纸压实，使沥粉线凸起，再用有黑烟子的布包反复锤拍，直至形成彩画拓片。最后对拓片上模糊、断线的纹饰再进行复描。

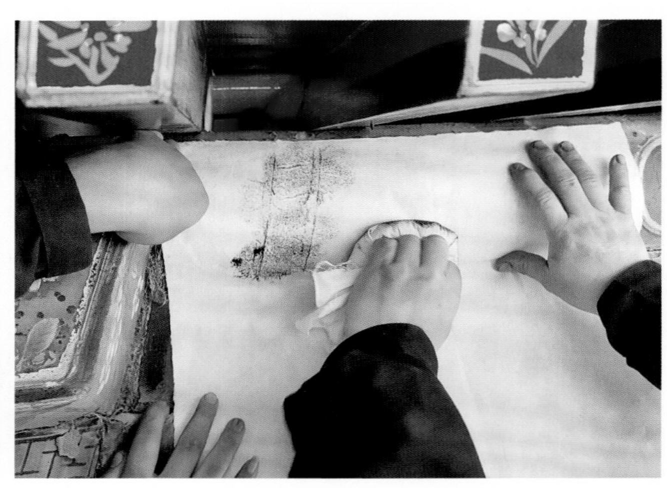

锤拓

2. 起、扎谱子

首先对彩画各部位构件的长度、宽度进行测量，分析其尺寸与构图特点，严格按照传统彩画绘制方式，对重复出现的相同纹饰如包袱、箍头、卡子等，由专业人员在牛皮纸上起谱子。主体轮廓线细部花纹谱子应符合设计所指定的老彩画纹饰，与建筑上原有的彩画图案一致，保持原有风格。绘制时使用的牛皮纸需尺寸合适且拼接平整，落墨勾画清楚，线条流畅自然，并在起好的谱子上标注使用的部位、尺寸和代用范围。对于有拓片的构件，以拓片作为样本，不对纹饰进行过多调整，并对其纹样特点进行总结分析，作为绘制新彩画谱子的依据，最大限度延续彩画的原始风貌。

谱子审定无误后，用针按照谱子纹饰扎谱子。扎谱子要求孔眼端正，大线与细部孔距适宜且均匀，扎好的谱子与原谱子相比无任何变形，扎全、扎到、不遗漏。

起谱子

扎谱子

3. 磨生过水、合操、分中

首先用砂纸打磨干透的细灰地仗表层，磨去浮尘、油痕等瑕疵，使地仗表面形成利于彩画沥粉、着色的细微麻面。再用净水布将地仗表面擦拭干净，彻底去掉浮尘。接着用较稀的胶矾水加少许深色均匀地涂刷在地仗表面，进行合操，使经磨生过水变浅的地仗颜色由浅返深，以利于拍谱子时纹饰的显示。最后在檩、枋、梁构件上分中号位，作为拍谱子的依据，分中应端正、直顺、对称、无偏差。

4. 拍谱子

将扎好的谱子摆放端正，铺于构件上，谱子要纹饰端正，主体线路衔接连贯，纹饰粉迹清晰、美观、自然。用含滑石粉的布包拍打谱子，包括拍箍头、拍包袱、拍卡子等。然后做摊找活，按照彩画纹饰规则画出相应纹饰，用石笔对不正确、不清晰的纹饰进行校正、描实，补画不起谱子的纹饰部分，如摊聚锦。聚锦数量根据找头宽窄而定，同一间的聚锦轮廓线要有所变化。摊找纹饰应线路平直、清晰准确，与原样一致。

拍谱子

5. 沥粉

按谱子粉迹进行沥粉，使用油满和土粉子作为沥粉原料，先沥大粉再沥小粉。箍头线沥双线大粉，包袱线、方心线、聚锦线、坨头边框线等构件外轮廓线沥单线大粉，卡子、聚锦念头、椽头等沥小粉。施工时先沥出控制框线再沥内部，要求直线平直、曲线圆润，宽度一致，纹饰端正、直顺、对称、流畅，粉条断面沥成半圆形，饱满无瘪粉、断条和明显接头，大粉、二路粉、小粉粗细有别。

为保证最终绘制完成的彩画质量，在施工中对材料、做法乃至天气选择的各个环节均进行严格的控制。沥粉时要选择无风天气，严格控制施工步骤，现场发现沥粉不达标准，马上铲除不符合要求的粉条，重新沥粉。

沥粉

6. 刷色

以青、绿为主色，搭配三青、三绿、红、黄、黑、紫、香、章丹等色刷色。以箍头分上青下绿，脊檩、檐檩和檐枋刷青、绿大色二遍，脊枋刷香色和紫色，垫板刷章丹、红色，包袱、方心刷白色，用浅群青色根据绘画内容接天地，聚锦刷白色、旧绢色、蛋青色等，聚锦叶刷三绿色，寿带刷硝红色，联珠带刷黑色，坨帮、月梁刷石山青色，柱头上部刷章丹色。先涂刷大色，再涂刷各类小色，刷色要求边角整齐、均匀饱满、不透地、无明显刷痕、无流坠，衔接处自然、美观，不沾污其他画面。

刷色

7. 包黄胶、打金胶、贴金

贴金的施工要掌握好最佳贴金时间，设置风帐。先在沥粉线上涂刷一层调制的黄色胶，黄胶要颜色纯正，包至沥粉线的外缘，涂刷整齐，无遗漏，无流坠起皱现象。再将熬好的金胶油涂抹在黄胶上，金胶油以不潮、不坠、不纵、不脱滑为宜，贴金时应采用隔夜金胶，即金胶油将干未干时，将金箔剪成小条，以夹子轻贴在金胶油上，需注意工具不能碰到金胶。涂抹金胶油时要做到打严、打到、线路直顺、不漏刷、不流坠。最后用棉花团沿线条用揉的动作轻轻帚金，要求齐整、光亮。金箔要贴得饱满、不遗漏、无錾口、色泽一致，且线路纹饰整齐洁净。

8. 拉晕色

在主体大线（箍头线、包袱线、方心线、聚锦线）旁以及造型边框里、角梁边线等部位按所在底画拉浅色带纹拉晕色，要求宽度适当、色阶适度。

贴金

拉晕色

9. 拉大粉

在主体轮廓大线旁拉饰白色粗线条，线条应洁白饱满、宽度一致、平整直顺，曲线弧度一致、对称，不显露接头、不虚花、无流坠。

10. 画箍头

画阴阳五道倒切回纹箍头，寓意福寿绵长、富贵不断。一个构件设两条箍头，每端各设一条。先在刷色的构件上拍谱子，用晕色（三青、三绿）画回纹；再用黑色切角，画黑色三角形的同时抹去晕色一角，要求切黑方向正确、整齐，使其突出立体感；最后拉白粉线。

11. 碾联珠

联珠带取珠联璧合之意，在黑色联珠带上由深至浅分两层碾圆形联珠，青色箍头碾香色联珠，绿色箍头碾紫色联珠，最后在联珠上半部点白色高光点。

拉大粉

画箍头

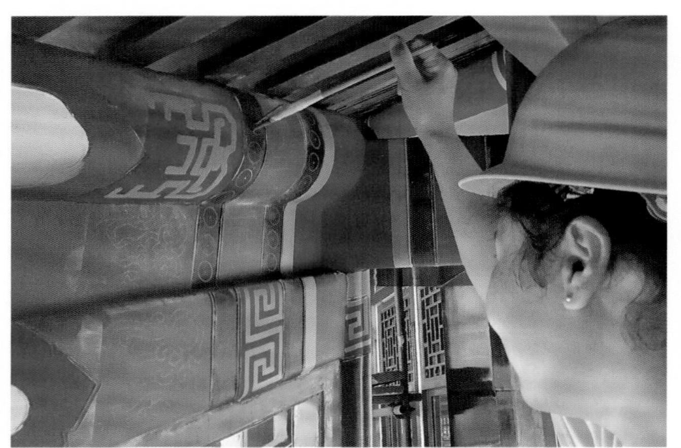
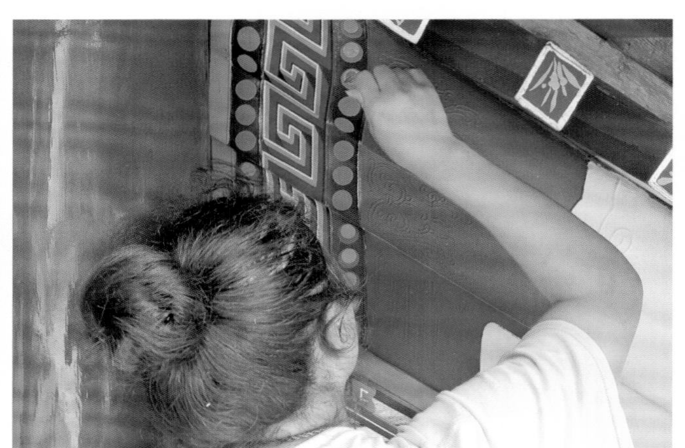

碾联珠

12. 画包袱

南游廊外檐绘金线包袱式苏画。包袱式苏画是在建筑开间中部的檩、垫、枋三件上进行统一构图，做接近半圆形的画框。包袱的高矮固定，宽窄根据构件大小确定，不可超越两侧箍头。包袱内画人物、花鸟、山水、线法等写实性绘画内容。其中，人物题材主要有古代传统文化中有代表性的、符合封建社会伦理道德的

人物题材包袱彩画

花鸟题材包袱彩画

山水题材包袱彩画

线法题材包袱彩画

画包袱

帝王将相、文人雅士，文学艺术作品中的神话故事，家喻户晓的民间故事，精彩戏曲片段等；花鸟题材讲究画题名称的吉祥寓意，如“喜上眉梢”“玉堂富贵”“金玉满堂”“松鹤延年”等，花卉多以牡丹、荷花、梅花、兰花、菊花、桂花、桃花、水仙、芙蓉、玉兰等吉祥花卉为主，还有翠竹、松柏、柳树、灵芝等有美好寓意的植物，鸟兽多以喜鹊、仙鹤、鸳鸯、燕子、鹿、孔雀、金鱼、蝙蝠等为主；山水题材重点表现山川秀美景色，多绘江南美景；线法题材主要绘制建筑，配以适当山水。其基本绘法包括硬抹实开、落墨搭色、作染、拆垛、洋抹等，追求逼真写实。多种绘画题材的包袱，在建筑上以间为单位呈规律性交替排列。

安排画工时，按照主题以及画工擅长的内容进行分配，以达到最佳效果。绘制时，重要部位和关键环节使用技艺精湛的画工，使修复的彩画最大限度保存、延续其历史信息。实际绘画中，对操作人员重点强调要按照原有彩画照片的内容绘制苏式彩画的包袱和聚锦，各种技法操作要符合传统技法，不许自创，要保持原有彩画的风格。画人物、花鸟等应造型准确、生动传神，画线法应符合透视关系，画面干净无污染。如果有内容不符或者绘制水平粗糙的现象，马上提出修改意见，或者涂刷后重新绘制。重新绘制后组织复验，保证彩画重绘的施工质量。

13. 退烟云

包袱边为软烟云筒加托子的边饰，产生具有立体感的透视效果。整组包袱共三组六个烟云筒，每个构

青烟云筒配黄托子

黑烟云筒配红托子

件左右各一个二筒烟云卷，依包袱中线对称设置。烟云退五道，以黑、青为老色，加白调对，由内向外、由深至浅，层层排列。青烟云筒配黄色托子，黑烟云筒配红色托子。烟云托子由深至浅为三道。

14. 画方心

南游廊内檐绘金线方心式苏画。方心式苏画在檩、垫、枋三件上分别构图，檩、枋构件分为三停，居中一停画线式方心，岔口为单线岔口，设色遵循“青箍头、绿找头、青楞线”的规则。方心内绘画内容同包袱，选用山水、人物、花卉、线法等写实性题材。同一间廊两侧方心题材相同，相邻的每间廊方心题材不同。

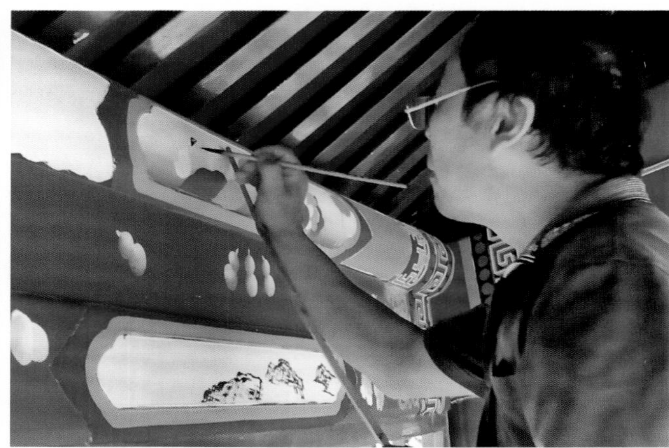

画方心

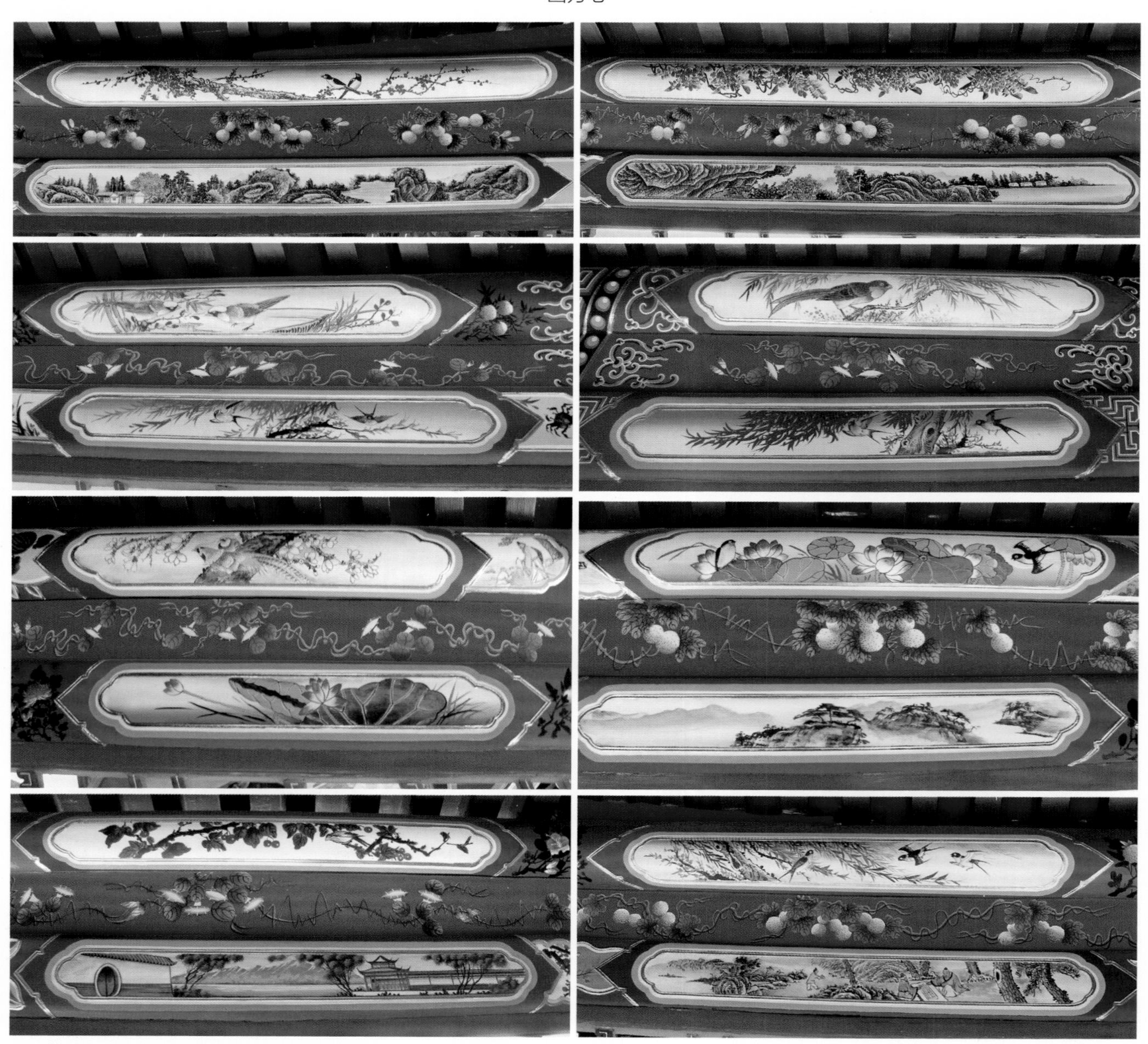

方心式苏画

15. 做卡子

檩、垫、枋三件每侧三个卡子，檩、枋为软、硬卡子调换使用，软卡子做在绿地上，硬卡子做在青地上，即“硬青软绿”。垫板红地为固定的软卡子，外檐做片金卡子，内檐做烟琢墨攒退卡子。绿地软卡子套硝红色、青地硬卡子套香色、垫板软卡子套三绿色。

片金卡子

烟琢墨攒退卡子

16. 画垫板

垫板画藤蔓类花卉，包括葫芦、牵牛花、葡萄、紫藤、香瓜等。花头的大小，枝框的屈伸、顿挫、长短，要首先考虑占地是否恰当，主花、主果实的数量及向外延伸的宾花、宾枝的数量并非绝对，可以根据画面构图需要进行调整，以构图均衡为标准。画面绘制采取部分省略、简括、夸张的手法，刻画花卉主要特征，重点强调神似。

画垫板

垫板重绘后

17. 画聚锦

在青地构件找头位置设聚锦，聚锦的个数根据找头长短而定，可画一个，亦可更多，聚锦念头画叶和寿带。聚锦轮廓有葫芦、珍禽、扇面、卷书、方胜、斗方、香圆、扉面、铜磬、云团、蝙蝠、古琴、佛手、福寿等样式，聚锦内绘写实内容。

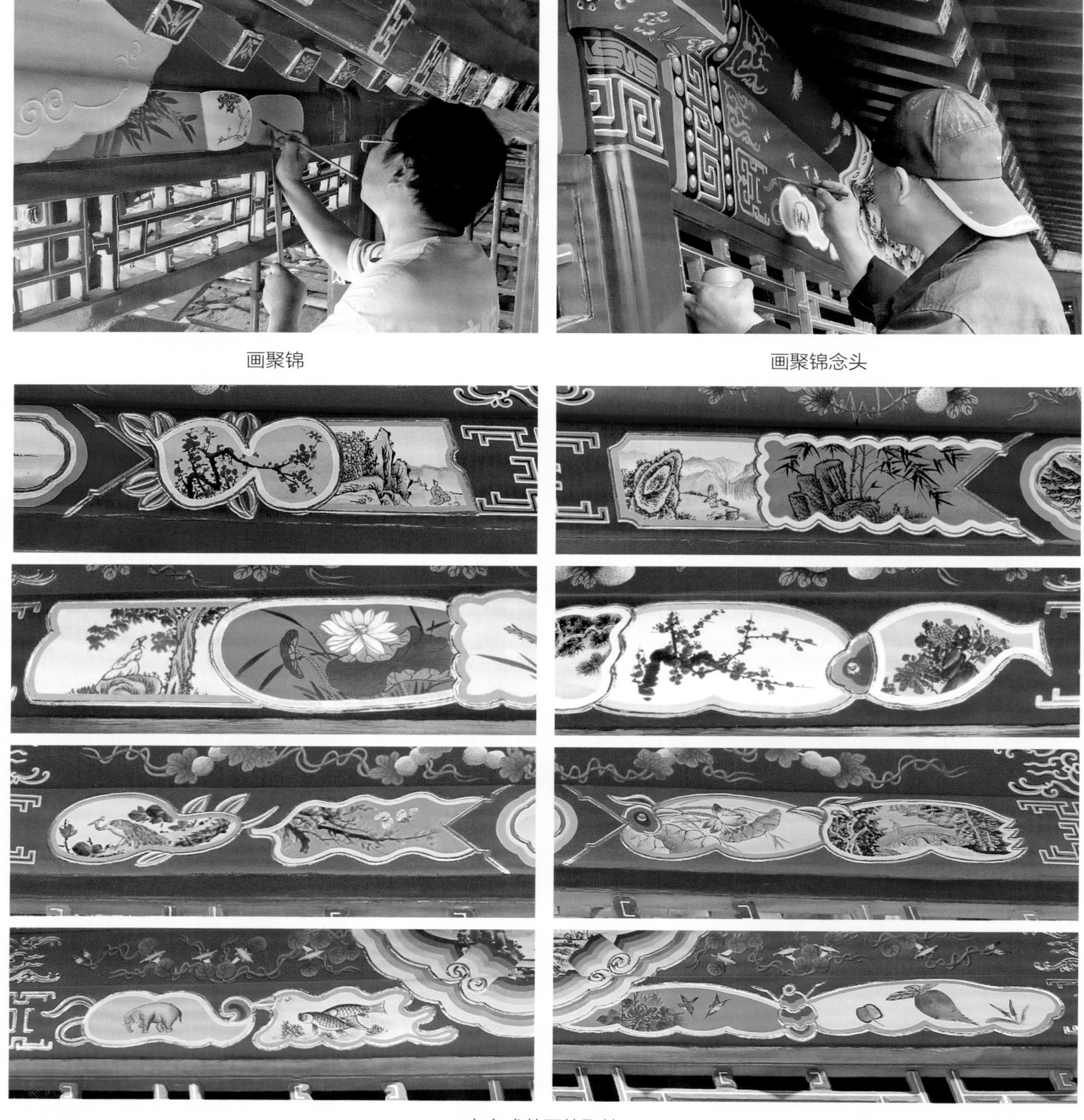

画聚锦　　画聚锦念头

方心式苏画的聚锦

18. 画黑叶子花

在绿地檐檩、枋找头位置和绿地脊檩位置设黑叶折枝花卉，包括牡丹、菊花、山茶、海棠、桂花、石榴、佛手、寿桃、橘、橙、柿子、水仙、莲花、兰花等。绘制时不用谱子，直接在构件上用白色操花头。先用浅色在轮廓内垫色，分出每朵花的明暗；用深色开花瓣，勾勒线条，使其分出层次。再对每个花瓣进行分染，使花具有鲜明的立体感。最后用黑色画叶子。

画找头花

画包袱

脊檩黑叶子花

19. 画五彩流云

五彩流云画在青地脊檩、四架梁、角梁等构件的两箍头之间，绘制时不用谱子，根据构件的长短、宽窄、实际大小，直接在青地构件上用白色拶色，画出数量适宜的云团，从两片到十余片不等。云团周围留有匀称的空隙，通过云腿有规律地连接。然后用硝红、粉绿、黄、粉紫等色进行垫色，染出深浅、明暗不同的云朵。最后用深红（银朱加洋红或曙红）、草绿、章丹和紫色开云纹，勾出轮廓线和云纹线。勾勒的云纹线条依据云团的特点变化，片云与片云间形成自然的压叠、勾咬。

画五彩流云

画四架梁

20. 画四架梁

四架梁彩画为青地，两端设绿色回纹箍头碾紫色联珠、香色卡子，立面绘海墁花卉，反手绘海墁流云。

21. 画月梁

月梁彩画为石山青地，不设箍头、卡子，图案做散点处理，绘竹叶梅。采用开放式散点式构图，绘画内容有聚有散，布局均衡。

画月梁

22. 画柱头

柱头彩画为青地绘回纹，章丹地做拉不断切活。要求切活纹饰图案端正、完整，线条自然、清晰、准确。

23. 画坨头、坨帮

坨头为青地绘四季花卉，坨帮为石山青地绘竹叶梅花。

24. 压黑老、拉黑絛

在箍头、穿插枋头等部位压黑老，在连接构件的相交处拉饰较细的黑色线，线条应宽度一致、直顺、饱满、不虚花、无流坠。

25. 打点活

对完成的彩画全面检查，对发现的问题逐一收拾找补。

画柱头

柱头重绘后

画坨头

压黑老

（二）椽头、飞头重绘

澄辉阁飞头按原式重绘绿地片金万字，椽头按原式重绘青地金边圆金寿字；借秋楼、爱山楼、画中游正殿、垂花门、湖山真意飞头按原式重绘绿地片金万字，椽头按原式重绘青地金边方金寿字；借秋亭、爱山亭飞头按原式重绘绿地片金万字，椽头按原式重绘青地金边圆百花图；北游廊、南游廊飞头按原式重绘绿地片金万字，椽头按原式重绘青地金边方百花图；西值房飞头重绘绿地金井玉栏杆，椽头重绘青地金边柿子花。

澄辉阁椽头

湖山真意椽头

爱山亭椽头

南游廊椽头

西值房椽头

（三）斗拱重绘

澄辉阁按原式重做金琢墨斗拱，基底做青、绿相间设色，在构件轮廓做片金边框，在片金边框里侧拉饰斗口粉，在斗口构件居中处压黑老。垫拱板做绿色大边、朱红心，心与大边间灶火门大线做片金，板心做火焰三宝珠，其中火焰片金，三宝珠青、绿退晕上下调换。

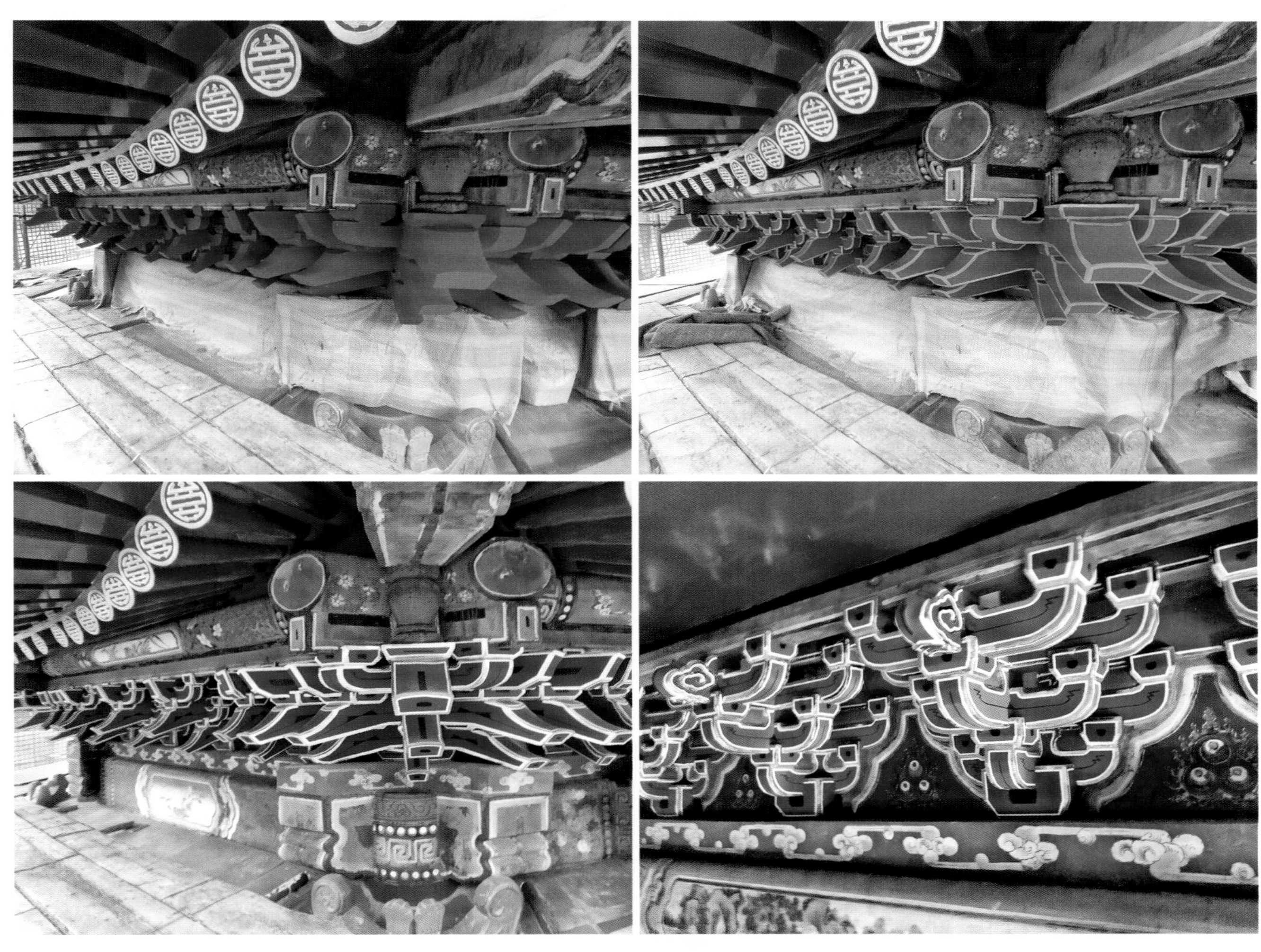

澄辉阁斗拱重绘

（四）天花重绘

澄辉阁按原式重绘百花图天花。

澄辉阁天花重绘前

南、北游廊彩画重绘后

第四章 施工管理篇

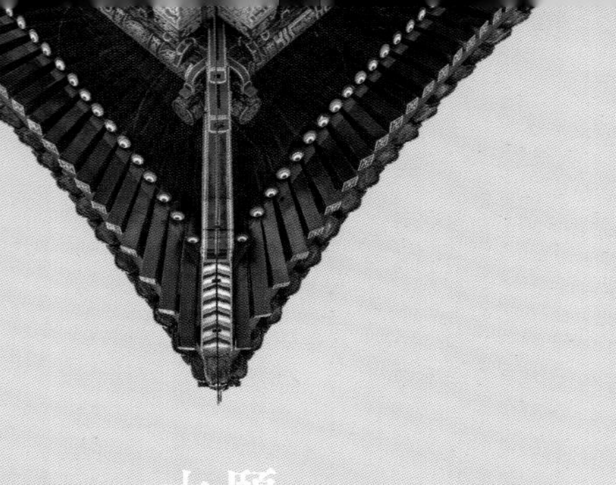

第一节
工程立项和管理机构组成

画中游建筑群始建于清代乾隆时期，1860年被英法联军烧毁，光绪年间重修，属清晚期建筑。据档案资料记载，中华人民共和国成立后，该建筑群经历过数次岁修，以局部修缮或油饰整修为主，未进行过大规模整体修缮。结合颐和园园区古建筑的日常监测及2013~2017年开展的系统勘察，发现此组建筑已出现一定程度的残损，急需进行保护性整体修缮。同时为积极响应“十三五”时期统筹保护和利用历史文化资源、恢复提升古都风貌、弘扬传统文化的部署，北京市颐和园管理处以恢复行宫苑囿风貌、展示皇家园林历史文化为特色，推动“三山五园”整体历史文化环境提升为缘由，正式将画中游建筑群修缮工程列入《颐和园“十三五”古建筑保护修缮规划》。作为我国保存最完整的皇家园林之一，颐和园是中国古代建筑艺术和园林艺术的结晶，园内建筑彩画无论是形式与内容的多样性，还是绘制技法的精湛度，都反映了极高的传统建筑彩绘艺术成就。画中游建筑群现存彩画为20世纪70~80年代重做的苏式彩画，其中一部分还保留着较为明显的时代特色，体现了中华人民共和国成立后颐和园苏式彩画绘制的最高水平，具有一定的艺术水准和较高历史价值。此次画中游建筑群在修缮过程中采用建筑彩画保护专项工程与建筑整体修缮（土建及油饰部分）分别向文物主管部门进行方案报批、分项施工的组织形式。2018年9月17日，画中游建筑群修缮工程（土建及油饰部分）首先开工，历时两年完成，并通过竣工验收。2020年9月21日，画中游建筑群彩画保护项目正式进场实施，于2021年11月24日完工并达到文物保护工程质量验收合格标准。工程总投资约2837万元，其中建筑群土建及油饰部分投资约2040万元，建筑群彩画保护专项工程投资约797万元。此工程为中华人民共和国成立后对颐和园画中游建筑群开展的最大规模的整体性修缮，工程坚持以不改变文物原状和最小干预为基本原则，保存不同历史时期的具有历史价值的遗存。在修缮时尽量利用原有构件，最大限度地保护遗产的真实性和完整性；保留传统工艺和原有做法，科学、系统地对现有文物建筑进行修缮；恢复改变原有形制的建筑；采取必要措施，排除安全隐患，使建筑保持结构稳定。可以说，此次修缮在最大限度地保存历史信息的基础上，恢复并提升了画中游建筑群的整体风貌及园区的整体历史文化环境。

一、方案编制

颐和园画中游建筑群修缮工程方案的编制工作由北京兴中兴建筑设计有限公司承担，初步方案编制完成后于2013年12月31日正式向北京市文物局申报。2014年6月11日，北京市颐和园管理处收到国家文物局《关于颐和园画中游建筑群修缮工程方案的批复》（文物保函〔2014〕1209号）和《北京市文物局关于颐和园画中游建筑群修缮工程方案的复函》（京文物〔2014〕725号），批复意见为原则同意所报方案，同时提出：“彩画保护内容应在现有勘察设计的基础上，进一步深化完善，编制专项方案后另行报批。”

国家文物局

文物保函〔2014〕1209号

关于颐和园画中游建筑群修缮工程方案的批复

北京市文物局文件

京文物〔2014〕725号

北京市文物局关于颐和园画中游建筑群修缮工程方案的复函

国家文物局办公室函件

办保函〔2017〕1115号

国家文物局办公室关于颐和园画中游建筑群彩画保护项目的意见

北京市文物局

京文物〔2017〕1426号

北京市文物局关于颐和园画中游建筑群彩画保护项目的复函

北京市文物局

京文物〔2017〕1517号

北京市文物局关于颐和园画中游建筑群修缮工程方案核准意见的复函

国家文物局

文物保函〔2018〕1325号

国家文物局关于颐和园画中游建筑群彩画保护项目的批复

北京市文物局

京文物〔2018〕1770号

北京市文物局关于颐和园画中游建筑群彩画保护项目方案的复函

北京市文物局

京文物〔2019〕1368号

北京市文物局关于颐和园画中游建筑群彩画保护项目方案核准的复函

国家文物局、北京市文物局对颐和园画中游建筑群修缮工程方案的批复

2017年7月，设计单位经过对画中游建筑群彩画的详细勘察，编制了彩画修复的专项方案，北京市颐和园管理处将初步方案报送北京市文物局进行审批。2017年10月，北京市颐和园管理处收到《国家文物局办公室关于颐和园画中游建筑群彩画保护项目的意见》（办保函〔2017〕1115号）和《北京市文物局关于颐和园画中游建筑群彩画保护项目的复函》（京文物〔2017〕1426号），批复意见指出："应切实加强前期勘察和研究，查明彩画主要病害类型、分布范围和残损程度，明确原彩画的形制特点、工艺技法和使用材料，结合彩画赋存环境条件和价值特征，分类制定具有针对性的保护措施。"

按照国家文物局及北京市文物局批复内容，2017年9月，工程设计单位完成对画中游建筑群修缮方案（土建及油饰部分）的补充完善，北京市颐和园管理处再次向北京市文物局申报方案核准请示。2017年10月，收到《北京市文物局关于颐和园画中游建筑群修缮工程方案核准意见的复函》（京文物〔2017〕1517号），意见表示，原则同意所报方案，但应根据函复意见对方案在施工图阶段进行进一步完善。

2018年7月，在根据文物主管部门的批复意见对画中游建筑群彩画修复专项方案进行修改后，北京市颐和园管理处再次向北京市文物局报送该项目方案请示。同年11月，北京市颐和园管理处收到《国家文物局关于颐和园画中游建筑群彩画保护项目的批复》（文物保函〔2018〕1325号）和《北京市文物局关于颐和园画中游建筑群彩画保护项目的复函》（京文物〔2018〕1770号），意见表示，原则同意所报方案，并需根据批复意见进一步修改和完善。

为保障画中游建筑群彩画保护方案的科学性和可行性，并通过此次保护修缮最大限度地保留其历史文化信息，同时延长彩画的寿命，保护其文物价值，2019年7月，依据文物主管部门批复的指导意见，北京市颐和园管理处委托中国文化遗产研究院对画中游建筑群彩画开展整体而细致的保护研究工作，包括对建筑现存彩画进行测绘、病害种类和成因分析、病害分布区域及危害程度调查等，并绘制病害分布图。同时，对建筑原有彩画颜料和使用材料进行检测分析。根据勘察和检测结果，针对病害种类，筛选出适宜的保护材料和修复技术，以提高彩画自身的强度，使彩画的稳定性得到长久提高。以上述技术成果作为有力数据支撑，设计单位进一步完善和细化修复方案。2019 年 9 月，画中游建筑群彩画保护项目方案通过了北京市文物局核准（京文物〔2019〕1368 号）。彩画的保护修复坚持“最小干预”原则，优先使用传统或与传统兼容的材料和技术，借鉴历史资料、照片，通过科学的保护手段，尽可能恢复文物原本应有的状态。

二、项目实施

在前期必要条件满足后，画中游建筑群修缮工程于 2018 年正式启动，并作为重点项目被列入全国文化中心建设重点任务以及北京市政府和北京市公园管理中心重点工作任务折子。

2018 年上半年，北京市颐和园管理处完成项目预算评审等前期准备工作，严格把控项目资金成本。招投标工作按照北京市公园管理中心基建工程管理办法相关条例执行，遵照公开、公正、公平的原则，组织实施招投标流程，工程招标代理机构在公证机构的见证下进行抽签确认，签署的相关文件均按照北京市颐和园管理处的内控管理机制拟定，经园法务部门及第三方审计机构双重审核把关。2018 年 9 月 10 日，北京市颐和园管理处在北京市文物局办理工程开工申报手续，完成文物保护工程质量监督注册登记。

北京市文物工程质量监督站

工程质量监督注册登记表 **表1**

工程编码：　　　　京文质字（2018）第 108 号

工程概况	工程名称	颐和园画中游建筑群修缮工程			
	工程地址	北京市海淀区新建宫门路19号			
	批准文号	京文物[2017]1517号			
	工程总造价	1833.99万元	工程类别	修缮工程	
	工程规模	1021.0m²	保护级别	全国重点文物保护单位项目	
	结构类型	砖木结构	工程图纸编号	2013-037	
	计划开工日期	2018-09-17	计划竣工日期	2020-09-17	
建设单位（盖章）	北京市颐和园管理处	法定代表人	李国定	电话	62881144-6209
		项目负责人	荣华	电话	62862880
		经办人	张斌	电话	62862880
勘察单位（盖章）	无	法定代表人	无	电话	无
		项目负责人	无	电话	无
		资质等级	无	证书编号	无
设计单位（盖章）	北京兴中兴建筑设计事务所	法定代表人	刘若梅	电话	64514169
		项目负责人	张玉	电话	64514169
		资质等级	甲级	证书编号	0101SJ0018
施工单位（盖章）	北京房修一建筑工程有限公司	法定代表人	井洪涛	电话	66077200
		项目负责人	白刘非	电话	18310408789
		资质等级	一级	证书编号	0101SG0007
监理单位（盖章）	北京华清技科工程管理有限公司	法定代表人	娄拥军	电话	82735881
		项目负责人	徐春平	电话	82735881
		资质等级	甲级	证书编号	0601JL0001
备注	无	监督注册受理机构（盖章） 经办人：王海　2018年9月19日			

工程质量监督注册登记表（颐和园画中游建筑群修缮工程）

在与各参建方进行详细的设计交底沟通后，2018 年 9 月 17 日，工程施工单位正式进驻现场，完成施工封闭围挡搭设，并对施工范围内的树木及部分文物建筑及构件采取必要保护措施。在对每组建筑搭设施工脚手架的同时，对不包含在此次施工范围内的建筑彩画施以合理有效的保护。因建筑匾联不在此次工程修缮范畴，北京市颐和园管理处文物保护科将建筑上的匾额等统一摘取并妥善收纳保存。一切准备工作完成后，本次保护修缮工作正式启动。

修缮工程严格按照《中华人民共和国文物保护法》《文物保护工程管理办法》的修缮指导思想和原则以及文物主管部门对方案的批复意见组织实施。工程注重保护文物建筑的历史性、真实性，遵循不改变文物原状、可逆和最小干预的原则，恢复建筑的原形制，保留建筑的原结构、原材料和原工艺，以使其“益寿延年”。

考虑到本次工程规模较大，存在勘察设计过程中无法给出具体修缮方案的内容；施工过程复杂，涵盖了瓦作、木作、石作、油漆、彩画、裱糊等不同工种，需要交接及交叉作业；现场会出现其他诸多不可预见因素。北京市颐和园管理处项目工程管理部结合工程实际情况，加强日常巡查、过程协调和现场管理。为了确保施工现场的安全生产，保障工期和施工质量，把控资金成本，提高工作效率，要求项目各参建单位认真贯彻国家有关法律法规和政策的执行，严格遵照北京市颐和园管理处各项规章管理制度，并按承包合同履行各项条款和义务；明确人员分工，施工人员做好各分步、分项工程，以及各工种、工序之间的立体交叉作业和流水施工作业；监理人员严格审批项目施工组织设计方案、施工技术方案、施工进度计划以及安全技术和文明施工等相关措施、文件，同时协助建设单位做好项目建设过程中对施工选材、工艺流程、施工质量、隐蔽工程等方面的监管，坚持例会制度，定期每周组织各参建单位召开监理例会，以促进各个工种紧密配合，确保工程以高质量如期完成。

此外，画中游建筑群整体修缮的特殊性在于建筑群彩画保护项目为单独立项、独立组织实施的专项工程，同样必须坚持程序完备，组织流程依法、依规，项目启动前期同样要对预算资金进行审核把控。由于彩画保护工作缺乏相关行业定额标准，依据传统造价信息评审会造成预算审核金额较申报金额差距较大，资金无法满足文物主管部门批复方案的施工工艺要求，达不到对彩画的最佳保护效果，预算审核工作无法正常推进。上级单位协商后决定暂不对彩画除尘等无定额标准的施工工艺进行预算核减，而是在施工过程中对相关工时、物料进行严格监管，并最终由项目全过程审计单位对该部分资金进行测算审核，作为工程款项支付依据。

画中游建筑群彩画保护项目施工单位通过公开招标方式确认。为避免本专项项目的实施与正在进行的修缮工程发生冲突或相互影响，北京市颐和园管理处于 2020 年上半年完成了彩画保护项目的开工前期准备工作，在画中游建筑群修缮工程（土建及油饰部分）竣工验收合格后，组织彩画保护项目中标施工单位进场，同时要求各方做好工作交接，新入场施工单位须对已完成的施工内容做好周密的成品保护措施。

作为颐和园内首次实施的彩画保护专项工程，画中游建筑群彩画保护项目意义重大，项目的管理者肩负的责任也不同以往。传统建筑彩画承载着厚重的文化内涵，具有很高的艺术价值，对于古建筑的承接和研究有着重要意义。建筑彩画随时间推移而破损甚至消失，使建筑彩画的保护与修复工作极为紧迫。现阶段古建筑彩画的保护修复方法以除尘清洗、加固回粘为主，主要为了保留其历史价值，提高观感，延长寿命。项目实施过程中，首先要求施工单位依据保护方案对单体建筑局部彩画进行保护施工，并记录施工全过程的影像资料，进行修复成果与原状的比对，多次邀请文物保护专家进行现场指导并对修复成果展开论证，从中汲取经验，提高工人操作技艺，使之后的彩画修复达到更佳效果。北京市颐和园管理处项目负责人带领相关技术人员多次深入一线检查，根据专家意见对工程进行指导、监督，对未达到设计要求和各监管单位认可的成果，坚决要求施工单位返工。最终，画中游建筑群彩画保护项目于 2021 年 11 月通过竣工验收。

工程的顺利完成既离不开严格、周密的组织实施，也得益于各级领导对项目的高度重视。本次工程中强化了科学管理，对颐和园彩画特有的施工工艺、做法进行全面收集整理；以现场教学实践的形式，培养高素质、责任心强的管理人员；逐步建立一套记录与传承颐和园古建修缮传统工艺、做法的体系，以更好地促进颐和园古建修缮人才和技艺的传承与发展。

针对新冠疫情给施工工作带来的影响，北京市颐和园管理处领导及相关建设管理部门也及时制定相关防控预案，加强人员管理，并多次对施工现场的疫情防控工作进行检查、调研，按照北京市疫情的发展形势和政府部门的防控策略和防疫部署要求，切实做到“各方有责、各方尽责”。安排施工单位所有人员每周进行统一的核酸检测，且严格落实本次工程相关人员的疫苗接种事项，做到“应接尽接”。在防疫工作中时刻保持警惕，确保施工过程中的人员健康和安全。

截至 2021 年底，颐和园画中游建筑群终于完成了中华人民共和国成立以来首次封闭性大规模整体修缮。这次历时三年多的修缮恢复了画中游原有的建筑形制，解除了建筑结构的安全隐患，同时最大限度地保留了建筑的历史信息，画中游建筑群整体面貌焕然一新，得以更好地传承并向世人展现中国古建筑之美。

三、人员与机构

（一）行政管理部门

国家文物局、北京市文物局作为行政主管部门，负责工程立项及方案的审核、审批等工作；北京市公园管理中心作为上级主管部门，负责工程项目程序管理及资金使用等方面的整体管控。

（二）质量监督部门

北京市文物工程质量监督站，负责工程的质量监督管理，督促建设单位及时办理监督注册手续；对工程建设项目的合法性和各参建主体的质量行为进行监督，对工程实体质量进行监督抽查；对工程所使用的建筑材料、构配件、设备等质量进行监督抽查；对工程的地基基础、主体结构的安全及装饰装修等使用功能各方面进行监督抽查和测试；对建设单位组织的竣工验收实施监督，办理竣工验收备案。

（三）园区管理部门

北京市颐和园管理处成立项目领导组和项目工程管理部，由主管园领导统一部署，由园古建工程科、文物保护科、计划财务科、管理科、安全应急科、行政办公室、纪检审计办公室、工程队多部门组成，确保对工程管理过程中涉及的技艺流程、工程质量、实施进度、安全保卫、资金使用、协调管理、廉政风险等方面实施全面、严格、规范、高效的管控。

1. 工程建设组

依据工程内容及现场实施条件安排施工进度计划，严格按照文物主管部门批复的施工方案组织实施。负责工程开工质量监督注册办理，工程监理单位的管理、监督工作，施工单位、设计单位、监理单位的现场协调、监督、管理等工作，工程质量管理和安全生产工作，协调、配合园内各单位之间及施工运输物料等协调工作，组织工程各分部及竣工验收，并对工程全过程的管理资料进行整理、归档。

组长：秦雷

副组长：荣华、张京、陈曲

成员：张斌、朱颐、王娟、常耘硕、张鹏、肖倩、苗凤仪、白戈

2. 工程招投标组

负责招投标代理机构的确定和组织工作；负责联合招标代理机构共同编制、审核招标文件，进行招标公告的发布及开评标现场的监督工作；负责工程施工招投标组织、协调工作；负责组织与中标单位签署工程合同，并督察合同的履约情况；负责招投标档案的存档。

组长：秦雷

副组长：荣华

成员：张斌

3. 财务管理组

负责工程项目资金计划编制和资金申请、落实，工程资金支付管理，资金使用绩效评估等工作，并按照北京市颐和园管理处资金管理办法加强对专项资金的管理。

组长：荣华、姬慧

成员：安静

4. 资料档案组

负责收集、整理修缮工程中的各类资料，包括档案、文档、影像、照片等；按照文物工程质量监督相关规定收集并整理画中游建筑群及画中游建筑群彩画保护项目的招投标文件、合同、专家意见、会议纪要以及施工全过程的技术、财务等档案资料，立卷归档；负责档案资料研究与大修实录编辑出版等后续工作。

组长：荣华

成员：朱颐、张斌

5. 监督督察组

负责监督项目工程管理部工作人员的党风廉政建设，监督管理岗位风险点的防控与防范措施；开展各项规章制度和廉洁自律教育工作；对项目招投标、合同履行情况、绩效目标完成进度，以及工程资金使用等重点环节实施监督检查，确保专款专用；全程监管工程项目实施中的违法违纪问题。

组长：王馨

副组长：李伟红

成员：惠杰、张萌萌

（四）设计、监理及施工单位

1. 设计单位

根据建设单位对修缮工程的设计要求，开展详细的建筑现状勘察、了解建筑病害的等级和分布情况，收集并整理建筑历史沿革等资料，编制初步勘察设计方案。

组织开展专家论证会，根据专家论证意见对修缮设计方案进行完善；在完成项目审批过程中，根据文物主管部门的批复意见和相关专家意见进一步修改细化设计方案，直到方案通过审批。

施工正式进场实施前向施工方、监理方进行设计交底和图纸会审，回答疑问，解决各方提出的问题。

施工过程中对现场发生的问题及时派遣专业技术人员到场，迅速有效地解决处理问题，对施工图纸中不详细或与实际不符的内容及时调整，出具工程洽商文件等，确保工程不会因设计方案或过程中遇到的问题而延误工期。

参加工程各分部、分项和工程竣工验收，并完成相关资料的整备归档。

画中游建筑群修缮工程（土建及油饰部分）和画中游建筑群彩画保护项目设计单位均为北京兴中兴建筑设计有限公司，参与设计工作的主要人员如下：

项目主持人：张玉

专业负责人：王木子（彩画保护项目）

审核人：博俊杰

勘察：张玉、王木子、博俊杰、史宏祥、赵达元

测绘：张玉、王木子、博俊杰、史宏祥、赵达元

校核：袁媛

2. 监理单位

参加设计交底和图纸会审。

审查施工方编制的施工组织设计、施工技术方案和施工进度计划，提出具体意见并督促其实施，定期组织召开监理例会。

对工程所用传统材料、构配件进行进场检验并见证取样试验等，确认材料符合设计要求的标准方可使

用；检查工程质量，对分部、分项和隐蔽工程组织阶段验收。

督促施工方严格按照工程设计文件、相关技术标准和技艺流程施工，对质量合格的工程进行计量，认定完成的工程数量，签署工程量确认单。

检查现场的安全防护措施，对不符合行业标准和存在安全隐患的地方及时提出整改要求，必要时可责令停工整改；阶段性检查工程进度、督促工程进度计划的实施。

组织参建各方进行工程竣工初步验收，根据初验所发现的问题督促施工方进行整改，最终使工程达到质量合格标准。

收集、整理监理大纲、规划及例会纪要、监理月报、监理总结等技术档案资料并移交建设方归档。

画中游建筑群修缮工程（土建及油饰部分）和画中游建筑群彩画保护项目的监理单位均为北京华清技科工程管理有限公司。

参与画中游建筑群修缮工程（土建及油饰部分）项目监理工作的主要成员如下：

总监理工程师：徐春平、孙东飞（变更后）

总监理工程师代表：刘福元

专业监理工程师：刘福元、谢盛泉、陈科

资料员：管洋洋

参与画中游建筑群彩画保护项目监理工作的主要成员如下：

总监理工程师：门桂敏

总监理工程师代表：张建青

专业监理工程师：宋金龙

3. 施工单位

熟悉施工图及现场环境，提出方案中未明确或与实际施工操作中不符的问题并在设计交底和图纸会审过程中与设计方沟通解决；根据工程情况及时编制施工组织设计方案、施工进度计划、材料用量计划、机械设备使用计划、人员组织保证计划等。

建立项目管理机构，明确工程的项目经理、技术负责人和各工种施工管理负责人、安全员负责人等；对工人进行现场安全教育和施工质量技术交底，根据实际情况调配施工人员、材料，积极与相关单位协调沟通，做到质量、进度符合要求，安全生产无事故。

严格按照施工图纸和技术标准施工，对建筑材料及建筑构配件进行严格把控和检验，填写材料和构配件进场记录。

进行隐蔽工程质量检查，配合相关方进行分部、分项工程验收。

按时参加每周的监理例会，汇报工程进展情况，协商工程中出现的问题。

工程完工后提交竣工验收申请，通过建设单位、设计、施工、监理各方共同初验后，向北京市文物工程质量监督站申请进行竣工验收。

工程竣工验收合格后，绘制竣工图，收集、整合施工全过程技术档案资料，移交建设单位归档。

画中游建筑群修缮工程（土建及油饰部分）和画中游建筑群彩画保护项目的施工单位分别通过公开招投标确定最终中标单位，两家中标单位均具备文物保护工程施工一级资质。

其中，画中游建筑群修缮工程（土建及油饰部分）施工单位为北京房修一建筑工程有限公司，主要参与成员如下：

项目经理：白剑非、王俊生（变更后）

技术负责人：王鹏

各专业负责人：马玉林（瓦作）、王守福（木作）、王振和（油作）、王文华（画作）

质检员：高云福

材料员：苗玉宝

资料员：张卫民

安全员：王森柱

画中游建筑群彩画保护项目施工单位为北京市文物古建工程公司，主要参与成员如下：

项目经理：马春喜

技术负责人：万彩林

专业负责人：李珅

质检员：刘文凯

材料员：刘灏

资料员：赵玉莲

安全员：王士增

（五）合作研究单位

在画中游建筑群彩画保护项目方案报批过程中，北京市颐和园管理处与中国文化遗产研究院合作对建筑群彩画现状开展科学、系统的前期调查和研究工作，包括调查病害的种类、程度和范围，调查彩画原有的绘制工艺和材料，开展实验室实验和现场试验并对结果进行分析评估，根据评估结果，筛选适合于画中游建筑群彩画的保护材料、工艺和方法。本项工作为画中游建筑群彩画保护项目方案设计奠定了坚实的基础，主要参与成员如下：

项目负责人：王云峰

主要参与人员：王云峰、陈青、宗树、郭艳敏、朱志保

（六）审计单位

对工程建设项目全过程进行跟踪审计，对工程建设项目各环节的真实性、合法性、合规性、完整性及效益性进行审核、审计监督，并提出相应的审计服务咨询意见和建议；针对工程各阶段性支出，核实工程量及实际造价，达到控制建设成本、规范程序、提高基本建设资金使用效益、合理节约投入资金的目的。

画中游建筑群修缮工程（土建及油饰部分）全过程审计单位为北京华审金建工程造价咨询有限公司，主要参与成员如下：

项目负责人：刘颖薇

主要参与人员：李倩、马静

画中游建筑群彩画保护项目全过程审计单位为北京中平建工程造价咨询有限公司，主要参与成员如下：

项目负责人：王世辉

主要参与人员：姚英弟、徐蓓

第二节

施工现场管理

颐和园画中游建筑群修缮工程由土建及油饰部分和彩画保护项目组成，其中彩画保护项目为多年来首次针对颐和园彩画的单一项目研究性保护修缮工程。本次工程采用建设单位、施工单位与监理单位协同管理的模式。

画中游建筑群修缮工程技术含量高、安全责任重。因此，工程建设必须严格遵守文物保护有关法律法规，将工程管理纳入规范化科学管理体系，处理好安全与建设、工期与质量、施工与游览、效率与程序、管理与形象五大关系，将景区修缮工程建设为科学保护工程、优质修缮工程和文化展示工程。

一、工程质量管理

（一）工程质量控制方法

1. 培训技术人员

修缮工作开始前，有关施工人员、施工管理人员及监理人员都应熟读设计图纸和做法说明书，认真领会设计意图，深入了解一些特殊要求。除此以外，还应对画中游建筑群的价值和特征有所了解。

为此，施工前，北京市颐和园管理处项目工程管理部组织相关人员多次开展古建技术培训，学习《中国世界文化遗产 2017 年度总报告》中发布的国家新出台的有关建筑遗产修缮时对瓦、木、油、石等材料的要求以及石质文物、油饰彩画修复做法的规范。让施工人员在施工过程中自觉关注被修缮建筑各方面的特征，避免施工时造成意外损害，保证工程质量。

施工前的现场技术培训

施工前的技术培训

2. 控制原料质量

对原材料、构配件及设备的控制是工程质量的保证。材料订货及加工时，施工单位应向北京市颐和园管理处项目工程管理部、监理工程师提供产地和生产厂家，由监理工程师会同项目工程管理部和施工单位检查其资质，以及质量保证体系与措施，经认可后按检查结果评定样品，依照标准进行验收；材料进场时，必须附有原材料、半成品、成品的质量合格证或试验、检验报告；材料进场后，按规定进行验收，施工单位按批量抽查，并将结果报监理工程师审核；监理单位按原材料、构配件及设备质量签认程序开箱抽查，抽样复试，并见证取样。

木材原料的质量控制

除保证符合文物建筑修缮质量要求以及设计要求外，画中游修缮工程所用各类施工材料还应尽可能与原物的材质、观感保持一致。修缮所用椽子、望板、木装修等木材选用产自东北的红松；柱、梁等大木用料选用产自东北的落叶松；六样、七样琉璃筒、板瓦产自山西怀仁市；尺四方砖、大城样砖产自河北定兴县。

3. 加强现场巡视

依据画中游建筑群修缮工程的特点，北京市颐和园管理处项目工程管理部成立了现场巡视小组，在施工现场进行巡视检查。对关键工序、重点部位和关键控制点进行旁站监理，及时纠正违规操作，消除质量隐患，跟踪质量问题，确保施工效果。并按照有关文件的要求，做好旁站监理记录和监理日记，保存旁站监理原始资料。除此以外，还采用必要的检查、测量和试验手段，验证施工质量，严格执行现场的见证取样和送检制度。

4. 完善验收制度

建立完善的检查验收制度也是保证工程质量的必要举措。

一是隐蔽工程验收。每道工序和隐蔽工程均由施工单位质检员进行自检合格后，报监理单位验收。根据施工单位报送的《隐蔽工程检查记录》，监理工程师和北京市颐和园管理处项目工程管理部人员到现场进行检测核查。对合格的工程予以签认，并准许进行下一道工序；对不合格的工程限期整改，合格后重新报验。

二是分项、分部工程验收。每项分部工程自检合格后，由施工单位填写《分项、分部工程质量报验表》报项目监理单位，由监理单位组织北京市颐和园管理处项目工程管理部、施工单位和设计部门进行四方验收。四方验收合格后，由项目工程管理部通知北京市文物质量监督站参加验收，对不符合要求的签发《不合格工程项目通知》，由施工单位整改合格后再次报验。分项工程的签认必须在施工试验与检测完备、合格后进行。

在施工过程中，监理工程师随时对不合格的施工单位人员提出撤换建议，如发现重大工程质量事故或重大工程隐患，应要求施工单位立即进行纠正，必要时下达工程暂停令。

北京市文物质量监督站等检查机构也定期到景区内检查巡视，对景区工程进度及质量实施行政监督管理。

1	2
3	4
5	

1. 灰背分项工程四方验收
2. 琉璃瓦面分项工程四方验收
3. 宇墙砌筑监理旁站
4. 装修烫蜡监理旁站
5. 望板铺装监理旁站

（二）工程质量控制要点与措施

▼ 画中游建筑群修缮工程土建及油饰部分工作情况表

项目	主要监控内容	重点部位、关键环节	质量要求、控制措施
地面	地面剔凿挖补、局部揭墁、更换水泥方砖、石子路面重做	确定剔凿挖补、局部揭墁的范围	1. 所用材料和做法符合设计或原做法 2. 新砖按旧砖的材质、规格补配，地面砖应完整，不应有缺棱掉角、断裂、破损 3. 垫层必须坚实，灰泥结合层的厚度应符合设计要求或原做法 4. 接缝均匀，宽度一致，油灰饱满严实，表面洁净 5. 冲洗石子，统一石子大小及形制，石子铺墁方式及花饰按现有样式铺墁 6. 地面垫层及铺墁样板进行旁站监理
石活	石活归安、加固、打点勾缝、添配和修补、剔除水泥勾缝、恢复油灰勾缝	1. 确定归安、添配和修补范围 2. 石料加工及安装	1. 补配的石料的质地、颜色与原石料相同或接近，接缝不明显，表面光洁、平整、细腻、不留痕 2. 石活加工及样板安装进行旁站监理

续表

项目	主要监控内容	重点部位、关键环节	质量要求、控制措施
墙体	铲除抹灰、剔凿挖补、拆砌、抹灰等	1. 剔凿挖补范围和拆砌量的确定 2. 砖料加工 3. 墙体砌筑	1. 新砖与旧砖同材质、同规格 2. 拆下的旧砖清理干净，尚可使用的继续使用，接茬处旧砖上的灰浆清理干净 3. 配砖补砌必须浆满馅足，局部拆砌留斜槎 4. 抹灰钉麻揪时麻与麻之间要搭接，布麻均匀，抹灰压麻，分三层赶轧坚实 5. 砖料加工及墙体砌筑样板进行旁站监理 6. 墙体砌筑及时做好工程隐蔽验收工作
大木	大木加固、干裂修补、糟朽剔凿、缺损添配	1. 检测干裂、糟朽程度 2. 确定加固、修补方案 3. 木构件的防腐处理	1. 大木用料的含水率≤ 20%，其材质、规格与原物相符 2. 大木安装（榫卯），柱子墩接，大木防腐，椽、望安装及防腐处理及时做好工程隐蔽验收工作 3. 椽、飞安装，望板铺装及防腐处理样板进行旁站监理
装修	隔扇、帘架、横披窗、挂檐板、支摘窗、坐凳楣子、倒挂楣子、木栏杆、木墙板、几腿罩、天花等的加固、整修、添配，室内白樘篦子吊顶重做，室内装修烫蜡	1. 整修、加固方案及添配量的确认 2. 添配木料的选择 3. 装修构件的制作及安装 4. 烫蜡色泽与质地	1. 添配木料选用一级红松，含水率≤ 12%，其材质、规格与原物相符 2. 开关灵活，位置准确、对称，肩角基本严实，线条基本直顺，五金齐全 3. 做出色标样板，烫蜡后，观感应与木质颜色一致，平整、光滑、无色差、无漏烫 4. 装修构件制作及样板安装、烫蜡进行旁站监理
屋面	拆除瓦件、挑顶、筒瓦捉节，粘接、修补和添配瓦兽件	1. 屋面原状的普查、统计 2. 查明瓦件样数以便补充 3. 旧有瓦件的挑选使用 4. 粘接材料和添配瓦兽件的材质证明资料 5. 屋面苫背、瓦瓦、调脊	1. 添配瓦件的品种、规格、质量及所用灰浆的品种、配比符合设计或原做法 2. 旧有瓦件尽量使用，脱釉严重但胎膜完好的瓦件应尽量使用 3. 瓦兽件粘接后经有关部门检验合格后再归安，添配件无明显色差 4. 新旧瓦件搭接严密，坡度适宜，排水顺畅 5. 屋面苫背、瓦瓦、调脊进行旁站监理 6. 护板灰、泥背、灰背项目及时做好工程隐蔽验收工作
内檐棚壁裱糊	基层清理、顶棚糊纸、墙壁糊纸	1. 确定糊饰范围 2. 合纸	1. 选用纯度较高的优质小麦淀粉作为黏合剂 2. 合好的纸张、棉布必须飘干 3. 顶棚嵌钉必须在托纸棉布干透后进行，顶帽做防锈处理 4. 银印花纸必须上平、贴正、排实，纸张无漏，糨糊无漏，不起层
油饰	基层清理、地仗重做、重新油饰	1. 材料的选择及配比 2. 各道工序的控制 3. 颜色控制 4. 成品保护	1. 地仗的做法和工艺、各种熬制材料、自制加工材料等的调制应符合设计要求，并满足操作工艺要求 2. 油皮采用颜料光油，施图前先制成样板 3. 墙面、地面、柱础必须做好妥善保护，不得损伤、污染 4. 油饰木基层处理和油饰地仗各道工序及时做好工程隐蔽验收工作 5. 油饰地仗基层处理、使麻工序、磨细钻生工序、油饰罩面、彩画拍谱子、彩画刷色、彩画沥粉、彩画贴金进行旁站监理
排水	疏通原有排水口和暗排水沟，新增排水槽、渗水井，局部土地硬化处理	确定排水槽和土地硬化范围	1. 所用材料和做法符合设计或原做法 2. 根据现场实际情况，躲避山石及山体做排水槽

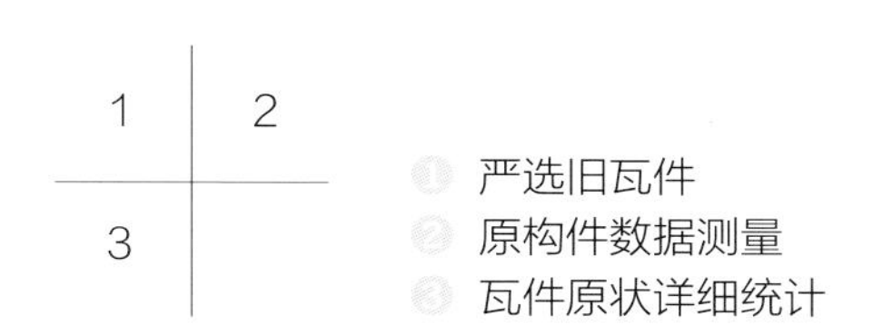

❶ 严选旧瓦件
❷ 原构件数据测量
❸ 瓦件原状详细统计

▼ 画中游建筑群修缮工程彩画保护工作情况表

主要检查内容	重点部位、关键环节	质量要求、控制方法
除尘	除尘工具的选择	应选用气吹、软毛刷、棉签
	除尘的注意问题	开展三次除尘：先整体除尘，去除陈年灰尘；再重点去除鸟粪、泥浆等不易清除污垢；最后清除表面浮尘
	除尘工序问题	除尘要按规程操作，自上而下、由里到外
	不易清除污垢的处理	清理鸟粪时，先软化再清除，避免把彩画表面层带下
颜料层软化	软化工具的选择	选用手持热蒸汽仪器进行油皮地仗的软化工作
	软化程度的把控	控制热蒸汽的温度，彩画部位的蒸汽温度要低于油饰部位；控制热蒸汽仪器与构件间的距离和热蒸时间，以免对彩画造成损伤
回粘	沥粉条回粘与颜料层回粘材料浓度	按前期实验结果确定的浓度调配，不可随意更改配比
	回粘时工具的选择	采用针管注射的方式，使用时控制胶量
	回粘保护及支顶措施	回粘时，操作面下方要铺设白纸防护，如有颜料或彩画碎片掉落应及时粘回
彩画清洗	清洗程度的把控	勤换清洗用的棉球、棉纸，使用过的棉球、棉纸不要再次使用到别的颜色上，避免串色
	清洗时对颜料层的保护	
颜料层加固	加固溶液浓度确定	颜料层加固效果与加固液浓度和加固遍数有关，在施工过程中根据实际情况提高了加固液浓度，减少了遍数，防止加固后颜色的改变
修补地仗	工艺注意要点	新旧地仗交接处需做斜面相交，新做地仗平面高度需略低于旧地仗高度
彩画重绘	彩画题材与绘画原则的确定	要求彩画的绘制技法、构图、色彩与原画相符，原有彩画如有透视不美观的部分可以做细微调整
斗拱彩画重绘	拍谱子	按建筑留存原迹彩画拓样套制谱子，拍谱子时需平正拍打，水平一致，没有偏移

续表

主要检查内容	重点部位、关键环节	质量要求、控制方法
斗拱彩画重绘	沥大、小粉	大粉应两肩一致、对称，小粉应宽窄、大小、风格一致，纹饰自然流畅，做到严、到、实，无流坠
	刷大色、抹小色	刷大色、抹小色应做到严、到、实、无流坠
	包黄胶、码斗口黑	胶线或墨线均应通顺，宽度一致
	拉斗拱粉	应待油作贴金完成后齐金拉白粉，墨边应使用平尺齐黑拉白粉，白粉宽度不应大于边线，无接头、不透地
	压黑老	应用尺子在构件外形的青、绿两大色之上取中填压黑色

检查颜料层加固效果

检查施工资料

（三）工程质量问题处理

对于施工中的质量问题，监理工程师除在日常巡视、抽样复试、重点旁站以及分项、分部工程检验过程中解决外，还应针对质量问题的不同严重程度分别处理。对于可以通过返修弥补的质量缺陷，责成施工单位先写出质量问题调查报告，提出处理方案，监理工程师审核后（必要时经北京市颐和园管理处的项目工程管理部和设计部门认可），批复施工单位处理，处理结果应重新进行验收。对需要返工处理或加固补强的质量问题，除应责成施工单位先写出质量问题调查报告，提出处理意见外，总监理工程师还要签发《工程部分暂停指令》，再与北京市颐和园管理处项目工程管理部和设计部门研究，经设计部门提出处理方案，批复施工单位处理，对处理结果应重新进行验收。

监理工程师与北京市颐和园管理处的施工管理人员不仅要按照文物建筑工程质量检验评定标准、要求工程质量，而且应根据实际情况提出切实有效的方法，以保证施工质量。

1. 油饰彩画专项修复工程

油饰彩画专项修复工程的特点是工序复杂、作业面广、质量控制难度大，因此在画中游建筑群油饰彩画施工全面展开后，监理工程师与北京市颐和园管理处的施工管理人员调整了巡视时间，以便及时与施工人员沟通，随时掌握进度，抓住重要环节。同时，合理安排巡视旁站时间，把好关键工序的质量关。

如地仗工序的施工，因为要在缝隙大、裂痕深的老旧木料上制作，需用木条将缝隙楦满，否则会导致过多灰料进入深缝内，不易干燥，且易塌落、不牢固。实际操作中，容易出现楦缝不到位的情况。巡视中发现，画中游正殿的脊檩、博缝板，湖山真意的山花板等裂缝较多处均有未楦满的缝隙，施工管理人员要求施工单位在下一工序施工之前整改到位。

使麻工序后要开始找各道框线的规矩，按照传统工艺要求，应横平竖直、垫找灰不宜过厚，因此监理工程师要求施工单位分层垫找，用直尺固定，套灰轧线平直，使制作完的框线宽度规格一致。

大木构件的大面积细灰是一麻五灰的最后一层灰，这项工序决定了地仗的平整、细腻和准确程度，细灰的操作过程有许多技巧，也是质量通病最多的一道工序，监理工程师严格检查拌料比例，注意温湿度情况，保证总体施工质量。针对巡检中发现的个别殿座地仗灰存在砂眼、小坑、棱角不直顺的问题，通知施工单位及时处理。此外，为保证各灰层之间粘接牢固，特别要求施工单位用浆灰弥补，尽量少用腻子。

2. 屋面修复工程

画中游建筑群绝大部分殿座都是琉璃屋面，在施工过程中要随时对屋面修缮质量进行检验，及时纠正不符合要求的做法。屋面修缮完成后应对成品进行检验，不符合要求的应责令返工整修。监理工程师与北京市颐和园管理处的施工管理人员在屋面施工巡视检查中，发现画中游正殿夹垄下脚不直顺、爱山楼底瓦有喝风现象，随即要求施工单位更换明显不合境的瓦件，在后续的操作过程中，对瓦件进行仔细筛选，避免由于底瓦摆放不当而造成合缝不严的现象。

3. 地面修复工程

画中游建筑群修缮工程中，地面修缮工程的工程量大且做法不一，为了保证工程质量，北京市颐和园管理处的施工管理人员与监理工程师增加巡视检查次数。巡检过程中发现在室外地面铺墁过程中，三层平台的海墁方砖砖缝不严密，随即要求施工单位重新开缝再勾缝，确保每条砖缝灰都饱满严实。

4. 山石修复工程

在画中游建筑群修缮工程中，除了采用旧有建筑材料、传统材料以及传统工艺做法，还始终坚持不改变文物原状的原则，尽可能真实、完整地保存古建筑的历史原貌和建筑特色。

保留原历史风貌的叠石勾缝

画中游建筑群景区内的假山叠石从清光绪时期至今未有大变动，在山石修缮工程中，施工单位在铲除原有水泥勾缝后，一开始采用了油灰勾平缝的形式，为了更好地留存其初始样貌，突出石材的园林艺术效果，北京市颐和园管理处施工管理人员要求施工单位重新勾缝，使勾缝灰凹进石缝内。

5. 彩画保护项目

北京市颐和园管理处项目工程管理部门严格监管施工单位在开展画中游建筑群彩画保护过程中各个步骤的施工工作。施工管理人员与监理工程师要求施工方根据不同病害的设计要求对彩画进行分类，并进行不同工序的处理。施工前和施工中对施工人员进行技术交底，施工中如遇影响施工质量的恶劣天气，必须停止施工。2020 年底，样板间施工时已进入冬季，项目管理部门要求施工单位在气温较高的中午进行清洗、软化、回粘的工作。在除尘、清洗、加固的过程中尽可能少对原有彩画进行扰动，以免在保护过程中对彩画造成二次破坏。

在加固颜料层的步骤中，颜料层加固效果与加固液浓度和加固液喷涂遍数有关。施工过程中发现，若以用低浓度溶液多次喷涂的方法施工，颜料颜色会有变化，且表面会起亮，于是根据实际情况做出调整，提高了加固液浓度，减少了喷涂遍数。

因地仗残损严重，建筑群彩画大部分残损、大面积褪色，有些建筑部位需要重新做地仗油饰。针对这

北游廊彩画施工前

北游廊彩画施工后

画中游正殿彩画施工前

画中游正殿彩画施工后

一情况，需要对彩画在修缮过程中是否秉持了修旧如旧、原样恢复的原则，是否按原有样式、题材、布局恢复重制特别关注，加强监管。在实际施工过程中，发现南游廊新做彩画的颜色、细节、比例、透视、角度与原有彩画有差别，其中东侧第二间南侧、第三间南侧包袱，西侧第四间、第五间西侧包袱，以及西侧第五间内侧东枋心彩画与原彩画差异较大，巡检人员随即要求施工单位调换绘画技艺高的师傅重新绘制。

对于施工方在彩画除尘保护过程中成果的保持，监理工程师与施工管理人员进行了严格监管，如发现有已清理保护后再次起翘开裂的情况，则及时要求施工方重新施工，以确保彩画保护项目结束后的整体效果。

二、工程进度控制

定期召开监理例会

画中游建筑群修缮工程的施工进度控制主要面临以下难点：一是工程量大且存在变数，本项目工程占地面积为5200平方米，除了12个殿座的建筑修缮工程以外，还要完成院墙、山石、地面、排水等修缮工程，除现有的工程量外，还有一部分隐蔽工作量；二是由于古建筑保护修缮工程的特殊性，许多传统工艺没有详细记载，做法各异，施工过程中每道工序都要经各方检查合格后方可进行，整个工程涉及部门多、社会影响大；三是施工期间有劳动节、国庆节等节日，需要全面停工；四是气候条件的影响；五是疫情防控需要及其他不可抗力的影响。

为了保证工程按质如期完工，北京市颐和园管理处项目工程管理部设立现场巡视小组，由基建队施工现场总管理人及瓦作、木作、油饰彩画各工种的分管人员组成，每日深入工地一线，与监理单位对各分项施工进行协调和监督，实地解决现场发现的问题，减少了返工情况，既加快了施工进度，又保证了施工质量。另外，坚持每周召开监理例会，对巡视检查过程中发现的问题进行研究讨论，及时确定施工方案。

三、消防安全管理

作为国家一级防火区，颐和园的消防安全管理工作非常重要。2018 年 5 月瞰碧台火情后，园方更是将古建消防安全时刻摆在第一位，强化了颐和园内各项生产工作的消防安全管理。在画中游建筑群修缮工程项目施工过程中，北京市颐和园管理处身为建设管理单位，要求施工方必须积极贯彻落实“全面构筑消防安全‘防火墙’工程”的总体部署，不断加强项目施工管理单位的“四个能力”建设，即检查消除火灾隐患能力、组织扑救初期火灾能力、组织人员疏散逃生能力、消防宣传教育培训能力。项目管理单位应做到清楚场地基本情况、知道本单位消防责任人和消防安全管理人、熟悉项目内消防安全环境、明确消防安全职责以及熟悉灭火与应急疏散预案等。

审核消防布置图

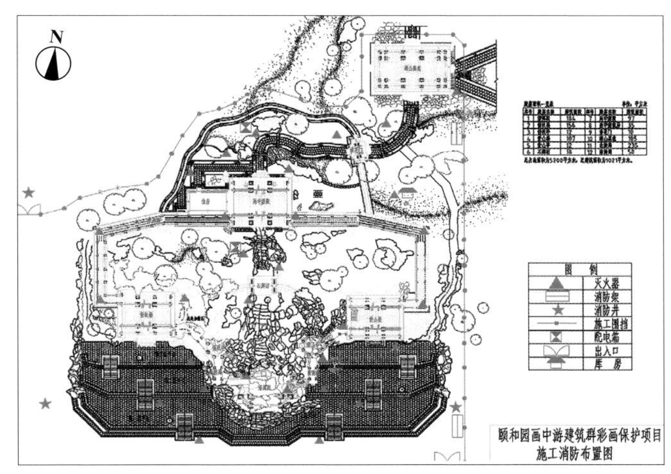

颐和园画中游建筑群彩画保护项目施工消防布置图

（一）消防安全教育培训

项目工程管理部要求施工单位每月对员工进行消防安全教育培训，重点学习防火知识，讲解并演示如何正确使用干粉灭火器，对照项目消防布置图讲解施工现场火灾应急预案。使施工人员清楚了解发现火情后的操作流程，包括如何正确报警、初期火灾扑救、人员疏散逃生路线，并了解施工现场消火栓系统的配置情况。画中游建筑群内植被丰富，秋冬季更是防火关键时期，施工单位需定期、定时、定人对施工现场的枯枝落叶等易燃物进行清理，排除消防隐患。

（二）组织施工方进行消防演习

为提高施工人员的消防安全意识，确保颐和园画中游建筑群彩画保护项目在施工过程中的防火安全，北京市颐和园管理处基建队联合古建工程科定期组织施工人员、值班保卫人员和现场管理人员在项目工地进行消防培训和现场灭火演练。在项目开展过程中共进行了 13 次消防演习。消防演习时首先由安全主管负责人向大家讲解消防灭火器具的使用方法、喷射方向、喷射角度和喷射距离等常识，随后设置假想火点，由多名参加演练的施工人员手执灭火器从不同方向，快速跑向假设易燃物目标，对假设易燃物目标进行灭火演练。通过消防演习，进一步增强全体人员的安全防范意识和自救能力，掌握应急措施的基本操作，防患于未“燃”。

消防演习

（三）监督施工方进行消防器材日常巡检及表格登记

需要日常巡检的消防器材主要包括灭火器、消防水带、消防栓、消防器材（水枪、沙袋、水箱、斧子、铲子）。每日由专人进行检查工作，并做纸质记录。纸质记录包括防火日常安全巡查表和每月灭火器巡查登记表。

画中游建筑群工程消防器材检查项目表

主要检查内容	重点部位、关键环节
灭火器	1. 检查压力表，指针在绿色区域为有效压力；如果压力太高，为红色，有爆裂危险；如果压力太低，为黄色，则不能正常使用 2. 检查压把、保险销、封条，压把外观须正常无变形、无生锈或任何影响使用的故障；保险销应无锈；封条应完整 3. 检查皮管和喷嘴，是否有裂纹损坏或喷嘴堵塞，以免从破损处溢出，或在使用时不能弹出 4. 检查筒体外观，有无生锈，外壳有无凸起，标识是否完整 5. 检查灭火器是否摆放在明显位置，放置灭火器的箱体不允许被覆盖、遮挡
消防水带	检查消防水带是否卷好，有无破损
消防栓	1. 检查消防栓、喷淋管道压力是否正常 2. 检查枪头是否完好，有无破损
消防器材	1. 检查消防水箱的水位 2. 检查消防器材品类和数量是否与填报的一致

检查现场消防器材

（四）临电申请制度及用电安全管理

为加强对施工单位临时用电安全管理，北京市颐和园管理处制定了临时用电申请制度，管理单位以 15 天为一个周期，审批施工单位临时用电申请。检查施工单位申请表内是否如实申报用电容量和接电用途，且按申报容量使用。临时用电必须由审批单位派专业人员安装，施工单位不得私自安装。严禁人为破坏和私自更改计量仪表。申请批准后，施工单位需按现场临时用电管理规定，对现场的线路、用电设施、配电箱进行定期检查并填写在配电箱（柜）每日检查记录表上，由专人负责每日上下班的开关断电并做好记录。北京市颐和园管理处基建队会按照园内临时用电管理规定检查施工单位用电安全，以防发生消防安全事故。

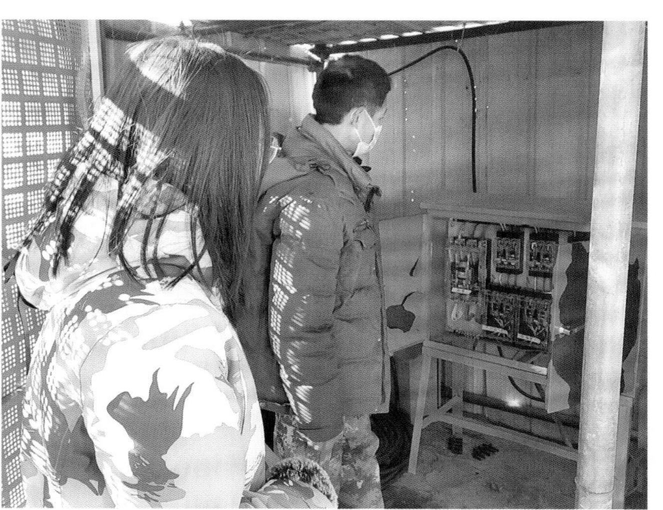

检查配电箱

（五）危险品的运输、存放和使用

古建油饰工程施工中所用的原料、油漆涂料及彩画保护施工中所用的清洁试剂绝大部分有毒、有害，而且还包括一些具有一定腐蚀性或易燃的化学危险品。油漆涂料、线麻、溶剂应分料房储存，不得与其他

施工现场所用危险物出入园管理登记台账

2021 年 8 月 25 日

类别	酒精(纯度: 50%)	入园时间	7:00	离园时间	
体积	（ 1 ）L	入园门区	北宫门	离园门区	
园区内运输路径	北宫门——画中游	运输及使用过程施工单位全程监管负责人（签字）	郭海良		
使用申请用途	彩画清洗				
施工单位现场安全负责人（签字）	赵长胜				

注：油料不得在园区内及周边保护范围内存放，根据需求在使用完成后立即由专人负责运送出园区，且绝不可到未经上述申请运输路径意外的区域。运输过程不得出现遗撒滴漏现象。油料运输或使用过程中出现任何因违规操作造成的任何严重后果由施工单位负责。

施工现场所用危险物出入园管理登记台账

材料混放；库房应通风良好，易挥发的酒精、稀料应装入密闭容器。施工现场的料房应配置防火器材和安全标志。现场施工时应注意将剩余麻须、线麻、绵纸、棉花团及时捡净收回，凡浸擦过桐油、灰油、油漆、酒精等易燃物的物品，不得随便乱扔。监督施工单位定时、定人、定期对施工现场的枯枝落叶等易燃物进行清理并妥善处理，随时清除或及时清运出现场，防止因发热而自燃。易燃易爆材料单独存放，由专人管理，分装交给施工人员使用，材料要做到日用日运，并做好进出颐和园的记录。施工全程严格落实防火责任制。

四、安全文明施工管理

颐和园是我国现存规模最大、保存最完整的皇家园林。在颐和园内施工的队伍需要有更强的文物保护意识和公园服务意识。在施工管理上，始终贯彻“安全第一、预防为主”的安全生产工作方针，认真执行国务院、建设部、北京市关于建筑施工企业安全生产管理的各项规定，把安全生产工作纳入施工管理计划中去，使安全生产工作与生产任务紧密结合，保证施工单位的施工人员在生产过程中的安全与健康，严防各类事故发生。在保证工程质量和工程进度的同时，施工单位对园内建筑、树木、山石、道路等有保护的义务，对游客应礼貌避让、有服务意识。工程应在服从游览活动、尽量避让游人的前提下开展。

（一）安全管理

组织管理方面，由项目现场管理人员、施工单位安全生产负责人、监理单位共同组织、管理施工现场的安全生产工作，使安全生产工作责任到人，各司其职。

制度管理方面，在项目开展前根据国家安全生产规章制度，要求施工单位对全体施工人员进行安全生产教育培训，教育培训需结合安全技术交底内容、作业环境、设施及设备状况、自我保护意识等方面内容展开。在施工中还要根据施工项目定期对施工人员进行安全生产知识教育与考核，召开安全生产工作例会。在重大节假日及国家举行的大型活动前加强安全工作部署，有针对性地进行安全活动教育，提出具体注意事项，并跟踪落实，做好活动记录。在节假日停工期间，需拟定人员值班表，保证日常安全隐患的排除。颐和园内各项目的主要负责部门（古建工程科、基建队、保卫科）每半月对画中游建筑群修缮工程各项目进行一次安全生产检查。如发现安全隐患，立即要求整改；如发现重大安全隐患，需待隐患排除后才可继续生产工作。项目进行中应确保围挡安全，施工单位派专人定期对施工现场外侧围挡、警示标识进行巡视检查；查看脚手架护身栏、挡脚板是否齐全、牢固；脚手板是否按要求做到间距方正、绑牢，有无探头板和空隙。施工单位每日需对围挡、脚手架、库房、临电箱进行巡视检查，并在《重点部位巡查记录表》上记录；对项目范围内主要古建筑外观进行巡视检查，并在《文物巡查记录表》上记录。

安全防护管理方面，要求施工单位在现场必须配备持有北京市住房和城乡建设委员会签发的安全员证的专职安全员，所有人员进入施工现场必须佩带质量合格的安全帽。在施工过程中要严格落实安全生产责任制及各项安全规章制度和操作规程；作业人员要服从专职安全员的监督管理和检测；各类施工脚手架需严格按照脚手架安全技术防护标准和支搭方案及安全技术交底进行搭设，由技术、安全、使用三方进行验收，履行填写验收表和签字的手续，验收合格后方可投入使用。画中游建筑群工地位于万寿山南坡，地面多为方砖铺设，山石较多、植被较少，夏季高温天气为防止施工人员中暑，要求施工单位采取防暑降温措施，配备防暑降温药品。此外还要做好防汛演练预案。

重点部位巡查记录表						
日期	围挡	脚手架	库房	临电箱	其他	巡检人
月日						
月日						
月日						
月日						
月日						
月日						
月日						
月日						
月日						
月日						
月日						
月日						
月日						
月日						
月日						

重点部位巡查记录表

文物巡查记录表										
日期	澄辉阁	爱山楼	爱山亭	借秋楼	借秋亭	北游廊	南游廊	画中游殿及西值房	湖山真意	巡查人
月日										
月日										
月日										
月日										
月日										
月日										
月日										
月日										
月日										
月日										
月日										
月日										
月日										
月日										
月日										

文物巡查记录表

（二）施工现场管理

工程围挡应采用颜色与园内景观协调的木板或铁板等牢固的硬制物品，在保证围挡整洁、美观、严密、牢固的同时尽量减少占地范围。搭设围挡还应考虑到游客的游览路线，尽量减小影响，围挡封路时应有警示牌，提示游客注意安全，不得在围挡外堆放物料。

在项目工程管理中，管理人员重点要求施工单位对所施工的建筑、道路、植被做保护措施；施工中所用材料不得污染墙体、地面；瓦工施工和灰时应有垫板保护地面；各工序完工后应注意保护施工成果，竣

画中游建筑群牌匾保护

修缮公告牌

围挡外围警示标识

项目工地内安全标识

工后需场光地净。

为有效防治城市扬尘污染，改善环境及空气质量，保障人体健康，北京市颐和园管理处项目工程管理部制定了制度化、规范化的扬尘治理措施。施工现场的建筑垃圾设专门的垃圾分类堆放区，建筑垃圾要做到根据垃圾数量随时清运，以免产生扬尘。同时，清运垃圾的专用车辆每次装完后用布盖好，避免途中遗撒和运输过程中造成扬尘。白灰和其他易飞扬的细颗粒散装材料尽量安排库内存放，如露天存放，应严密苫盖。在做石灰的熟化、灰土施工、油饰地仗修复（磨灰）等工序时要适当配合洒水，以减少扬尘对游客的不良影响。

施工单位需对画中游建筑群修缮工程范围内的古树进行包裹保护。树干用草绳包裹，并在树干外侧用木板封护，避免施工时刮伤；禁止用树木做支撑物、拉线，或在树上悬挂标识；严禁向树池内倾倒施工废水。修缮工程中遇到古树保护与修缮范围有冲突时，需向北京市颐和园管理处的园林部门请示、协商，再做处理。

对室内隔扇、花罩要进行保护。能拆卸的隔扇等构件要拆下集中保护；各种花罩在施工前用软塑料布盖严，用胶条粘牢，不得使用铁丝和钉子，两面设防护罩避免碰撞、损坏，防护罩用 3 厘米厚的木板钉成，高度同花罩，施工时定期检查，完工后仍然盖好，待全部完工后拆除防护架并清扫。

道路保护措施

（三）物料运输管理

颐和园内的施工人员应遵守园内有关规定，接受项目工程管理部人员管理。在颐和园内需穿本单位工作服，注意自己的言行举止，不得在工地和颐和园内吸烟，语言、行为都应符合文明规范。在颐和园园区内运输物料、渣土，应按现行环保要求，采用密封专用车辆，以防在运输途中遗撒灰土。车辆统一颜色，标注单位名称，车腿做好保护装置。

由于画中游建筑群修缮工地运输道路多为山地台阶，且坡度较大，运输途中经过台阶处应垫砖块或软木板作为保护。运输时间应避开游客游览高峰期，在早 9:00 前和晚 16:00 后的游客稀少时段进行。在运输途中设专职安全员，避免车辆与游客或建筑发生磕碰。北京市颐和园管理处的管理人员如发现施工单位在非规定运料时间内运输，会对施工单位做出提醒或警告。

（四）资料、信息管理

为保证彩画保护修缮工艺和画中游建筑群原有彩画信息的留存，项目设置专人进行技术资料管理。资料管理采用施工技术资料与施工质量检查同步、影像资料与文字资料相结合的方式，真实、全面地记录颐和园画中游建筑群彩画保护项目中各个步骤的操作工艺。北京市颐和园管理处的工程管理人员、设计部门以及监理单位、施工单位分别进行各自的档案收集整理工作，需保证资料的完整性和统一性。

为更好地进行工程质量、进度、安全的把控，施工方和监理方需定期向管理部门报送工程相关资料，包括会议纪要、施工及监理月报、应急预案等，并需每日报送当日施工内容及照片等信息。

五、疫情防控管理

为有序开展建设工程，有效防控新冠疫情，落实施工安全生产条件，确保工程安全稳定地开展，项目工程管理部制定了科学合理、操作性强的复工生产实施方案和疫情防控应急预案，包括安全防范、应急处理、信息报送等具体措施。

（一）人员排查登记制度

严格落实现场人员实名制管理，施工单位开工前需提供人员花名册，花名册包含项目工程管理部和施工、后勤等全部人员，并掌握、排查、登记每名员工近期出行情况，排查确认职工密切接触者中有无来自疫情中、高风险区的人员，加强对项目内人员的体温、健康宝、行程码的监管和记录。北京市颐和园管理处的现场管理人员会不定期检查人员体温记录情况和健康宝信息，要求施工单位在项目工程管理部配有体温检测仪器，每日填写人员健康台账（一日两次测温记录），每日上报在施工人员的健康宝信息。

（二）疫情封闭管理制度

为严格落实《北京市住房和城乡建设委员会关于施工现场新型冠状病毒感染的肺炎疫情防控工作管理规定》，施工现场实行封闭式集中管理。施工现场围挡必须严实牢固，出入口使用期间，必须由专职卫生员对进入人员进行测温登记，核对人员情况。要求施工单位选择合法经营的餐饮配送单位订、送餐，核实相关证照，确保食品来源安全可靠，严格落实索票索证制度，不得采购违法违规食品和高风险食品。包含项目工程管理部、施工、后勤等全部人员在内应减少流动，项目内人员无特殊情况不可离京，所有回京人员需在自行隔离观察后持核酸检测证明向园内申请，经批准后，才可入园开展工作。在整个项目进行过程中，施工人员住宿、上下班、饮食均应实行统一管理，严防疫情输入性传播。

附件2：颐和园项目部人员健康台账

记录日期：[illegible]　　记录人：[illegible]

序号	姓名	到岗时间	离岗时间	健康情况			外出情况	
				进入时测温	二次测温	是否出现发热、干咳等不适症状	中途是否外出	外出事由
	[illegible]	6.40		36.3		否		
	赵长胜	6.50		36.3		否		
	[illegible]	6.40		36.4		否		
	吴振国	6.40		36.3		否		
	郑兰胜	6.40		36.3		否		
	王恩	6.50		36.4		否		
	王帅	6.40		36.3		否		
	[illegible]	6.50		36.4		否		
	[illegible]	6.50		36.4		否		
	[illegible]	6.50		36.4		否		
	吴长江	6.50		36.3		否		
	刘俊杰	6.40		36.3		否		
	吴小英	6.40		36.2		否		
	[illegible]	6.50		36.1		否		
	[illegible]	6.40		36.3		否		
	[illegible]	6.50		36.3		否		

颐和园项目部人员健康台账

现场检查施工人员健康宝

（三）核酸检测制度

根据北京市颐和园管理处相关防控管理措施，园内拟定每周对颐和园内重点岗位职工及社会化人员进行核酸检测工作。在画中游建筑群修缮工程施工期间，建设单位共组织对施工管理人员进行了63次核酸检测。

（四）防疫措施

项目工程管理部在工地大门处安排专人负责每天对施工管理人员进行上、下午两次体温测量，记录在健康台账上，发现问题及时上报，做好外来人员的登记和体温测量工作。在入口处设置专门区域摆放消杀设备，包括一次性口罩、测温枪、免洗洗手液和75%酒精喷壶。

检查门卫防护措施

检查健康台账登记情况

现场管理人员每月检查施工单位采购酒精、消毒液等防疫物资和设备的购买台账；检查施工单位对办公室等重点区域和人员密集处实行的每日消毒和通风处理记录；每日对施工出入口、施工区域、库房、建筑垃圾堆放区等重点区域进行不少于三次的预防性消毒，消毒方法需符合北京市疾病预防控制中心发布的《新型冠状病毒肺炎流行期间预防性消毒指引》，同时要保持室内环境清洁和空气流通。施工方需每日用75%酒精进行环境消毒，并记录在项目工程管理部消毒记录表上；安排专人负责防疫物资的发放及使用管理；加强个人防护，监督施工人员的口罩佩戴情况；设置废弃口罩垃圾桶，加强对废弃防疫物资安全处理工作的管理。

北京市文物古建工程公司颐和园项目部消毒记录表　已消毒√/未消毒×　日期：2021年11月																																
地点	日期	1	2	3	4	5	6	7	8	9	10	11	12	13	14	15	16	17	18	19	20	21	22	23	24	25	26	27	28	29	30	31
宿舍	早	√	√	√	√	√	√	√	√	√	√	√	√	√	√	√	√	√	√	√	√	√	√	√	√	√	√	√	√	√	√	√
	中	√	√	√	√	√	√	√	√	√	√	√	√	√	√	√	√	√	√	√	√	√	√	√	√	√	√	√	√	√	√	√
	晚	√	√	√	√	√	√	√	√	√	√	√	√	√	√	√	√	√	√	√	√	√	√	√	√	√	√	√	√	√	√	√
班车	早	√	√	√	√	√	√	√	√	√	√	√	√	√	√	√	√	√	√	√	√	√	√	√	√	√	√	√	√	√	√	√
	中	√	√	√	√	√	√	√	√	√	√	√	√	√	√	√	√	√	√	√	√	√	√	√	√	√	√	√	√	√	√	√
	晚	√	√	√	√	√	√	√	√	√	√	√	√	√	√	√	√	√	√	√	√	√	√	√	√	√	√	√	√	√	√	√
工地	早	√	√	√	√	√	√	√	√	√	√	√	√	√	√	√	√	√	√	√	√	√	√	√	√	√	√	√	√	√	√	√
	中	√	√	√	√	√	√	√	√	√	√	√	√	√	√	√	√	√	√	√	√	√	√	√	√	√	√	√	√	√	√	√
	晚	√	√	√	√	√	√	√	√	√	√	√	√	√	√	√	√	√	√	√	√	√	√	√	√	√	√	√	√	√	√	√
单位名称：北京市文物古建工程公司																									记录员：赵长胜							

北京市文物古建工程公司颐和园项目部消毒记录表

北京市颐和园管理处项目工程管理部专设疫情防控应急领导小组，负责组织施工人员进行日常防疫知识培训并进行心理疏导，及时解释政策并对不实信息进行辟谣，保证施工人员不信谣、不传谣，不利用社交软件传播不实言论和信息；将新冠疫情防控教育纳入人员入场和每日岗前培训及创新教育和交底活动；减少集中式教育，减少人员聚集；通过宣传教育，普及新型冠状病毒感染防控知识，提高项目人员的自我保护意识，引导和督促工作人员培养良好的卫生习惯，落实群防群控。

附录

颐和园画中游建筑群修缮工程大修实录

附录一：画中游大事记

清代乾隆时期（1736~1796年）

乾隆十九年（1754年）以前，画中游建筑群的主体建筑已基本建成。

乾隆十九年闰四月初九日，画中游建筑群已经完工，参见中国第一历史档案馆藏《清漪园总领、副总领、园丁、园户、园隶、匠役、闸军等分派各处数目清册》。

乾隆十九年正月十九日后，乾隆皇帝游万寿山画中游，作《晓春万寿山即景八首》。

乾隆二十年（1755年）四月二十五日，乾隆皇帝御笔题写了匾文“爱山楼”“借秋楼”“澄辉阁”。

乾隆二十一年（1756年）四月初十日前，乾隆皇帝游万寿山画中游，作《初夏万寿山杂咏》。

乾隆二十九年（1764年）四月十二日，乾隆皇帝游澄辉阁，作《题澄辉阁》。

乾隆二十九年六月初六日，乾隆皇帝游借秋楼，作《借秋楼》。

乾隆三十一年（1766年）六月十七日后，乾隆皇帝游借秋楼，作《借秋楼口号》。

乾隆三十三年（1768年）六月初二日后，乾隆皇帝游借秋楼，作《借秋楼》。

乾隆三十三年六月二十五日后，乾隆皇帝游借秋楼，作《借秋楼》。

乾隆三十四年（1769年）五月二十一日后，乾隆皇帝游借秋楼，作《借秋楼口号》。

乾隆三十七年（1772年）正月初一至十五日，乾隆皇帝游爱山楼，作《爱山楼》。

乾隆三十八年（1773年）正月十三日后，乾隆皇帝游爱山楼，作《爱山楼》。

乾隆四十年（1775年）正月初一至十五日，乾隆皇帝游爱山楼，作《爱山楼》。

乾隆四十年正月初五，乾隆皇帝游澄辉阁，作《澄辉阁口号》。

乾隆四十二（1777年）年正月初一日后，乾隆皇帝游爱山楼，作《爱山楼》。

乾隆五十二年（1787年）正月二十四日，乾隆皇帝游澄辉阁，作《澄辉阁》。

乾隆五十三年（1788年）八月初七日完成工程预算后，正式开展爱山楼、借秋楼、画中游东山游廊以及湖山真意敞厅的屋面整修工程，至乾隆五十五年（1790年）十月完工，历时两年余。参见中国第一历史档案馆藏《修理清漪园等处工程用过工料银两数目》。

乾隆五十四年（1789年），乾隆皇帝游爱山楼，作《爱山楼口号》。

乾隆五十四年五月，开展澄辉阁及东、西八方亭和游廊的挑换大木、整修屋面等修缮工程，约于乾隆五十六年（1791年）十二月完工。参见中国第一历史档案馆藏乾隆五十六年十二月十七日《清漪园等处工程用过银两数目》。

乾隆五十六年正月二十三日后，乾隆皇帝游澄辉阁，作《澄辉阁》。

乾隆五十八年（1793年）正月二十五日，乾隆皇帝游爱山楼，作《题爱山楼》。

清代嘉庆至咸丰时期（1796~1861 年）

嘉庆十六年（1811 年）以前，对澄辉阁及东、西八方亭和游廊开展拆盖糟朽大木的粘修工程。参见《清漪园澄辉阁等座粘修销算银两总册》。

咸丰十年（1860 年），颐和园等位于北京西郊的皇家园林遭到英法联军焚掠。结合德贞（John Dudgeon）在 1870 年拍摄的一张颐和园万寿山昆明湖全景照片，爱山楼、借秋楼、石牌楼以及湖山真意应在当时幸存。

清代光绪时期（1875~1908 年）

光绪十四年（1888 年），颐和园整体重修工程开工。

光绪十八年（1892 年），画中游建筑群的修缮工程业已开工（据颐和园重修《工程清单》推测）。

光绪十八年底或光绪十九年（1893 年）初，对画中游正殿、爱山楼和借秋楼内檐装修重新设计，参见中国国家图书馆藏国 344–0705《画中游内檐装修图样》。

光绪十九年正月至光绪二十年（1894 年）五月之间，对画中游建筑群组内的泊岸、宇墙、甬路、垂花门等设施以及爱山楼、借秋楼、游廊、澄辉阁、湖山真意和东、西八方亭等建筑单体进行修缮，此次修缮开展了较大规模的油漆彩绘工程，详细内容参见颐和园重修《工程清单》。

1912~1949 年

1932 年，租户倪道杰出资油饰画中游建筑群，在澄辉阁下层中间刻碑碣一方，镌有《重新画中游亭记》。

1949 年至今

1950 年，小修爱山楼。

1951 年，整修画中游主亭，拆除《重新画中游亭记》石碑。

1953 年，照原样油饰整修画中游建筑群，山石加固整修。

1963 年，32 间游廊挑顶翻修。

1967 年，爱山楼挑顶。

1970 年，整修画中游建筑群。

1977 年，画中游建筑群屋面挑顶，油饰彩画按原样恢复，山石墙体整修。

1984 年，部分廊亭维修。

1986 年，部分地面整修。

1997 年，屋面查补，添配残失瓦件，木装饰构件整修，下架油饰。

2005 年，屋面维修。

2013 年 3 月，对画中游建筑群开展勘察设计工作。

2013 年 7 月 17 日，召开设计方案专家评审会，专家包括中国文化遗产研究院原总工程师付清远、故宫博物院建筑部总工程师王时伟、中国文物信息咨询中心副总工程师王立平。专家建议进一步深化勘察，补充、完善勘察及设计方案，并提出了修改意见。

2013年8月28日，《颐和园关于画中游修缮工程方案的请示》（颐园建文〔2013〕82号）上报北京市公园管理中心。2014年4月23日，收到《北京市公园管理中心关于颐和园画中游修缮工程方案的批复》（京园综函〔2014〕114号）。

2013年12月31日，《关于画中游修缮工程方案的请示》（颐园建文〔2013〕86号）上报北京市文物局。2014年5月30日，国家文物局下达《关于颐和园画中游建筑群修缮工程方案的批复》（文物保函〔2014〕1209号）。2014年6月11日，收到《北京市文物局关于颐和园画中游建筑群修缮工程方案的复函》（京文物〔2014〕725号）。

2017年7月18日，《颐和园关于画中游建筑群修缮工程方案核准的请示》（颐园建文〔2017〕79号）和《颐和园关于画中游建筑群修缮工程彩画专项方案的请示》（颐园建文〔2017〕80号）上报北京市文物局。2017年8月25日，收到《北京市文物局关于颐和园画中游建筑群修缮工程方案核准的复函》（京文物〔2017〕1142号）。2017年9月25日，国家文物局下达《国家文物局办公室关于颐和园画中游建筑群彩画保护项目的意见》（办保函〔2017〕1115号）。2017年10月16日，收到《北京市文物局关于颐和园画中游建筑群彩画保护项目的复函》（京文物〔2017〕1426号）。

2017年9月19日，《颐和园关于画中游建筑群修缮工程方案核准的请示》（颐园建文〔2017〕105号）上报北京市文物局。2017年10月31日，收到《北京市文物局关于颐和园画中游建筑群修缮工程方案核准意见的复函》（京文物〔2017〕1517号）。

2018年5月18日，抽取画中游建筑群修缮工程招标代理机构。北京市海诚公证处的公证人员，五家受邀的备选招标代理机构，北京市公园管理中心计划财务处张岳、综合管理处张琪，北京市颐和园管理处副园长秦雷参加会议。

2018年6月15日，确定画中游建筑群修缮工程设计中标单位为北京兴中兴建筑设计有限公司。

2018年7月4日，《颐和园关于画中游建筑群彩画保护项目方案的请示》（颐园建文〔2018〕106号）上报北京市文物局。

2018年8月14日，确定画中游建筑群修缮工程施工中标单位为北京房修一建筑工程有限公司。

2018年8月24日，确定画中游建筑群修缮工程施工中标单位为北京华清技科工程管理有限公司。

2018年9月10日，画中游建筑群修缮工程办理北京市文物质量监督站工程质量监督注册登记（京文质注字〔2018〕第108号）。

2018年9月17日，画中游建筑群修缮工程组织施工单位进场。

2018年9月20日，画中游建筑群修缮工程设计交底。

2018年10月24日，国家文物局下达《国家文物局关于颐和园画中游建筑群彩画保护项目的批复》（文物保函〔2018〕1325号）。2018年11月8日，收到《北京市文物局关于颐和园画中游建筑群彩画保护项目方案的复函》（京文物〔2018〕1770号）。

2019年7月30日，《颐和园关于画中游建筑群彩画保护项目方案核准的请示》（颐园建文〔2019〕87号）上报北京市文物局。

2019年8月25日，画中游建筑群修缮工程主体结构验收合格。

2019年9月9日，收到《北京市文物局关于颐和园画中游建筑群彩画保护项目方案核准的复函》（京文物〔2019〕1368号）。

2019年9月19日，画中游建筑群修缮工程装饰装修验收合格。

2019年9月30日，画中游建筑群修缮工程屋面验收合格。

2020年1月1日，画中游建筑群修缮工程冬季停工。

2020年5月6日，画中游建筑群修缮工程复工。

2020年5月9日，北京市文物工程质量监督站站长郭明宇、副站长刘秉涛对工程复工情况和疫情防控措施落实情况等进行检查和调研。

2020年8月18日，画中游建筑群修缮工程油饰彩画验收合格。

2020年9月7日，确定画中游建筑群彩画保护项目施工中标单位为北京市文物古建工程公司。

2020年9月10日，画中游建筑群修缮工程地基与基础验收合格。

2020年9月22日，画中游建筑群彩画保护项目办理北京市文物质量监督站工程质量监督注册登记（京文质注字〔2020〕第086号）。

2020年9月30日，画中游建筑群修缮工程地面验收合格。

2020年9月30日，北京市文物局组织宣传处处长王昕，北京市文物工程质量监督站站长郭明宇、副站长刘秉涛对工程进展情况、施工质量以及现场安全管理各项措施进行节前检查。

2020年10月9日，画中游建筑群修缮工程完成建设、施工、设计、监理四方验收。

2020年10月22日，画中游建筑群彩画保护项目组织施工单位进场，设计交底。

2020年11月20日，画中游建筑群修缮工程完成北京市文物工程质量监督站竣工验收及备案（京文质备字〔2020〕第060号）。

2021年1月1日，画中游建筑群彩画保护项目冬季停工。

2021年3月3日，画中游建筑群彩画保护项目复工。

2021年10月13日，画中游建筑群彩画保护项目油饰彩画验收合格。

2021年10月19日，完成画中游匾额仿制替换工作。

2021年11月1日，画中游建筑群彩画保护项目完成建设、施工、设计、监理四方验收。

2020年11月4日，画中游建筑群彩画保护项目初验，专家验收组成员包括国家文物局专家组组长张之平、故宫博物院研究馆员杨红、故宫博物院工程管理处处长尚国华。

2021年11月24日，画中游建筑群彩画保护项目完成北京市文物工程质量监督站竣工验收及备案（京文质备字〔2020〕第108号）。

光绪时期画中游建筑群修缮项目起止时间表

建筑	修缮项目	始工时间	竣工时间
画中游正殿	北荷叶墙、东面垂花门竖立大木	光绪十九年三月初六日	光绪十九年三月初十日
	前、后檐压面石均扁光见细	光绪十九年正月廿一日	光绪十九年正月廿九日
	成作内、外檐装修，前、后檐压面柱顶等石扁光见细	光绪十九年二月初六日	光绪十九年三月三十日
	成作内、外檐装修，枋梁大木油饰彩画	光绪十九年二月廿一日	光绪十九年四月初五日
	随垫椽木望板	光绪十九年三月十一日	光绪十九年三月十五日
	油饰彩画	光绪十九年四月初一日	光绪十九年八月十五日
	周围压面石扁光见细	光绪十九年四月廿六日	光绪十九年廿九日
	成作内檐装修	光绪十九年五月初六日	光绪十九年五月初十日
	油饰彩画	光绪二十年二月十六日	光绪二十年二月三十日
	油饰柱木	光绪二十年六月十一日	光绪二十年六月十五日
	前成墁甬路砖	光绪二十年六月廿六日	光绪二十年六月廿九日
	以西接墁甬路成砌宇墙	光绪二十年七月初六日	光绪二十年七月十五日
附属建筑	北荷叶墙、东面垂花门竖立大木	光绪十九年三月初六日	光绪十九年三月初十日
	北荷叶围墙东面垂花门头停布瓦	光绪十九年三月十六日	光绪十九年三月三十日
	东、西游廊及北荷叶围墙油饰彩画	光绪十九年四月初一日	光绪十九年四月初五日
	东、西游廊以北垂花门油饰彩画	光绪十九年四月初一日	光绪十九年四月廿五日
	东、西游廊油饰彩画	光绪十九年四月十六日	光绪十九年四月廿五日
	东面垂花门油饰彩画	光绪十九年四月廿六日	光绪十九年四月廿九日
	垂花门油饰彩画	光绪十九年六月初一日	光绪十九年六月初五日
	东面垂花门油饰彩画周围抹饰占斧见细	光绪十九年六月初六日	光绪十九年六月初十日
	东面垂花门油饰彩画周围压面石占斧见细	光绪十九年六月十六日	光绪十九年六月三十日
	垂花门油饰彩画	光绪十九年七月初一日	光绪十九年七月初五日
	东、西游廊东面垂花门油饰彩画	光绪十九年八月初一日	光绪十九年八月初五日
	东、西游廊东面垂花门周围压面石扁光见细	光绪十九年八月初六日	光绪十九年八月初十日
爱山楼	前、后檐压面石均扁光见细	光绪十九年正月廿一日	光绪十九年正月廿九日
	成作内、外檐装修，前、后檐压面柱顶等石扁光见细	光绪十九年二月初六日	光绪十九年二月初十日
	成作内檐装修压面等石扁光见细	光绪十九年二月十六日	光绪十九年二月二十日
	成作内、外檐装修，枋梁大木油饰彩画压面筑打等石扁光见细	光绪十九年二月廿一日	光绪十九年二月廿五日
	接续油饰彩画，前、后檐压面等石均扁光见细	光绪十九年二月廿六日	光绪十九年二月廿九日
	油饰彩画	光绪十九年三月初一日	光绪十九年七月廿九日
	周围压面石扁光见细	光绪十九年八月初六日	光绪十九年八月二十日
	成作内檐装修	光绪十九年八月廿一日	光绪十九年十一月廿五日
	前叠落泊岸安砌大料石	光绪十九年十二月廿一日	光绪二十年正月初十日

续表

建筑	修缮项目	始工时间	竣工时间
爱山楼	楼前泊岸安砌石料	光绪二十年正月十一日	光绪二十年三月初十日
	楼前泊岸筑打背后灰土	光绪二十年三月十一日	光绪二十年四月初五日
	楼前叠落泊岸摆砌山石	光绪二十年四月十一日	光绪二十年五月初十日
	楼前泊岸接砌宇墙	光绪二十年五月初六日	光绪二十年五月二十日
	泊岸上借砌宇墙随墁地面砖	光绪二十年五月廿六日	光绪二十年五月廿九日
	泊岸以西筑打灰土	光绪二十年五月廿六日	光绪二十年六月十五日
	前叠落泊岸成砌宇墙	光绪二十年六月廿一日	光绪二十年六月廿五日
	西至后山甬路成墁方砖	光绪二十年七月初一日	光绪二十年七月初十日
	前面泊岸接砌宇墙	光绪二十年七月十六日	光绪二十年十月二十日
	接砌踏跺	光绪二十年九月十一日	光绪二十年十月初十日
借秋楼	前、后檐压面石扁光见细	光绪十九年正月廿一日	—
	油饰彩画	光绪十九年三月廿一日	光绪二十年九月初五日
	成作内檐装修	光绪十九年八月廿一日	光绪十九年十一月廿五日
	前叠落泊岸安砌大料石	光绪十九年十二月廿一日	—
	楼前泊岸筑打背后灰土	光绪二十年三月十一日	光绪二十年四月初五日
	楼前泊岸接砌宇墙	光绪二十年五月初六日	—
	接砌踏跺	光绪二十年九月十一日	光绪二十年九月廿五日
澄辉阁	油饰彩画	光绪十九年四月初一日	光绪二十年九月初五日
	上层檐签钉椽木望板，下层檐安钉楼板，前面续修护脚泊岸清理地基	光绪十九年八月初六日	—
	泊岸地脚刨槽筑打灰土	—	光绪十九年九月初五日
	成作横楣坐凳，前面泊岸錾打石料	光绪十九年十一月初一日	光绪十九年十一月初五日
八方亭	前八方亭泊岸清理地基	光绪十九年八月十一日	光绪十九年八月二十日
	前八方亭头停苫背，泊岸地脚刨槽	光绪十九年八月廿一日	光绪十九年八月三十日
	前面八方亭墁地面砖成作横楣坐凳，泊岸筑打灰土	光绪十九年九月初六日	光绪十九年九月十五日
	八方亭墁地面砖泊岸筑打灰土	光绪十九年九月十六日	光绪十九年九月二十日
	八方亭内接墁地面砖	光绪十九年九月廿一日	光绪十九年十月二十日
	八方亭前叠落泊岸錾打石料	光绪十九年九月廿一日	光绪十九年十月三十日
	布瓦已齐	光绪十九年十二月初一日	光绪十九年十二月初五日
	前成墁甬路砖	光绪二十年六月廿六日	光绪二十年六月廿九日
	八方亭前摆砌山石泊岸	光绪二十年七月初六日	光绪二十年七月十五日
	八方亭油饰彩画	光绪二十一年三月初一日	光绪二十一年五月廿五日
游廊	北游廊并八方亭叠落游廊安钉横楣坐凳	光绪十九年二月初六日	光绪十九年二月廿五日
	油饰彩画	光绪十九年二月十六日	光绪十九年七月廿九日

续表

建筑	修缮项目	始工时间	竣工时间
游廊	布瓦	光绪十九年十一月廿六日	光绪十九年十二月二十日
	叠落泊岸安砌石料	光绪十九年十二月十一日	—
东、西八方亭	竖立大木	光绪十九年七月十六日	光绪十九年七月廿五日
	叠落泊岸錾打石料	光绪十九年七月廿六日	—
	布瓦	光绪十九年十一月廿六日	光绪十九年十二月二十日
	油饰彩画	光绪二十年二月十六日	—
湖山真意	前、后檐压面石扁光见细	光绪十九年正月廿一日	—
	油饰彩画	光绪十九年三月廿一日	光绪十九年八月十五日
	东、南、北三面山道筑打灰土	光绪十九年九月初六日	光绪十九年九月初十日
	山道甬路筑打灰土砍磨砖块	光绪十九年九月十一日	光绪十九年九月十五日
	甬路	光绪十九年九月十六日	光绪二十年四月初五日
	搭运点景山石	光绪二十年正月初一日	光绪二十年正月二十日
	摆砌点景山石	光绪二十年四月廿一日	光绪二十年六月廿五日

附录二：图版

澄辉阁

石牌坊

画中游正殿

澄辉阁彩画

湖山真意彩画

北游廊彩画

南游廊彩画

后 记

在国家文物局、北京市文物局、北京市文物工程质量监督站、北京市公园管理中心等政府部门的关心指导和鼎力支持下，以及付清远、王时伟、王立平、郭宏、张之平、杨红、尚国华、马炳坚、刘大可、高业京、陈青等文物古建专家的建议和帮助下，经多方协作，为期三年三个月的颐和园画中游建筑群修缮工程终于圆满结束了。在新冠疫情不可抗力因素的影响下，工程得以顺利完成，这既离不开严格、周密的组织与实施，更得益于各级领导对项目的高度重视。在本书即将付梓之际我们对关心、支持本次修缮工程的专家、领导及同仁表示感谢！

在颐和园画中游建筑群修缮的过程中，勘察设计、项目立项、招标、施工以及竣工验收等环节都严格按照国家有关规定开展推进，遵照文物主管部门批复方案意见组织实施。参与工程的相关单位也均有相应的专业资质。修缮工程遵循不改变文物原状、可逆和最少干预的原则，恢复建筑的原形制，保留建筑的原结构、原材料和原工艺，力求保证文化遗产的真实性、完整性、延续性。

本次修缮工程秉持研究性保护的理念，北京颐和园管理处与高校及科研机构、设计及施工单位紧密合作，积极交流，组建了由古建工程建设管理部门、历史文化研究部门以及高校相关专业等组成的学术团队，由多专业人员协调配合，开展历史、古建、材料检测等多学科综合研究，为将颐和园的古建修缮工作全面推向研究性保护奠定了坚实基础。

对于施工过程中遇到的技术问题，由古建专家、建设单位、设计单位、监理单位、施工单位组成的技术小组在现场根据具体情况协商解决。技术组利用现代科技手段，将对建筑群病害现状的科学检测贯彻于整个修缮过程，以充分的现场调研和系统的病害机理分析为基础，以现场试验结果为依据，有针对性地提出相应的修缮保护方案并予以实施。

自画中游建筑群大修项目启动，北京市颐和园管理处即开展了相关的文献档案收集、保护现状调查等工作，梳理了中华人民共和国成立后有关画中游建筑群修缮工程的记录，结合修缮工程对相关隐蔽部位进行了记录，积累了丰富的文献、档案及图像等材料。合作单位天津大学建筑学院也在长期研究中积累了大量诸如样式雷图档、现状测绘成果、相关调研成果等档案和资料。为保护和传承建筑修缮的工艺技术和历史信息，深化对画中游建筑群的价值认知，北京市颐和园管理处与天津大学建筑学院决定共同将修缮过程中开展的相关课题研究及收集的各种信息进行整理，合作编撰了《颐和园画中游建筑群修缮工程大修实录》。

本书研究篇从画中游建筑群的营修史与复原研究、规划设计与空间营造、园林文化与园林活动三个角度出发，在广泛收集并梳理文献史料、详细测绘与调查的基础上，对画中游造园思想、园林艺术、文化内涵进行系统分析，丰富了相关研究，深化了价值认知；书中勘察设计篇、施工记录篇、彩画保护篇、施工管理篇则结合本次大修的实际工作，对勘察设计、修缮研究、现场施工等各阶段积累的材料进行搜集和整理，对施工过程及详细做法进行存档，针对施工中遇到的问题开展研究、予以解决并记录。这些成果或可为今后同类文化遗产的修缮与保养工程提供参考，具有推广价值。

本书编纂自 2021 年 7 月始，至 2022 年 11 月结束，历时 17 个月。撰稿过程中得到了天津大学建筑学院、中国文化遗产研究院的大力支持。北京兴中兴建筑设计有限公司、北京房修一建筑工程有限公司、北京市文物古建工程公司、北京华清技科工程管理有限公司为本书提供了珍贵资料和影像。在此，向所有支持《颐和园画中游建筑群修缮工程大修实录》编辑出版及给予过相关帮助的单位和个人表示由衷感谢！

需要说明的是，颐和园画中游建筑群的历史研究、科学价值挖掘、文物信息管理与展示的工作尚处于起步阶段，目前的许多认识仍存在不足，仍需继续向前推进，编写人员虽全力以赴，但囿于能力，书中仍难免疏漏与谬误，恳请专家同仁们不吝批评指教，并给予我们持续的关注与支持！

编委会

2022 年 11 月